中国科学院研究生教育基金会资助出版

国科大 文丛

丛书主编／任定成

中国传统科技文化研究

方晓阳　陈天嘉 ⊙ 编

科学出版社
北京

图书在版编目(CIP)数据

中国传统科技文化研究/方晓阳，陈天嘉编.—北京：科学出版社，2013.3

（国科大文丛）

ISBN 978-7-03-036998-7

Ⅰ.①中… Ⅱ.①方…②陈… Ⅲ.①科学技术-技术史-中国-文集 Ⅳ.①N092-53

中国版本图书馆 CIP 数据核字（2013）第 045382 号

丛书策划：胡升华　侯俊琳
责任编辑：樊　飞　王景坤／责任校对：钟　洋
责任印制：赵　博／封面设计：黄华斌
编辑部电话：010-64035853
E-mail：houjunlin@mail.sciencep.com

科学出版社 出版
北京东黄城根北街 16 号
邮政编码：100717
http://www.sciencep.com

北京厚诚则铭印刷科技有限公司印刷
科学出版社发行　各地新华书店经销

*

2013 年 4 月第　一　版　开本：B5（720×1000）
2025 年 2 月第七次印刷　印张：22 1/4
字数：340 000
定价：89.00 元
（如有印装质量问题，我社负责调换）

丛书弁言

　　"国科大文丛"是在中国科学院大学和中国科学院研究生教育基金会的支持下，由中国科学院大学人文学院策划和编辑的一套关于科学、人文与社会的丛书。

　　半个多世纪以来，中国科学院大学人文学院及其前身的学者和他们在院内外指导的学生完成了大量研究工作，出版了数百种学术著作和译著，完成了数百篇研究报告，发表了数以千计的学术论文和译文。

　　首辑"国科大文丛"所包含的十余种文集，是从上述文章中选取的，以个人专辑和研究领域专辑两种形式分册出版。收入文集的文章，有原始研究论文，有社会思潮评论和学术趋势分析，也有专业性的实务思考和体会。这些文章，有的对国家发展战略和社会生活产生过重要影响，有的对学术发展和知识传承起过积极作用，有的只是对某个学术问题或社会问题的一孔之见。文章的作者，有已蜚声学界的前辈学者，有正在前沿探索的学术中坚，也有崭露头角的后起新锐。文章或成文于半个世纪之前，或刚刚面世不久。首辑"国科大文丛"从一个侧面反映了中国科学院大学人文学院的历史和现状。

中国科学院大学人文学院的历史可以追溯至 1956 年于光远先生倡导成立的中国科学院哲学研究所自然辩证法研究组。1962 年，研究组联合北京大学哲学系开始招收和培养研究生。1977 年，于光远先生领衔在中国科学技术大学研究生院（北京）建立了自然辩证法教研室，次年开始招收和培养研究生。

1984 年，自然辩证法教研室更名为自然辩证法教学部。1991 年，自然辩证法教学部更名为人文与社会科学教学部。2001 年，中国科学技术大学研究生院（北京）更名为中国科学院研究生院，教学部随之更名为社会科学系，并与外语系和自然辩证法通讯杂志社一起，组成人文与社会科学学院。

2002 年，人文与社会科学学院更名为人文学院，之后逐步形成了包括科学哲学与科学社会学系、科技史与科技考古系、新闻与科学传播系、法律与知识产权系、公共管理与科技政策系、体育教研室和自然辩证法通讯杂志社在内的五系一室一刊的建制。

2012 年 6 月，中国科学院研究生院更名为中国科学院大学。现在，中国科学院大学已经建立了哲学和科学技术史两个学科的博士后流动站，拥有科学技术哲学和科学技术史两个学科专业的博士学位授予权，以及哲学、科学技术史、新闻传播学、法学、公共管理五个学科的硕士学位授予权。

从自然辩证法研究组到人文学院的历史变迁，大致能够在首辑"国科大文丛"的主题分布上得到体现。

首辑"国科大文丛"涉及最多的主题是自然科学哲学问题、马克思主义科技观、科技发展战略与政策、科学思想史。这四个主题是中国学术界最初在"自然辩证法"的名称下开展研究的领域，也是自然辩证法研究组成立至今，我院师生持续关注、学术积累最多的领域。我院学术前辈在这些领域曾经执全国学界之牛耳。

科学哲学、科学社会学、科学技术与社会、经济学是改革开放之初开始在我国复兴并引起广泛关注的领域，首辑"国科大文丛"中涉及的这四个主题反映了自然辩证法教研室自成立以来所投入的精力。我院前辈学者和现在仍活跃在前沿的学术带头人，曾经与兄弟院校的同道一起，为推进这四个领域在我国的发展做出了积极的努力。

人文学院成立以来，郑必坚院长在国家发展战略方面提出了"中国和平崛起"的命题，我院学者倡导开辟工程哲学和跨学科工程研究领域并构造了对象框架，我院师生在科技考古和传统科技文化研究中解决了一些学术难题。这四个主题的研究也反映在首辑"国科大文丛"之中。

近些年来，我们在"科学技术与社会"领域的工作基础上，组建团队逐步在科技新闻传播、科技法学、公共管理与科技政策三个领域开展工作，有关研究结果在首辑"国科大文丛"中均有反映。学校体育研究方面，我们也有一些工作发表在国内学术刊物和国际学术会议上，我们期待着这方面的工作成果能够反映在后续"国科大文丛"之中。

从首辑"国科大文丛"选题可以看出，目前中国科学院大学人文学院实际上是一个发展中的人文与社会科学学院。我们的科学哲学、科学技术史、科技新闻、科技考古，是与传统文史哲领域相关的人文学。我们的科技传播、科技法学、公共管理与科技政策，是属于传播学、法学和管理学范畴的社会科学。我们的人文社会科学在若干个亚学科和交叉学科领域已经形成了自己的优势。

健全的大学应当有功底厚实、队伍精干的文学、史学、哲学等基础人文学科，以及社会学、政治学、经济学和法学等基础社会科学。适度的基础人文社会科学群的存在，不仅可以使已有人文社会科学亚学科和交叉学科的优势更加持久，而且可以把人文社会科学素养教育自然而然地融入理工科大学的人文氛围建设之中。从学理上持续探索人类价值、不懈追求社会公平，并在这样的探索和追求中传承学术、培养人才、传播理念、引领社会，是大学为当下社会和人类未来所要担当的责任。

首辑"国科大文丛"的出版，是人文学院成立 10 周年、自然辩证法教研室建立 35 周年、自然辩证法组成立 56 周年的一次学术总结，是人文学院在这个特殊的时刻奉献给学术界、教育界和读书界的心智，也是我院师生沿着学术研究之路继续前行的起点。

随着学术新人的成长和学科构架的完善，"国科大文丛"还将收入我院师生的个人专著和译著，选题范围还将涉及更多领域，尤其是基础人文学和社会科学领域。我们也将以开放的态度，欢迎我院更多师生和校友提供书稿，欢迎国内外同行的批评和建议，欢迎相关基金对这套丛书的后续支持。

我们也借首辑"国科大文丛"出版的机会，向中国科学院大学领导、中国科学院研究生教育基金会、我院前辈学者、"国科大文丛"编者和作者、科学出版社的编辑，表示衷心的感谢。

任定成

2012 年 12 月 30 日

序

　　值中国科学院大学人文学院更名十周年之际，我们收集了学院教师及其学生（包括在外校指导的学生）在中国科学技术史领域的部分研究论文，整合成本书，以期较为集中地显示他们所关注的中国科技史特定问题和采取的研究进路。

　　本书分为六部，从不同的维度透视了中国传统科学文化及其现代意义。第一部主要聚焦中国科技史研究中的若干史学问题与方法，如席文的"文化簇"概念工具及其应用，以及任定成教授学术团队的史学研究旨趣。第二部以中国传统生命文化资源为题，涵盖了中国动物学史、中医史、中国化学史等领域的论文，体现了作者们采取新的进路和理论框架重新审视传统科学资源的一种尝试。第三部主要是方晓阳教授团队的工作，涵盖了利用现代科学手段对若干中国传统工艺的研究，其中也有技术史与文化史的分析。第四部是对中国近代社会巨变背景下科学文化史和建制史的研究。第五部主要从国家层面探索科学观与国家意识形态之间的互动，如中医存废、社会生物学在中国、中国科学建制化等。第六部集中在"非主流"的另类科学史方面，如灵学、巫术等。

收进本书的文章几乎全部以期刊论文的形式在国内外期刊引文数据库，如 A&HCI、SSCI、SCI、TSSCI、TA&HCI、CSSCI、CSCD 收录的期刊上发表过，均经过了同行匿名评审和多次修改，为我们甄选带来了很大方便。

通过此书的编辑，我们也对以前的工作进行了总结，进一步明确了今后工作的方向。本书的出版，显示任定成教授和方晓阳教授及其团队正在前人的基础上，试图把精力逐步集中到中国传统科学资源，特别是生命文化资源的研究上。

我们感谢中国科学院大学及其所属的人文学院对编辑本书的支持，感谢作者们的支持，感谢科学出版社樊飞编辑的支持，感谢中国科学院大学人文学院研究生徐光惠、郑淑洁、苑文静、张欣怡、秦烨、刘天天、丁曼旎对本书的校对工作。

当然，我们期待着读者的批评。

方晓阳　陈天嘉

2012 年 9 月 8 日

目录

第三部
传统工艺

第四部
传统与现代

第五部
科学观与意识形态

第六部
科学的误用

第一部
进路与方法

"文化簇"与中国科学技术史研究 *

"文化簇"（cultural manifold）是劳埃德（Geoffrey Lloyd，1933— ）和席文（Nathan Sivin，1931— ）在《道与名》[1]（*The Way and the Word：Science and Medicine in Early China and Greece*）中提出来的一个概念工具。这个概念被用来比较公元前 400 年至公元 200 年这 600 年间希腊和中国的科学及医学，席文教授也把它用于非比较性的科学史研究[2]。这个概念对于中国科技史研究的意义，是值得探讨的课题。

任定成：本期讨论班主题是"文化簇与中国科学技术史研究"。大家一起讨论一下对《道与名》一书中提出的"cultural manifold"这个概念工具的理解，以及如何将这一工具用于自己的相关研究。

一、对"cultural manifold"的理解

任安波：今天我就"cultural manifold"这一概念谈谈我的理解。我想先考察一下前人所使用的"cultural manifold"，然后谈谈我对《道与名》一书中的"cultural manifold"的理解，最后探讨一下"cultural manifold"的汉译

---

* 本文第一作者为任定成，并列第二作者为陈首、陈天嘉、黄艳红、李政、阎瑞雪、郑丹、任安波、叶青、朱晶，第三作者为席文，原题为《"文化簇"与中国科学技术史研究——北京大学〈科学文化史〉讨论班述要》，原载《中国科技史杂志》，2010 年第 31 卷第 1 期，第 14～25 页。

问题。

在《道与名》之前，有 3 位先生使用过"cultural manifold"这个短语。第一位是亨利（Jules Henry，1904—1969）。1966 年，他在论述美国文化的人类学分析理论的论文[3]中，把存在于不同社会条件所构成的场景之下，包括动机、价值和感受的基础情结，称作"cultural manifold"，以此来理解不同的文化传统。

第二位是戈达德（David Goddard）。1973 年，他在研究韦伯（Max Weber，1864—1920）与社会科学的客观性时，也使用了"cultural manifold"的说法[4]。他用这个概念讨论康德（Immanuel Kant，1724—1804）和韦伯的历史观。

第三位是斯特摩耶（Virgil Strohmeyer）。他于 1977 年在研究德国语言学家费内曼（Theo Vennemann，1937—   ）的语义学问题时，使用了"cultural manifold"的概念[5]，他说"cultural manifold"是有悠久历史记忆的不断变化的语义之网，而且意义都不一样。

上述作者使用的"cultural manifold"都是从一般文化上讲的，没有涉及科学史。劳-席著作中提出的"cultural manifold"则是专门研究科学文化史的概念工具。这是一条新的进路，注重事件和认知形态的原初整体状况，从内史和外史的结合上研究科学史问题，从 context① 中，而不是以直线走向现代科学的观点重建历史，尽量多地从相关智识维度（主要是特定的概念框架）、社会维度和知识建制维度考虑不同的科学事件和研究对象。例如，对于中国和希腊的早期科学及医学的比较来说，要考虑的就包括，两种文化中的思想家们想从生活中得到的、他们认为他们的同行是谁、他们如何彼此同意或者反对、他们如何弄懂其周围世界，以及他们做出何种政治和社会选择，当时的知识分子的这些行动维度[1]。再比如研究 1280 年中国的授时历改革，就要考虑到当时的政治、官僚、私交、学术诸方面[2]。

"cultural manifold"强调科学史事件和现象的整体性，不区分前台和背景，所以一种可供选择的译法就是"文化整体"[2]。不过，凭直觉可以感到"文化整体"是一种模糊的大众语言，表达不出《道与名》一书中的独特想

---

① 语言学家译为"语境"，范岱年译为"与境"，任定成译为"史境"，台湾学者译为"脉络"。

法。查阅中文大众媒体和学术期刊中出现"文化整体"一词的文章，可以发现它们所讨论的多是文学评论、中国传统文化特性、中医、当代中国文化建设问题，而且除了席文先生的一篇文献[2]外，其他所有文献均为非学术性的。"整体"一词过于模糊，不能体现出多维度的意思。

另一种选择，就是把"cultural manifold"译为"文化簇"。Manifold 作为数学术语，在中文中被翻译成"流形"或者"簇"，在机械工程中被翻译成"歧管"或者"复式接头"。《道与名》中的"manifold"显然不是什么"管"或"接头"。而"流形"对于非数学家来说过于生僻，不易理解。译为"簇"能够体现出多维度，不仅表示了整体的意思，还能体现多个部分的意思。"文化簇"是科学史研究的单元，它可以是一个事件，也可以是某种文化中某个阶段的自然探究。所以，任定成老师提出把"cultural manifold"译为"文化簇"，是个不错的选择。

任定成：亨利是美国著名社会学家，他的论文第三节的标题就是"Cultural Manifold"[3]。戈达德是纽约城市大学的社会学教授，他在一篇论文中就使用了 20 次"manifold"，其中有 5 次是"cultural manifold"[4]。斯特摩耶是亚美尼亚学者。他们三人相互都没有注意到他人在使用"cultural manifold"这个词，而且都不是在劳-席意义上使用这个词。

阎瑞雪："文化整体"作为"cultural manifold"的一个汉译，其含义过于宽泛，人们常常用其他的"文化整体"概念来理解席文教授提出的"cultural manifold"。而"文化簇"是个新词，没有先入为主的确定含义，能准确表达席文教授提出的"cultural manifold"的含义。

黄艳红：孙小淳把"cultural manifold"译成"文化多样体"[6]，也是一种选择。但是"文化簇"的译法感觉是个全新的概念，区别于一般的概念，也强调了多维度之间的联系。

二、宋代医学知识在民众中的扩散

阎瑞雪：我正在做的一项研究是宋代医学知识在民众中的扩散。我考虑的四个问题是：首先，是否存在着这样一种医学知识的扩散？其次，这种扩散是怎样进行的？最后，推动该扩散的社会因素和个人因素是什么？席文教授在竺可桢科学史讲席的第二讲①中提到了 self-care 的概念，我认为也是因素之一。最后，这种知识扩散到达了何种程度？我从两方面来思考，一是 self-care 的负面评价，二是对专业人士（professional）著作存佚情况和非专业人士（amateur）的比较。我发现，见于著录的专业人士的著作有 63% 存世，而非专业人士的著作则只有 30% 存世，这在一定程度上说明了专业人士的著作更受欢迎，非专业人士的承认度仍然不够。

Self-care 的需要促进了对医学知识的需求，造成了方书这类医学手册消费的增加，消费需求又促进了这些著作的编辑和撰写，进一步促进了医学知识的扩散，而医学知识的扩散又使更多人有能力从事编写医学著作的工作，并且进一步促进了 self-care 的进行。

席文：有两个概念也许应该再考虑一下，一个是 self-care，自疗不一定需要有医学知识。还有一个很重要的概念就是 health-care。北宋出现了一个很大的改变，就是政府办的和剂局，和剂局出版了多种《和剂局方》，告诉大家某种病应该吃什么药，并且出售那些成药。这是和以前不一样的事情。专门医生的工作和自疗，没有以前区别得那么清晰。

第二个问题是 professional and amateur。现在这两个词的区别是很清楚的，受过医学院教育的才能称作 professional。中国古代没有 professional doctor。其实 professional 和 expert 是两个概念。说有的人专门、有的人不专门是更好一点的。你这个报告其他的几方面我认为是很好的，做的研究是很值得看的。建议你参考孙小淳[8]和古德施密特（Asaf Goldscmidt）[9]的博士论文，以及宫下三郎[10]1970 年前后对于北宋方书的研究。

任定成：这是阎瑞雪在她硕士论文基础上做的工作。她的博士论文的研究工作，将是中国传统文化中关于生命、医学与时间关系的历史研究。我期

---

① 2009 年 4 月 13～22 日，席文教授作为中国科学院自然科学史研究所"竺可桢科学史讲席"教授，在北京大学做了 6 次以"科学史方法论"为主题的系列讲座。前 5 次讲的分别是：科学史发生着什么变化、运用社会学与人类学方法、运用通俗文化研究方法、运用比较方法、运用"cultural manifold"概念。第 6 次是科学史方法的讨论。在第 2 讲中，席文教授指出，人类学和社会学提供了大量精细的概念工具与方法，有助于研究很多与科学史相关的文化问题。例如，将人类学应用于医学史中，研究不同文化背景下人们对疾病的体验、病症命名与分类、疗效的象征与仪式作用；从身体反应、技术反应与意义反应这三类治疗手段理解医学的技术价值和符号价值；采取社会学的方法分析不同社会下医生的权威性之差异，以及不同时代对疾病的定义与命名，等等。

待她先从当代时间生物学（chronobiology）和时间医学（chronomedicine）的框架内解读中医的时间观，然后从文化簇的视角研究与之对应的人群、概念结构、建制和社会框架，最后是从人类学的视角对当代中国仍在使用这样的观念和践行这样观念的人进行研究。

三、秋石研究与文化簇

朱晶： 秋石是否含有性激素的问题，在科学史界引起长达近半个世纪的争论[11]。通过对已有研究的考察，发现有以下问题没有解决：科学史家们所讨论的秋石究竟是什么？是否还有已有研究未发现的其他秋石方？古人在实际炼制秋石时使用什么人的尿液？已有研究对秋石及其炼制过程所做的化学分析和解释是否准确充分？已有的模拟实验及对产物的检测方法是否严格与科学？对历史上秋石功用的认识是否准确？

我通过对这些问题的考察发现：研究者们所讨论的秋石是从人尿中制备的一种中药及其替代品，早期的"秋石"一词并非都是今天所讨论的秋石，同时研究者们今天讨论的秋石在历史上也另有名称。我从原始文献中搜集到147个秋石方，其中88个是前人从未提及，137个是前人未仔细考察的。古人实际炼制秋石，多数情况下使用的是成人尿液或者不同年龄不同性别的人群的混合尿液，而少数情况下使用的童便则多是11～16岁少年的尿液。按照147个秋石方炼制的秋石，多数不含活性激素，少数秋石方可得到活性激素。我们选取了清朝张仲岩《修事指南》中所载秋石炼法进行模拟实验，并对产物用现代化学仪器进行检测分析，发现所得秋石中确有雄性激素睾酮。依据历史文献，发现秋石的药用范围很广泛，涵盖内科、外科、妇科、耳鼻喉科、儿科、眼科、骨伤科。历史上的秋石并非治疗或提高性功能的专用药[12]。

最近听了席文教授富有启发性的讲座之后，我认为秋石研究还可以从很多方面展开深入研究：如记载不同秋石方的医家所依据的不同理论背景是什么，他们之间的社会关系如何？秋石的药效和当时的社会政治环境之间的关系如何？秋石作为一种医药，与古代社会与信仰之间有什么样的关系？尤其是在明代中后期，医家和炼丹术士对秋石药效所采用的社会修辞手段如何与明朝的政治格局产生密切互动？专门炼制秋石的人如何谋生？他们的社会地位如何？服用秋石的人是否确有主观的身体感受，或是否只是安慰剂的作用？等等。

任定成：朱晶博士前面的工作已经完成，最后一部分是以前的博士论文没有做的，是在读了席文先生的书之后的想法。

席文：你的工作比其他人要仔细得多，别人没法评论。你后来提出进一步研究的这些问题非常有意思。你考察了同仁堂等老药铺的历史吗？

朱晶：我自己没有进行专门的考察，但是读过相关的文献。

席文：好。现在有对几个老药铺历史的考察已经出了书，除了北京的药铺，还有其他地方老药铺的历史现在也有专门研究。你可以尝试通过这些老药铺的发展来分析秋石是如何扩散的。黄兴宗的论文你读过了吧？我本以为他的论文在他所处的时期是做得最仔细的实验，他是为了支持李约瑟的结论，但是李约瑟的结论不确切。尿液中已经有性激素，通过复杂的操作，秋石中的性激素比以前少，而不是比以前多。你们的工作和黄兴宗的有什么不一样？

任定成、朱晶：已有的模拟实验，包括黄兴宗等研究者的，在实验操作和检测方法上都可以重新讨论。并且黄兴宗的检测结果迟迟没有拿出来。

席文：你们的工作要发表吗？

任定成、朱晶：要发表。我们的实验尽量按照古代的记载进行操作，如用柴火灶台加热，但是产物的检测在现代实验室进行。我们打算将实验部分的工作整理出来后按照自然科学研究的惯例，先请同行专家进行评论，听取他们的意见，然后修改。

四、动物行为学与中国斗蟋史

陈天嘉：我的博士论文是对中国古代斗蟋蟀的研究。选这个题目的原因有三：一是自唐代以来，斗蟋这项游戏在民间一直流行至今，积累了大量的文献；二是西方学者已经从动物行为学（ethology）的角度对中国古代斗蟋的策略与经验有一些研究，发现中国古人的一些经验可以有效地提高蟋蟀的斗性[13]；三是迄今研究中国动物学史的工作，包括郭郛、李约瑟和成庆泰的

《中国古代动物学史》[14]，尚未对中国古代关于动物争斗策略认识进行总结和梳理。

我初步的研究计划是在现代动物行为学的知识框架下梳理和理解中国古代文献中斗蟋的经验，特别是增加蟋蟀斗性的方法，这一部分属于内史研究。另外，可以采取文化簇的概念工具分析在社会和文化背景下诠释古代的知识，如赌徒对于蟋蟀的认识、施用策略的文化解释、不同朝代贩卖者与玩家的社会角色。

任定成：当初让你做这个题目，也建议你去观看一些斗蟋蟀比赛，并修一些关于动物行为学和人类学的相关理论和方法课程。

席文：你可以读一下人类学大家吉尔兹（Clifford Geertz，1926—2006）的《文化的解释》，里面有关于南洋巴厘岛居民斗鸡的人类学研究。他的分析办法是非常有趣味的，很有价值[15,16]。

任定成：原来我们设想是只从科学上去理解古代知识，读了《道与名》之后，我们发现还要从社会文化角度来考察才能展示历史的本来面目。大体上说，我现在考虑这项研究要包括3个方面：一是在现代动物行为学的框架中总结中国古人对于蟋蟀斗性和争斗策略的知识；二是借助文化簇的概念工具对于古人玩蟋蟀的社会阶层、共同体、建制、社会环境等之间的关系的考察，重建中国人斗蟋蟀的历史；三是对当代斗蟋蟀的人群进行人类学的研究。最后一方面需要与斗蟋蟀团体打交道，还要借助于一些设计得很好的问卷和访谈。当然斗蟋蟀的传统是如何传承下来的，有些什么变化，也是很有意思的。中国古代的斗鸡也是可以比较的。

五、现代中国针刺镇痛机理研究的历史重建

黄艳红：我从认知过程、社会建制和公众话语3个方面对当代中国针刺镇痛机理研究历史进行理性重建。首先，分析针刺镇痛机理研究如何从一个共同的初始问题域出发，从中西医两种不同潜在框架中衍生出3条进路即经络研究、神经生理学研究和神经化学研究，进而从3条进路的概念体系与解释模型的发展历程以及研究方法与情感态度分析它们之间的竞争和共存状况；其次，描述中国针刺镇痛机理研究者的社会角色、机构性质、领域气

质、交流机制与奖励系统，分析这一领域的建制特征；最后，从新闻报道和各种文艺作品来看公众话语中对这项研究的态度变化。

我的研究发现，中国针刺镇痛机理研究事业是一个社会—建制—认知过程[17]。中国传统自然知识体系及其价值观在特定历史条件下经由政府官员和大众媒体营造成为具有现代特征的文化精神气质和对主流科学的认可的追求，这在一定意义上型塑（shaping）了中国针刺镇痛研究共同体运作的价值观、文化取向和运作方式，而这种独特的领域共同体的精神气质从某种意义上型塑了中国学者生产的针刺镇痛知识。我的研究还表明：①中国针刺镇痛机理研究历史中认知过程和公众话语的变化过程正好相反，社会关注最多的时候获得的认知结果十分有限，而认知研究取得重大进展的时期却是在公众话语中受关注最少的时期。②中西医两种范式并非总是表现出不可通约性，在面临同一问题时二者既竞争又合作，并且彼此很难被完全替代或征服。中医这种传统科学技术知识在现代社会中继承和传播的形式与内容都受制于解决问题的需要。③自然因素（如身体）和社会因素（还有文化因素，如光大中国传统文化的使命感）通常共同型塑该项研究的过程与结果，很难区分它们所占的份额。

席文：你研究的这个主题很有意思。1973 年，NIH① 召集了评价针刺疗法实验研究工作的首次会议。会议结果是矛盾的，NIH 减少了支持这项工作的热情。1971 年 NIH 要我给他们谈中医的时候，我就告诉他们说，他们浪费了钱，因为他们只要那些一点儿都不懂中医的西医医生去挑选哪些项目要支持。

黄艳红：NIH 专门为针刺疗法开过两次听证会。1973 年的时候开过一次，得出的结论是否定的。1997 年召开的第二次听证会得出结论说，针刺的作用可以部分地用它产生的神经化学物质来解释，"经络""气"这些概念尽管没有充分的实验证据，但在临床上有意义。

席文：你的研究很有意义，中国近现代医学史研究是个复杂的问题，材料也很丰富，需要很多细致的工作和努力。

黄艳红：这是我博士论文中的一个工作。我希望能从席文教授的"文化

---

① 美国国立卫生研究院（National Institutes of Health）。

"簇"概念得到启发，进一步拓展这个研究。

任定成： 这一工作有较为充分的文献支撑，搜集了迄 2005 年止中国学者发表的中文论文 2772 篇、英文论文 67 篇、中文书籍 49 部、英文书籍 1 部，对一些史实进行了考证[18]，还有访谈工作[19]。大的方面，有与其他国家的相关工作的比较[20,21]。博士论文中试图借用和改造萨伽德（Paul Thagard）的进路[22]，对针刺镇痛机理的 3 条医学进路的概念结构进行分析，这个工作还可以深入。另外，萨伽德发展的热认知研究进路[23]，似乎也可以考虑在后续研究中予以借鉴。人工智能工具，是可以考虑使用的。最后，要注意到"穴位"这个核心概念，特别是 3 条研究进路采用哪些穴位产生哪些效果的统计分析，要认真做一做。中国对于穴位的认识史、日本和韩国对于穴位的认识史，可以拓展研究。

六、中国科学化运动的"科学"

陈首： 肇始于 1932 年的中国科学化运动兴起于科学救国和科学建国相互交织的特定历史场景，是中国科学建制化发展时期的重要"科学–社会"现象。

中国科学化运动经历了蓬勃初兴、稳步推广、转入低潮、短暂复兴和逐渐式微 5 个阶段，通过发行通俗科学刊物、开办专家科学讲演、推出科学广播讲演、放映科学电影、组织科学展览、举办学生科学讲演、设置高初中毕业会考奖金等新颖式样，中国科学化运动向民众传输了大量科学常识与实用技能。

这场运动的推动者是中国科学化运动协会。该协会的领导者由专家学者与官方人士联合组成。在决策与执行层面上，运动受以二陈（陈果夫、陈立夫）为核心的国民党 CC 系的管控与主导。中国科学化运动在 1942 年上半年就已淡出公众视野，但中国科学化运动协会至少在名义上还保留到了 1946 年[24]。

中国科学化运动以"科学社会化、社会科学化"为理念框架，以倡导"应用科学"和"科学应用"为主要内容，涉及"科学"与"人"和"事"的广泛联系。透过科学化理念的建构与宣传，学界科学化论者试图通过科学化运动促进科学本土化发展[25,26]，而政界科学化论者则希望它可以为政治意识形态的治理提供支持。

研究表明，作为中国第一场由官方力量主导的科学普及运动，中国科学化运动呈现出一个高度通俗化和大众化的"科学"；它通过各类"科学"活动，吸引了各色人群的参与，在加强"科学"与"公众"互动的方面做出了可贵尝试；中国科学化运动协会的经验表明，在市民社会并不发达的近代中国，由国家通过隐晦的方式来构建科学文化社团发动科学化文化运动，从而实现意识形态控制，具有非常典型的意义；最后，科学化运动中的"科学"有别于启蒙时代的"科学"，它充满了保守主义气质，并为既存政权提供辩护。这种"科学"已经不同于那个企图将人从封建伦理桎梏中解放出来的启蒙"科学"，恰好相反，它试图把人重新植入适应于国民党政权建设的意识形态网络[27]。

席文：这个研究做得比较系统，也比较深入。但是，需要重视科学化运动中的教育功能。在当时，国民政府和国民党从政权建设的角度，还是希望推动科学的发展，提升民众科学素养的。

任定成：你阅读了中国科学化运动的几乎所有文献，是迄今掌握文献最全的，也纠正了许多史实误讹，比如这场运动的截止时间。但是，很多自己的发现没有凸显出来，淹没在讲述的故事之中。此外，还要更系统地研究科学与意识形态的关系，"科学"是如何被意识形态化的，或如何被用作意识形态的。把眼光再看远一点，不仅要拿中国科学化运动与"五四"科学思潮比较，还要注意它与共产党在延安主导的"自然科学运动"[28]的比较，注意进一步深入审视它在民国时期科学思潮发展链条[29]中的独特地位。

七、中国现代制碱技术史

叶青：我的博士论文是对 1917～1964 年的中国现代制碱技术进行研究[30]，主要考察索尔维法、电解法和侯氏制碱法三种技术。这三种技术应用很广泛，在当时都产生了很大的影响，改变了中国工业产品完全依赖进口的局面。引进和改进这些技术，（当时）中国社会正处于转型时期，社会非常动荡。

研究结论是：①索尔维法由高水平的技术团队引进和学习[31]，他们是一群"言商仍向儒"的新型知识分子，在把实业救国和科学救国结合的理念和社会背景下完成这一技术的引进和学习。②从学术价值上来看，《制碱》一书的影响力毫不逊色于侯氏制碱法。我澄清了对侯氏制碱法的种种曲解并对这种曲解做了分析[32]。③技术—实业—科学在这三种技术使用上的不同结合模式及其救国的效果。共同遵循引进（研究）技术—发展实业—倡导与支持科学活动的发展路线。

今后拟从文化多面一体的角度，更多地考虑在当时的社会条件下，政治、文化、生存压力等因素如何影响到这三种技术的引进和发展。

席文：我不太理解你说的"言商仍向儒"。是不是改成"言儒仍向商"更合适？

叶青："言商仍向儒"本来是其他学者用来形容实业家张謇的[33]。借用这个说法是因为我认为引进现代制碱技术的范旭东等也和张謇一样，虽然身在商界，但仍是书生本色，受儒家传统的影响，在心理上属于"士"这一传统的社会群体。他们倡导现代科技的"经世致用"，倡导科学救国和实业救国。当然，您说的也很有道理，我会仔细考虑这个问题。

八、中宣部科学处研究

郑丹：我报告的题目是"中宣部科学处研究"。中共中央宣传部科学处是新中国成立初期代表中共中央管理科学的专门机构，存在时间是 1951～1966 年，主要职能是对科学进行意识形态治理。意识形态治理主要是指中国共产党为维护该党及其所代表的阶级的利益，对与科学有关的社会主义意识形态，做理论化和合法化的处理。我掌握了该部的一些当时不公开的出版物，也对当事人做了访谈，经分析认为这种治理包括四个方面.[34]

第一是主导对自然科学中所谓的"资本主义意识形态"进行批判。很多人关注到 20 世纪 50 年代科学处参与的自然科学批判，对其持否定态度。我的研究表明科学处在不同阶段的角色不同，从倡导组织者到控制监督者，中间有转变。不同阶段批判的重点在变换，前期主要是从科学方法和科学内容的批判转到哲学意识形态的批判，后期方向与之相反。

第二是以马克思主义为指导在科学中建立新规则。这方面过去被忽视了，其实科学处在破的同时，也非常注意立。科学处提出了理论纲领并有很多现实举措，而且"马克思主义"的含义经历了从辩证唯物主义到毛泽东思想的过程。

第三是确立重大科技方针，通过这种方式将与科学有关的意识形态原则政策化。这些原则包括自然科学的非阶级性原则、科学家政治定位的非世界观原则等。在制定政策的事务性工作背后，实际上有研究作为基础。

第四是为科学的意识形态治理提供学术支撑，主要工作就是创建自然辩证法领域，这个领域不同于苏联的数学和自然科学哲学问题，也不同于西方的科学哲学。科学处是把它作为本职工作来做的，而不是业余爱好。

遗传学争论集中表现了这四个方面。科学处在不同时期对遗传学采取了压制、调整等不同策略。每个策略背后都有科学、文化、社会乃至国际关系的综合影响。我对国际学界关注的青岛遗传学座谈会做了个案研究，通过格群分析和统计计量等方法，发现遗传学者的科学观点、政治态度和科学观之间存在很强的相关性，意识形态治理在更广的范围内产生了效果。

席文：对新中国科学来说，苏联的影响是很重要的一个侧面，我看到你已经注意到中苏关系了。另外，施奈德（Lawrence Schneider）教授对中国近代科学史有很多研究[35]，你刚才说的遗传学问题他就写过文章。

任定成：注意以下两点。第一，除了青岛遗传学座谈会之外，上述中宣部科学处所做的四个方面的工作多数都不是以该机构的名义组织的，而是中宣部科学处的成员在揣摩和领会上级领导的意思的基础上做的。第二，我们可能忽略了一个非常重要的方面，那就是中宣部科学处的成员还按照毛泽东同志的意思，参与了一些用科学史例进行学术讨论和学术建设的工作，比如参与真理与谬误的大讨论，等等，这是需要继续研究的。

九、当代中国民间发明与发现

李政：我即将开始的研究题目是"当代中国民间发明与发现"。我的研究将通过收集民间发明与发现的案例，用统计分析等方法，来展示民间发明发现的基本情况，看最终能不能找到民间发明与发现所使用的方法和它的最后的结果之间的一些关系。

任定成：这是我承担的一个研究项目的子课题，通过收集数据来做一个概貌性质的调查，来展示中国民间发明与发现的全貌，包括三个层面：一是民间科学的甄别，看民间科学分布的领域和领军人物的类型；二是搞清楚民间科学的评价系统；三是看民间发明的接受在方法上有什么联系。有一些民间发现被视为边缘科学，就是主流科学不接受的领域、知识和方法，现在还没有系统的研究。

十、任定成小组的研究方向

任定成：我们这个小组的成员的研究题目，主要是根据我的意见结合大家各自的教育背景和学术兴趣确定的，当然，也有少数是学生自己选择我很赞同的题目。由于我以前招生的专业是科学技术哲学，现在招生的专业是科学技术史，所以给大家的方向不一样。今后，我们工作的主要方向，就是科学技术史，特别是中国科学技术史，中国传统科学文化的现代意义将是我们关注的重点。

科学技术史的研究不能没有科学内容。像席泽宗先生[36]和黄一农先生[37]做的工作，就把中国传统科学与当代科学联系了起来，这是我们要学习的。有些工作，其主要内容就是要从今天的科学认识去理清古人的认识，比如秋石中是否含性激素问题的研究。有些工作，是对于科学与意识形态的关系的研究，也不能离开科学，比如社会生物学在中国、自然科学的意识形态批判研究等。就是不被主流科学所认可的那些边缘科学，比如中国灵学，它也要与主流科学发生某种关系，比如用摄影术、催眠术手段来做个修辞等，虽然没有也不可能把修辞做得很好。

科学史研究不是重复地讲故事，也不是离开他人的工作去复述历史上的科学思想家的见解。与其他任何领域的研究一样，科学史研究首先需要的是问题，学术界没有解决甚至是没有发现的问题。面对一个领域，首先需要的是把握研究文献，即二手文献。在对研究文献分析的基础上，我们可以在前人研究的基础上前进，可以发现前人没有解决甚至没有发现的问题。针对问题，我们才能从事研究。

今天，我们可以选择的研究进路和研究方法日益增多。从不同的视角，我们可以发现不同的问题，也可以探寻解决问题的不同路径。这就是我们对科学史方法感兴趣的原因。不同的学科提供了不同的方法。由于科学史的学科交叉性质，我们可以借用和改造来自不同学科的研究方法。我们在对制备单质砷的历史研究[38]中，利用了现代化学知识，也做了模拟实验，但是，实验的基础仍然是原始文献的解读。

席文：这是关于考证的经典说法。你也许要关注反映这些说法的作者们的关切、目的、偏见和成见的所有原始资料，因此必须批判地分析它们。

任定成：我们发现并描述一个中国科学史现象，要以原始文献为基础；我们对这样的现象给出解释，要以原始文献为基础；我们讨论这样的现象的意义和后果，还要以原始文献为基础。我们要尽量让原始文献给我们的结论提供确凿和充分的证据。对现象的过度诠释、对科学史事件的简单因果分析，都是我们要避免的，因为对于历史来说，二者都很难找到确凿、充分、排他的证据。我们也不要得出任何永恒命题，我们的具体结论要经得起经验证据的反驳。当然，这里所说的原始文献并非只是从现代科学角度看有价值的文本，还包括从社会学、人类学、经济学、心理学等任何角度看有意思的文献，比如奏折、小说、广告、记账簿、日记等非"科学"文献。

今天，我们小组就"文化簇"这个概念工具的理解，以及自己工作的扩展研究，进行了一次内容丰富的讨论。我相信，我们大家都在与席文教授的交流中有所收获。

感谢席文教授光临我们的讨论班并提出宝贵意见。我们期待今后与席文教授进行更广泛更深入的交流。

席文：谢谢大家！你们的工作很有意义，很好！

参 考 文 献

［1］Lloyd G，Sivin N. The Way and the Word：Science and Medicine in Early China and Greece. New Haven and London：Yale University Press，2002：Ⅺ.

［2］席文. 文化整体：古代科学研究之新路. 邢丽咏，席文译. 中国科技史杂志，2005，26（2）：99-106.

［3］Henry J. A theory for anthropological analysis of American culture. Anthropological Quarterly，1966，39（2）：107.

［4］Goddard D. Max weber and the objectivity of social science. History and Theory，1973，12（1）：1-22.

［5］Strohmeyer V. A semantic approach to Vennemann's "Great Puzzle". Iran & the Caucasus，1977，（1）：181-183.

［6］孙小淳. 走近希腊科学：读劳埃德的《早期希腊科学》及其他几种著作. 科学文化评论，2005，2（3）：115-125.

［7］阎瑞雪. 宋代医学知识的扩散. 自然科学史研究，2009，38（4）：476-491.

［8］Sun X C. State and science：scientific innovations in Northern Song China，960-1127. Philadelphia University of Pennsylvania，2007.

［9］Goldscmidt A M. The transformations of Chinese medicine during the Northern Song Dynasty（A. D. 960-1127）：the integration of three past medical approaches into a comprehensive medical system following a wave of epidemics. Philadelphia：University of Pennsylvania，1999.

［10］宫下三郎. 宋元の医療. 见：薮内清. 宋元时代の科学技術史. 京都：京都大学人文科学研究所，1967.

［11］朱晶. 秋石研究的文献计量学分析. 自然辩证法通讯，2008，30（6）：67-74.

［12］朱晶. 丹药、尿液与激素：秋石的历史研究. 北京大学博士学位论文，2008.

［13］Hofmann H A，Stevenson P A. Flight restores fight in crickets. Nature，2000，403（6770）：613.

［14］郭郛，李约瑟，成庆泰. 中国古代动物学史. 北京：科学出版社，1999.

［15］格尔茨. 文化的解释. 韩莉译. 南京：译林出版社，1999.

［16］吉尔兹. 地方性知识：阐释人类学论文集. 王海龙，张家瑄译. 北京：中央编译出版社，2000.

［17］黄艳红. 中国针刺镇痛机理研究的社会史分析. 北京大学博士学位论文，2006.

［18］黄艳红. 针刺麻醉向美国传播的若干史实的考证. 中国科技史杂志，2009，30（2）：240-247.

［19］黄艳红. 对针刺麻醉机理研究的回顾与反思——韩济生院士访谈录. 中国科技史杂志，2005，26（2）：155-166.

［20］黄艳红. 中韩针刺镇痛研究的文献计量学分析. 针刺研究，2006，31（5）：303-307，313.

［21］Huang Y H. Differences between South Korea and China in acupuncture research：a case study of the publications in is databases. Korea Journal，2009，49（1）：154-172.

［22］Thagard P. How Scientists Explain Disease. Princeton：Princeton University Press，1999.

［23］Thagard P. Hot Thought：Mechanisms and Applications of Emotional Cognition. Cambridge M A：MIT Press，2006.

［24］陈首．"中国科学化运动"研究．北京大学博士学位论文，2007.

［25］Chen S. Gu Yuxiu's ideas of science and scientization in context of saving China. Historia Scientiarum，2007，117（2）：89-102.

［26］陈首．科学与科学化：顾毓琇的理念分析．科学技术与辩证法，2007，24（4）：84-88.

［27］陈首．从启蒙到意识形态化：新文化运动与科学化运动中的"科学"．二十一世纪，2007，（6）：57-66.

［28］任定成．在科学与社会之间：对1915～1949年中国思想潮流的一种考察．武汉：武汉出版社，1997：95-116.

［29］任定成．中国近现代科学的社会文化轨迹．科学技术与辩证法，1997，14（2）：36-42.

［30］叶青．中国现代制碱技术（1917～1964）的历史考察．北京大学博士学位论文，2008.

［31］叶青．"永久"团体的《海王》旬刊及其科技文章．中国科技史杂志，2006，27（4）：305-307.

［32］叶青．强国象征与民族幻象．读书，2008，（4）：97-102.

［33］章开沅．开拓者的足迹——张謇传稿．北京：中华书局，1986：54.

［34］郑丹．在自然科学与意识形态之间：中宣部科学处（1951～1966）研究．北京大学博士学位论文，2009.

［35］Schneider L. Lysenkoism in China：proceedings of the 1956 Qingdao genetics symposium. Special Issue of Chinese Law and Government，1986，19（2）.

［36］Xi Z Z, Po S J. Ancient oriental records of novae and supernovae written records by Chinese, Korean, and Japanese observers are of great value to radioastronomers. Science，1966，154（3749）：597-603.

［37］Huang Y L, Moriarty-Schieven G H. A revist to the guest star of A. D. 185. Science，1987，235（4784）：59-60.

［38］朱晶，任定成．欧洲人制备单质砷的早期历史的再考察．自然科学史研究，2008，27（2）：151-165.

海外现代中国研究视野中的科学技术角色 *

传统上，职业科学史学家对中国科学史的研究主要集中在古代，研究进路主要采取实证科学和文化学的视角，关注的题材主要是中国科学技术成就的世界意义和文化特征。李约瑟（Joseph Needham）、钱临照、袁翰青、席泽宗、席文（Nathan Sivin）、薮内清、何丙郁、黄一农、赵匡华等几乎都是如此。近些年，一些科学史学家开始把更多的目光转向中国现代。中国科学院知识创新工程资助了"中国近现代科学技术发展综合研究"大型项目[1]。此前此后，戴维·赖特（David Wright）、皮特·巴克（Peter Buck）、曹聪（Cong Cao）对科学在现代中国的移植和体制化进程做了专门研究，彼得·纽舍（Peter Neushul）与王作跃关于中国海洋生物学家曾呈奎开创海带养殖业的研究，论证了"科学与技术只能在一定程度上是由社会建构的"[2]，雷祥麟则通过历史案例，分析研究了中西医范式之间的关系[3]。

由于中国现代科学不像古代科学那样以独立的发现发明为特征，而是以东西文化的碰撞和科学-社会关系为特征，因此，科学也就成为现代中国研究绕不开的对象，而关注中国现代科学较多的是职业科学史学家之外的学者也就不难理解了。另外，继科学建制社会学之后，20 世纪 80 年代兴盛起来的科学知识社会学对科学社会史的研究给予了正面的冲击。研究中国现代科

　* 本文作者为陈首，原载《自然辩证法通讯》，2007 年第 29 卷第 4 期，第 50～56 页、第 73 页。

学史，当然需要从科学社会学或者更为一般的科学社会研究（social studies of science）领域获得灵感，但也需要利用中国现代社会史和思想史研究中的学术资源。

关于中国现代社会史和思想史的研究，中国内地方面由于屡受政治运动的冲击，有影响的工作较少，而海外学者的研究虽然还谈不上形成学派，但已经有了累积性的工作，而这样的工作也已影响到了中国内地[4]。就中国内地而言，海外现代中国研究（modern china studies）通常指中国内地以外社会科学界在第二次世界大战后兴起的有关现代中国社会、经济、政治、文化、军事、制度等方面的多学科、跨文化区域性研究。与传统汉学（sinology）多属于人文学科不同，现代中国研究多属于社会科学研究。这一研究领域从广义上讲包括了现代中国科学史的内容；但狭义上讲，它不包括后者。

分析狭义的海外现代中国研究视野中科学的社会角色，对于启迪现代中国科学史研究的思路，对于检讨现代中国社会史和思想史的研究进路，都是有益的。本文的目的在于，通过解读一些狭义的海外现代中国研究的有关著作，厘清在这样的视野之下科学技术扮演的社会角色，以此就教于中国研究学者和中国科学史工作者。

一、作为现代化元素的科学

尽管"现代化"这一概念本身充满争议，但以此为目标却是现代中国历史演进的一条重要线索。史景迁（Jonathan Spence）曾将 1600 年以来的中国历史概念化为"追求现代"的探索性历史[5]。中国在由传统走向现代的历程中，科学技术的引进和应用成了现代化过程中最易识别的动力和标志。当海外学者关注中国的现代化问题时，科学技术自然成为他们视野中的重要元素。

在海外中国研究中最具影响的是两个相反的模式，一是费正清（John King Fairbank）的"冲击-响应"模式，二是以柯文（Pal A. Cohen）为代表的"在中国发现历史"模式。一般认为，前者的取向是欧洲中心论，后者的取向则是中国中心观。但是，无论是前者还是后者，这两种看似相反的进路，却都把西方科学技术作为中国现代化的先导元素。

费正清认为，自洋务运动以来，中国社会对西方现代科学的接受就是一个在外力压迫下无法抗拒的过程，中国人"借用一项西方事物导致他们必须借用另一项，从引入机器进而需要引入技术，从引入科学进而需要引入一切学问，从接受新思想进而要改革制度，最后从立宪维新进而走向共和革命"[6]。在费正清眼里，中国社会现代化进程中引入西方文明的顺序是：机器—技术—科学—学问—思想—制度（立宪—共和），科学技术起着先导的作用。柯文虽然认为同治中兴在总体上并不是为了回应西方的冲击，但军队改组和总理衙门的设立，却是按照西方路线进行的某种革新。在西方技术的援助下，近代兵工厂与船坞得以建立，有效的训练方法开始被引进，"这样就开始了所谓的自强运动"[7]。也就是说，自强运动的展开是以西方军事科学技术的引进为先导的。

在对中国现代化进程进行的全景式描绘中，作为现代化元素的科学技术是不可省略的考察项，它常常与其他主题一起被"并置"在关于社会结构性变迁的历史叙述中。在布莱克（C. E. Black）看来，现代化至少应当包括智识、政治、经济、社会及心理五个层面的现代转型。而这之中，理智层面的革命居于核心地位，其重要特征就是"科学以技术的形式运用于人的实际事务"。布莱克尤其强调，智识现代化意味着一个社会的理论和技术水准，尤其是科学的增长和对科学方法的广泛接受[8]。

克拉克（Cal Clark）和金·瑟比（Jane Sabes）正是借用了布莱克的这五个现代化维度，具体考察了20世纪的中国所经历的洋务运动、民国初年、国民党统治时期、毛泽东时代和邓小平的改革时代。其中，智识和经济的现代化是最先被呈现的两个考察项，其主要叙述内容正是科学的引进、传播和应用，以及与之直接相关的工业化进度[9]。吉尔伯特·罗兹曼（Gilbert Rozman）等将现代化视为"各社会在科学技术革命的冲击下业已经历或正在进行的转变过程"[10]。他们考察了中国现代化过程中的上层政治、基层运作、宏观经济、普遍的文化教育和科学技术等问题，其中后三个方面内容直接与科学技术的应用、工业化的发展、科学教育的建立相联系。

更多学者对现代化进程中某一事件的个案研究，也常常涉及科学技术这一现代化元素在具体历史场景中的引进与扩散、所起作用和所遇困境。费维恺（Albert Feuerwerker）对中国早期工业化的研究，展现了晚清社会经济、司法、官僚体制对现代化事业的阻碍[11]。艾恺（Guy Alitto）呈现了"最后的儒家"梁漱溟，在乡村建设运动中，常常处于利用西方科学技术及其现代组织手段与保存发扬传统文化价值的两难境地[12]。曾玛莉（Margherita Zanasi）分析中国现代史上的两种现代化路线时认为，无论是以西方现代化为蓝本、努力融于西方世界的城市工业化路线，还是着眼于保护中国传统抗拒西方现代性的农村现代化路线，它们都强调现代科学技术对社会的改造作用[13]。

为了评估和预测中国当下进行的现代化事业，海外学者将科学技术当成了一个基本的测评指标。许多社会学、历史学、政治学、科技政策领域的专家，对后毛泽东时代科技发展的历史遗产、科技重组、科技应用体制的改革和技术移植等问题做了研究。在一些人看来，"如果要促使（中国）经济建设和工业化获得最后成功，中国必须要全方位地、尽可能多地获取、吸收并消化关键性的科学技术知识、技能和能力。否则，中国将永无可能赶上西方工业化强国"[14]。

无论是视科学为现代化的先导元素，还是将其作为现代化的考察项与测评指标，海外学者描绘的科学，常常以技术与器物的形态出现。叙述这样的科学角色是他们探讨更为宏大的现代化主题的一部分，但却是很重要的一部分。作为现代化元素的科学看起来虽然"散布"于各种现代化和工业化的研究中，但却也因此从一开始就根植于一个丰富的历史场景。但是，实物形态的科学由于只是现代化元素中的一种，它本身并没有得到充分的刻画，而且，它在社会之中如何起作用、如何与周围的其他社会元素发生作用，更没有得到充分说明。现代化元素的科学虽然被置于一个色彩丰富的幕布上，这一元素本身却显得单调离散。

二、作为异质文化的科学

尽管李约瑟试图通过自己的工作表明中国有着长期的科学与文明，但"李约瑟难题"的第一个设问就是"为什么现代科学只在欧洲而没有在中国文明（或印度文明）中发展起来？"[15]，席文也主张"按照人们通常采用的标准，中国在 17 世纪可以说有过它自己的科学革命"[16]，但这一革命在内容和产生的影响上都与欧洲的科学革命大不相同。也就是说，他们都承认中国有自己科学的传统，但却与在西方产生的现代科学不同。

海外现代中国研究的学者似乎并不关心中国是否有自己的科学传统，但他们同样认为西方的现代科学有别于中国传统的学术文化。在中国现代思想-文化史的大量研究中，他们几乎都把科学作为一种异质文化来加以论述，并从多个角度刻画了这一科学角色。

科学的异质性主要表现为它具有中国传统文化所不具有的理性化和职业化特征。马克思·韦伯（Max Weber）将西方现代文化的发展理解成一个"除魅"[17]的理性化过程，其中起着重要作用的就是科学的进步和知识技能的专业化发展。儒学和中国传统社会没有形成西方意义的理性化，其伦理的核心命题"君子不器"也是"反专业化、反近代的专业课程和专业训练"[18]，所以就不可能产生现代资本主义和科学。受其影响，列文森（J. R. Levenson）将中国古代经典所认可的艺术风格和教化知识界定为一种"甜蜜与光明"的非职业化崇拜，而不是专业化的、有用的技能训练。这种具有非职业偏好的文人文化，明显区别于以科学、进步、商业和功利主义为主题的西方文化。他以西方科学为标准来关照中国历史上的一系列发现，得出"这些发现只是一束闪光的科学火花，而不是汇入世界潮流的、并不断积累起来的科学传统"[19]。

在这些学者看来，中国现代学术文化的主要内容正是由这种异质的科学文化来建构，它本身既是目的，又是动力和依据。"现代学术在中国的出现是西方科学东渐，并对中国传统学术更新改造的产物"，它首先就体现在"传统经学知识体系被近代科学知识体系所取代"[20]。金观涛、刘青峰发现，五四前后中国文化的深层结构出现重大变迁，传统理性让位于科学理性，以至于成了反传统的最终根据[21]。弗思（Furth Charlotte）对科学家丁文江的描述同样涉及了科学在中国新文化建设中的作用[22]。就是在 20 世纪 30 年代特有的疏离性大学文化中，科学由于代表了真理也成为寄托理想的基石，"当权力和伪善要为历史上发生的许多错误负责时，爱与科学就成了救赎和再生的关键。"[23]

近代以来，随着与中国传统学术性质相异的西方学术文化的输入与移植，中国传统学术的转型不但表现在学术思想本身，而且还表现在它所赖以产生和发展的学术体制[24]。海外学者的诸多研究还表明，科学的异质性还体现在它是一种不同于传统学术体制的社会建制。

科学教育的体制化发展得到了重点考察。许美德（Ruth Hayhoe）考察了晚清以来不同学制的特点、大学科学科目的设置情况、理工科学生人数的变化以及国家的科技教育政策[25]，勾勒出了科学教育在高等教育体制中逐步确立的历史过程。孙任以都（E-tu Sun Zen）在梳理民国高等教育和学术界的发展时认为，民国初期教育现代化的主要命题之一就是，将"科学"和"科学方法"作为新的教育制度得以建立的最坚固的基础[26]。

区别于传统的官学一体化士人和"以文会友、以友辅仁"的诗会文社，由新式知识分子组成的科学共同体和职业化的科研机构也得到了海外学者的重视。汪一驹（Y. C. Wang）考察了中国四代新式知识分子与西方的关系，他们在知识构成、社会关系和价值追求上已经不同于那些以皓首穷经为鹄的儒士群体[27]。陈时伟（Shiwei Chen）从机构性质、设立宗旨、地位功能、组织结构、人才构成等方面对中央研究院进行了详细考察[28]，而对中国第一个综合性科学团体——中国科学社——的考察也诞生了多篇博士论文。其他有关科学活动的开展、科学事业的经营、奖评机制的运作等问题也得到海外学者不同程度的研究，像陶英惠就对 20 世纪 30 年代的科研活动和学术团体的建立情况进行了详细考察[29]。

看起来，在海外现代中国研究者的笔下，科学虽然是西方的，但更是现代的，它的异质性既是地域的、也是时间的。当科学初次与中国传统文化相遇，并引起一系列连锁的社会文化反应时，一个问题油然而生："如此相对微弱的冲击是怎样在短短的几十年导致了核心价值出现如此重大的危机？"[30]这实质上是有关科学与中国传统的关系问题。

像列文森就根本否认现代科学有一个中国根源的可能，芮玛丽也将科学技术在现代中国的受挫归结为充满惰性的传统文化[31]。但是，仍有学者对传统表示了足够的尊重。张灏在梁启超身上发现了传统到现代的过渡，并"对传统固有的多样性和内在发展动力有所认识"[32]。余英时则认为，"现代科学与技术在文化上显然具有中立性"[33]，它与中国文化并不是互不相容的。不管怎样，关于科学与中国传统文化的关系的歧见，并没有影响将现代科学视为西方产物这一共识，而且，也不影响将其作为中国文化建设方向的努力。

在思想文化研究中，海外学者基本上把科学当成了一个不断成长的统一体。叙述异质文化的科学，也就是遵循一条线性目的论叙述模式，讲述科学在中国学术文化中从无到有、从体制之外到体制之内、及至科学知识谱系的最后确立和科学理性不断增长的历史，科学本身成了理性与进步的象征，并同步于文化的现代转型进程。但是，作为文化的科学一经脱离西方与境，更要与中国的社会文化发生结构性联系，在这一联系中，科学本身虽然异质却并不单质，虽然发展却并不必然是理性的产物。换言之，海外学者基本没有给出一条有关科学文化在中国发展的动态的、多样化的历史线索。当西方学者把"科学理性"作为一个单质的、不变的思想要素来看待它与中国思想文化的关系时，我们实在有必要对那些"隐藏在这些假设背后的'科学的'妄自尊大进行抗拒"[34]。

三、作为意识形态的科学

"意识形态是指用来解释世界如何运作，以及被用来证明一群人追逐他们自己的利益有理的一系列观念。"[35]当科学技术被视作一种意识形态时，这意味着它本身不再是价值无涉。就科学本身而言，科学知识社会学用相对主义来解构科学技术的客观实在性，揭示出各式各样的利益与地方性特征正好内化其中；就科学技术的控制主体而言，不同集团——无论是科学专家、各类政治集团、还是其他团体——都将其作为自身实现其他社会政治目标的手段，从而使科学技术意识形态化。

如前所述，海外现代中国研究的学者并没有深入考察科学本身在中国的建构情况，但是，他们同样注意到了中国现代史上不同主体对科学的社会文化利用现象。他们对此的研究，揭示了科学与社会思潮、政治利益及文化传播之间的复杂关系，刻画出了作为意识形态的科学角色。

在这些研究中，科学主义作为科学意识形态的重要形式，得到了较多刻画。究其本义，"科学主义是指这样一种原则，自然科学的方法能够而且应当被用于人类所进行的一切研究领域"[36]，它要求科学可以而且应当用来解决一切问题，只有使用科学方法所获得的知识才是真正的知识。这种崇拜科学的社会思潮是"西方思潮冲击中值得注意的一项新思潮"[37]，它的流变和影响是学者们关注的重点。

郭颖颐（D. W. Y. Kwok）将五四运动以来的科学主义归为唯物论与经验论两大类，黄希平（Shipping Huang）则将 1979 年以来的科学主义分为马克思主义、技术决定论和经验论三种形式。比这些形式概括更为重要的是，他们不无批判含义地认为，科学主义"遗传了具有整体性和一元化特征的中国学术-政治传统"[38]，为一种思想体系一统天下提供了思想源泉[39]。质言之，科学通过科学主义成了唯一的价值标准，它为那些占统治地位的整体性社会意识提供了合法性和真理基石。

但是，运用"科学主义"这一概念来梳理现代中国的科学文化思潮并加以批判，如果不是无中生有，那么也有些言过其实。这些学者将中国知识分子对科学的热情、引进和运用都贴上科学主义的标签，其提出问题和论述问题的方式以及对"科学主义"的批评都有过分泛化的倾向[40]。其实，正如汪晖所言，"在诠释科学概念的运用时，重要的是说明人们在什么样的社会条件和文化条件下运用这一概念，而不是在科学与科学主义的简单区分中，分辨人们能否将科学的概念和法则运用于社会生活。"[41]

当然，在更多情况下，科学能够成为一种意识形态，并不都来源于科学主义者对科学所抱有的强烈信念。当政治利益和社会修辞介入时，科学很容易成为某种特定利益的辩护力量。科学的控制主体将决定科学为谁说话、怎样说话。

国民革命中，民族主义将各个特殊的文化领域与政治行动联系了起来。科学是民族主义话语权力的一部分，"政治活动家们在努力征募知识分子为革命政权服务的同时，也很轻巧地就进入到了科学、哲学和文学的世界"[42]。格林·梅根（Greene J. Megan）考察了国民党试图将科学整合入政权建设的进程。科学作为一种"修辞要素"在两个方面得到重视：其一，科学在现代化建设中具有功利主义色彩；其二，保守的新传统主义者将用它来保存中国文化遗产，并建立一个根植于过去的现代国家[43]。科学作为国家文化建设的一种手段，反映出的是民族国家创造民族文化的真实意图。本雅明·佩尼（Benjamin Penny）在研究气功、道教、中医在中国与境中获得"科学"名号时指出，"这一重新包装的过程已经使这些实践脱离了它们原来得以发展的情境，剥离了他们在传统文化中的意义。"[44]它们因此将不再被视为一种封建迷信活动而自动遭到排斥和法律制裁。所有这些研究都表明，科学在不同主体的控制下，基于不同的利益需求，自身成为某一特定意识形态的一部分。

现代科学是西方的产物，它进入中国在某种程度也反映了西方文化的意识形态输入。故事大师史景迁别出心裁地刻画了从 1620 年到 1962 年这三百余年中西方顾问在中国的遭遇，他们之中绝大多数人恰好就是利用手中的科学或者技术，出于各种各样的动机——宗教的、私利的、崇高的、低劣的——企图改变中国的物质和精神状况。改变中国、使之更像西方，成了他们共同的愿望。作者在反思这一段历史的最后写道，"西方人将技术援助，作为意识形态输入的外包装，企图迫使中国一口吞下。中国拒绝的正是这一点，就在它国力最衰弱的时候，中国人也意识到，以外国的条件接受外国的意识形态，只能是一种屈服。这种共同的自尊与共同的忧虑，成了连接若干代全然不同的人物的共同纽带。"[45]作者在这里虽然没有明言科学技术就是一种西方意识形态，但由于它承载了"外国的意识形态"，因而同样不能免去价值无涉的可能。这其实也是中国人在接受现代科学的过程中发现自己越来越、不得不趋近于西方的要因，但这是否就意味着必然的"西化"，却不能简单地做出判断。

海外学者对科学意识形态化的研究，描绘了一幅动机多样、利益复杂的"科学-社会"图景，权力运作与社会因素开始出现其中。现代主义话语中的实证科学和它的种种推论、世俗主义和进步，从而有可能在一个更为具体的社会场景中得到质疑和重新解释。正如杜赞奇（Prasenjit Duara）所言，"现代观念和价值几乎不能仅仅只在表面上被接受——根据它们自身的定义。它们同样被卷入了权利斗争，被其他目标所掩饰，并处于对许多可组合目标的追求之中。"[46]而科学，作为中国现代史上一个非常有影响的概念和它所负载的种种价值，显然需要在复杂的社会-文化与境中加以历史的分析。

四、结　语

海外现代中国研究中的三种科学角色，反映了海外中国问题专家审视"科学-社会"现象的三种主要视角。在"科学-现代化"视角下，科学作为一种现代化元素，广泛存在于中国的社会发展、制度变革、经济现代化和工业化等历史进程；从"科学-文化"入手，中国思想文化的转型与学术体制的变迁凸现了科学文化的异质性，并交织了"新-旧、东-西、传统-现代"等多重关系；在"科学-政治"视角下，科学的意识形态化与科学主义、民族主义、政权建设及中西交流紧密相连。由此，科学角色所根植的历史场景、科学遭遇的种种社会文化境况，都在广阔的视域中得到了较为细致和丰富的呈现。

这种将"科学"与"社会"联系起来分析科学角色的做法，对于研究中国现代科学史具有借鉴意义。因为从事科学社会研究的学者常常习惯于把科学从社会中抽离出来单独考察，然后再去寻找科学与社会某些层面的关联互动。即使在专门研究东亚科技史的史学家中，"学者也极少对一个问题中的哲学、技术、社会、政治、文学等各个方面之间的相互联系作具体的研究"[47]，这样，虽然是要进行"科学-社会"的研究，实际上却是在研究"科学"与"社会"。比起这种"科学"、"社会"两分的视角，海外中国社会学家一开始就把科学置于"科学-社会"之中，至少在分析视角的选取上就值得我们借鉴。

但是，海外中国问题专家采取"科学-社会"相连的分析视角似乎是一种无意为之的行为，这首先是由于他们研究的主题大多并不在于科学本身，所以，就我们关注的"科学-社会"分析而言，他们采取的有益视角并不足以保证他们去具体考察科学与社会的互动，以及两者交相渗透的现象。他们在"科学-社会"视角上其实还是把目光更多地投向了"社会"，社会之中的"科学"却不甚清晰和明了。

就科学的这三种角色而言，它们并不足以构成科学在现代中国的完整形象。我们知道，现代科学至少应当包括五个层面，即关于现象及其解释的科学、体现为器物和技术的科学、作为内部社会建制的科学、外部社会环境和社会后果中的科学以及作为精神的科学[48]。海外现代中国研究中的三种科学角色至多只是包括了其中的一两个层面，显然不能为我们提供一幅完整的科学图景。同时由于它们并非专门的科学史研究，即使"科学"在不同的视角下得到了刻画，但由于主题分散，那些有关科学的叙述本身也难免支离破碎。

与科学社会史研究相比照，这三种分析视角也还显得较为简单。在科学社会史研究中，存在三个纵深的研究层次，它们分别是科学与社会的互动、科学建制的社会化和科学知识的社会建构。海外中国问题专家的研究只能算是考察了作为科学背景的社会，以及与科学互动的社会，而有关科学建制化的内容和科学知识的社会建构等深层问题却没有被触及。而且，即使是对科学与社会互动的呈现，很多研究也未充分描述其互动情况，它们只是被简单地"并置"在一起。虽然也有像林毓生这样的学者，曾借助科学哲学家博兰尼（Michael Polanyi）的支持意识和库恩（T. S. Kuhn）的范式理论，对五四运动以来的科学主义进行过批判性分析[49]，但从整体上看，海外中国问题专家对"科学-社会"现象的考察与科学史的研究还有相当的距离。

同时还必须注意到，海外学者借以刻画科学的这些选题和作品，大多是对中国现代知识精英和重要事件（时段）的个案研究。这种精英文化研究和重要时段的聚焦，在某种程度上也意味着对沉默的大多数和那些表面上平静时刻的忽略。对科学在中国的本土化建构过程，大多数的普通公众显然扮演了同样重要的角色，那些更为平静的时刻可能也正好累积着引起暴风骤雨的点点能量。而这两方面的研究显然还远远不够。

所以，海外学者在研究中国"科学-社会"现象的视角选取上较为多样，但在内容分析上却失之单薄。我们看到，作为一种现代化元素的科学常常只是在器物层面上得到展现；作为一种异质文化，它的扩散和价值影响，并没得到专门的分析和阐释；作为一种意识形态，它更多的是在科学主义的概念下被考察，很多科学的社会文化利用现象之间的重要区别被模糊。这样的"科学"虽然具有多重角色，却始终没有一个整体的科学形象；虽然每种角色在诸多主题研究中得到了一定的展现，但它们对整个科学而言仍是一鳞半爪。更为重要的是，由于这许多研究仍将科学预设为理性、进步、正义的化身，并将其视作改变中国传统社会的单质性、不变性动力，因此它们无法为我们呈现科学知识、科学方法、科学建制与科学权威在中国遭遇的历时性建构过程，也无法讲述一个脱离了西方文化场景的科学在中国本土化、地方化、情景化的复杂故事。

参 考 文 献

[1] 一知．"中国近现代科学技术发展综合研究"项目验收会议纪要．自然科学史研

究，2004，23（2）：179-180.

[2] Neushul P, Wang Z Y. Between the devil and the deep sea: C. K. Tseng, mariculture, and the politics of science in modern China. Isis. 2000, 91 (1): 59-88.

[3] Sean Hsiang-Lin Lei. Changshan to a new anti-malarial drug re-networking Chinese drugs and excluding traditional doctors. Social Studies of Science, 1999, 29 (3): 323-358.

[4] 刘东. 熬成传统：写给《海外中国研究丛书》十五周年. 开放时代，2004，(6)：129-134.

[5] 史景迁. 追寻现代中国. 台北：时报文化出版公司，2001.

[6] 费正清. 美国与中国. 北京：世界知识出版社，2002：182.

[7] 柯文. 在中国发现历史：中国中心观在美国的兴起. 北京：中华书局，2002：15.

[8] 布莱克. 现代化的动力. 成都：四川人民出版社，1988：14-19.

[9] Clark C, Sabes J. Chinese development progress in the 20th century: comparing strategies and success. American Journal of Chinese Studies, 2001, 8 (1): 13-39.

[10] 吉尔伯特·罗兹曼. 中国的现代化. 南京：江苏人民出版社，1995：15.

[11] 费维恺. 中国早期工业化：盛宣怀（1844—1916）和官督商办企业. 北京：中国社会科学出版社，1990.

[12] 艾恺. 最后的儒家：梁漱溟与中国现代化的两难. 南京：江苏人民出版社，2003.

[13] Zanasi M. Far from the treaty ports: Fang Xianting and the idea of rural modernity in 1930s China. Modern China, 2004, January.

[14] Baum R. China's Four Modernization: the New Technological Revolution. Boulder: Westview Press, 1980.

[15] Needham J. The Grand Titration: Science and Society in East and West. London: George Allen & Unwin, 1969：190.

[16] 席文. 为什么科学革命没有在中国发生——是否没有发生？科学与哲学研究资料，1984，(1)：5-32.

[17] 马克斯·韦伯. 学术与政治. 北京：生活·读书·新知三联书店，1998：29.

[18] 马克斯·韦伯. 儒教与道教. 北京：商务印书馆，1995：298.

[19] 列文森. 儒教中国及其现代命运. 北京：中国社会科学出版社，2000：12-14.

[20] 陈时伟. 中央研究院与中国近代学术体制的职业化. 中国学术，2003，(15)：182.

[21] 金观涛，刘青峰. 新文化运动中的常识理性变迁. 二十一世纪，1999，4

（52）：40-53.

[22] 弗思．丁文江：科学与中国新文化．长沙：湖南科学技术出版社，1987.

[23] Wen-Hsin Yeh. The alienated Academy：culture and politics in republican China，1919-1937. Cambridge，Mass：Harvard University Press，1990.

[24] 左玉和．西学移植与中国现代学术门类的初建．史学月刊，2001，（4）：96-101.

[25] 许美德．中国大学（1895—1995）：一个文化冲突的世纪．北京：教育科学出版社，2000.

[26] 孙任以都．学术界的成长（1912—1949）．见：费正清．剑桥中华民国史．北京：中国社会科学出版社，1998.

[27] Wang Y C. Chinese intellectuals and the West（1872—1949）. Chapel Hill：University of North Carolina Press，1966.

[28] Chen S W. Government and academy in republican China：history of academia sinica，1927—1949. Dissertation. Harvard University，1998.

[29] 陶英惠．抗战前十年的学术研究．见：中央研究院近代史研究所．抗战前十年国家建设史研讨会论文集（上）．台北：中央研究院近代史研究所，1984：71-99.

[30] Elvin M. The double disavowal：the attitudes of radical thinkers to the Chinese tradition. In：David S G G. China and The West. Manchester：Manchester University Press，1990.

[31] 芮玛丽．同治中兴：中国保守主义的最后抵抗．北京：中国社会科学出版社．

[32] 张灏．梁启超与中国思想的过渡．南京：江苏人民出版社，1997：3.

[33] 余英时．中国思想传统的现代诠释．南京：江苏人民出版社，1997：49.

[34] 史华兹．古代中国的思想世界．南京：江苏人民出版社，2004.

[35] Levin W. Sociological Ideas：Concepts and Applications. Belmont：Wadsworth Pub Co，1991：199.

[36] Neufeldt V. Webster's New World Dictionary of American English（third college edition）. New York：Prentice Hall，1991：1202.

[37] 郭正昭．社会达尔文主义与晚清学会运动（1895—1911）．中央研究院近代史研究所集刊．第三期（下册）．1972：557-625.

[38] Huang S. Scientism and Humanism：Two Cultures in Post-Mao China. New York：State University of New York，1995：143.

[39] 郭颖颐．中国近现代的唯科学主义．南京：江苏人民出版社，1998：167.

［40］龚育之．科学与人文：从分隔走向交融．自然辩证法研究．2004，20（1）：6.

［41］汪晖．现代中国思想的兴起（下卷：第二部科学话语共同体）．北京：生活·读书·新知三联书店，2004：1428.

［42］Fitzgerald J. Awakening China：Politics，Culture and Class in the Nationalist Revolution. Stanford：Stanford University Press，1996：4.

［43］Megan G J. GMD rhetoric of science and modernity（1927—1970）：a new-traditional scientism. *In*：Bodenhorn T. Defining Modernity：Guomindang Rhetorics of A New China，1920—1970. Ann Arbor：Center for Chinese Studies，University of Michigan，2002：238.

［44］Penny B. Qigong，daoism and science：some contexts for the qigong boom. *In*：Lee M，Syrokomla-Stefanowska A D. Modernization of the Chinese Past. Sydney：Wild Peony，1993：167.

［45］史景迁．改变中国．北京：生活·读书·新知三联书店，1990：292.

［46］Duara P. Knowledge and power in the discourse of modernity：the campaigns against popular religion in early 20th China. The Journal of Asian Studies，1991，50（1）：69.

［47］席文．文化整体：古代科学研究之新路．中国科技史杂志，2005，26（2）：99-106.

［48］任定成．科学人文读本（大学卷）．北京：北京大学出版社，2004：1.

［49］林毓生．中国意识的危机．贵阳：贵州人民出版社，1988：358-437.

第二部

传统生命文化

中国古代至民国时期对蟋蟀行为的观察和认识*

一、蟋蟀博戏与动物行为知识

雄性蟋蟀不需要具体的资源（如配偶、领地或食物），就表现出很强的斗性，而且，其争斗手段相对单一、高度模式化（利用牙齿进行撕咬、扭打），便于观察。因此，动物行为学（ethology）中常把雄性蟋蟀作为研究争斗行为的模式生物[1]。研究争斗行为的一个基础，就是给出模式生物的行为清单，概括出模式生物的行为模式。

自《诗经》时代直至明清，蟋蟀在中国文献中都占有显著地位[2]。蟋蟀的豢养和玩赏最先兴起于唐代宫廷和上层社会。在宋人顾逢的《负暄杂录》中记录了唐代天宝年间长安富人"以万金之资付之一啄"的盛况[3]。根据留存下来的文献与迄今为止发掘的文物，可以判断，斗蟋活动到宋代已经发展得十分考究，此后经历了唐、宋、元、明、清、民国各个时期，至今仍在民间盛行不衰。国人在豢养蟋蟀和民间博戏活动过程中，对蟋蟀分类和生活习性等方面提出了诸方见解，积累了一批专门的蟋蟀著作，逐步形成了较为精

---

* 本文作者为陈天嘉、任定成，原载《自然科学史研究》，2011 年第 30 卷第 3 期，第 345～356 页。

细的知识体系。

中国博戏中，也有斗鸡和斗鹌鹑方面的文献传世，但是蟋蟀专著的数量最多。据笔者目前掌握的资料统计，自明代至民国存世的蟋蟀文献就多达20余部，其中绝大部分文献都是以蟋蟀谱、蟋蟀经的形式出现。与一些记载蟋蟀的类书、笔记和文学作品相比，这些"谱"和"经"的内容专业而丰富，是集中反映古代和近代蟋蟀认识体系的核心文献。本文的目的，就是解读这些文献，研究中国古代至民国时期对于蟋蟀行为的观察和认识。

二、栖息与节律

古人认为，蟋蟀的品种选择是斗蟋比赛获胜的首要条件，因此发展出一套考究完备的"相虫"知识体系。要捕捉到优良品种的蟋蟀就必须熟悉其活动场所和活动时间，全面掌握蟋蟀的生活规律。

（一）栖息

《促织经》① 论赋开篇就提到了蟋蟀的栖息环境：

> 暖则在郊，寒则附人……或在壁，或在户，或在宇，或入床下，因时而有感……生于草土、垒石之内，诸虫变化。隔年遗种于土中……出于草土者，其身则软；生于砖石者，其体则刚；生于浅草、瘠土、砖石、深坑、向阳之地者，其性必劣……背阴必娇，向阳必劣。深砖厚石，其色青黄；浅草薄泥，其颜黑白。[4]

蟋蟀的栖息地主要在草地泥土和石块堆积之处。天暖则活动于野外，天寒则寄居于人的居所。

蟋蟀的体质与其栖息环境密切相关。古人十分重视优质蟋蟀的生活环境。在蟋蟀体质与栖息环境的关系中，生长环境的优劣起到了决定作用。蟋

---

① 涉及斗蟋的古文献，有不少版本，其中有些被后人标点，但标法不一。本文引用的古文献，是笔者在斟酌不同标法的基础上，选择或自行给出的标点。

蟀适宜栖息在阴暗潮湿的地点，而贫瘠的土地、干燥的砖石以及光照强烈的地点都不适合蟋蟀栖息，即使长为成虫也是劣虫。另外，栖息环境还会影响体色，厚石中多产青黄色品种的蟋蟀，而浅草泥土中多产黑色或白色品种。

进一步，在综合了栖息环境条件与蟋蟀体质特征的基础上，古人认识到不同体色的蟋蟀及其形态与品质优劣也存在着关联。

> 大抵物之可取者，白不如黑，黑不如赤，赤不如黄。赤小黑大，可当乎对敌之勇；而黄大白小，难免夫侵凌之亏。愚又原夫入色之虫：赤黄色者，更生头项肥、脚腿长、身背阔者为首也。黑白色者，生之头尖、项紧、脚瘦、腿薄者，何足论哉！[5]

生活在不同环境中的同一种生物，会有不同体貌外形特征，这是符合现代生物学理论的。

（二）节律

古人已经掌握了蟋蟀的生长节律，对蟋蟀的活动时令与生长周期有较为全面的观察和认识。

> 若有识其时者……又尝考其实矣，每至秋冬……若夫白露渐旺，寒露渐绝。[4]

蟋蟀的主要活动时间是每年的秋冬季节。蟋蟀对时令变化非常敏感，"若有识其时者"，即仿佛通晓时令物候一般，其活动体现了一定的季节性节律。

白露是二十四节气的第十五节气，在农历九月七日或八日，意思是夜凉、出现露水。寒露是二十四节气之第十七节气，在农历十月八日或九日，意思是气温下降、露水更凉。蟋蟀的生长旺季是每年的十月，此时出现大量成虫，而到了十一月便逐渐绝迹。

对于蟋蟀的生长周期与生长机理，古人认为：

> 序属三秋，时维七月，禀受肃杀之气，化为促织之虫。述其奥
> 妙之玄机，乃作今时之赌赛。[4]

农历八月，蟋蟀感受深秋的肃杀之气孕育而生，这属于中国传统的气论思想，认为万物由气而生[6]。所谓"奥妙之玄机"，则表明古人已经认识到蟋蟀的生长与环境、时令的关系存在很深奥的规律。

蟋蟀属于夜行昆虫，古人对蟋蟀的昼夜节律行为有过细致的观察和描述：

> 每至未申，便当下食；但临子丑，且听呼雌……只窝在石岩泥
> 穴。时当夜静更深，叫彻风清月白……下食须当过日中，若还不准
> 是场空。[4]

蟋蟀每日下午1时至5时进食，晚上11时至次日凌晨3时开始鸣叫召唤雌蟋蟀交配。夜深之时，正是蟋蟀活动频繁期。

三、环境调节与蓄养

古人认为，蟋蟀的蓄养知识来自养虫者对昆虫的喜爱之情，是建立在谙熟昆虫习性基础上的：

> 君子之于爱物也，知所爱。知所爱，则知所养也。知所养，则
> 何患乎物之不善哉！……夫养虫者如养兵，选虫如选将。[7]

古人采取拟人手法描述和解释一些自然现象，把养蟋蟀跟养兵相比，把选蟋蟀跟选将军相比。斗蟋蟀常常被看做一场激烈的战斗，屡获奇功的蟋蟀都被封为"上将军"称号，对争斗模式的描述也大量借鉴了中国兵法中的概念。

一旦完成"选将"，即选取了优质的蟋蟀品种，就开始"养兵练兵"。多数蟋蟀文献都包括了"论养"这一主题，在其内容上相对丰富而考究。总体

来说，关于蟋蟀的环境调节与蓄养的认识与实践体现在两个方面：蟋蟀盆与环境调节、进食与用药。

（一）蟋蟀盆与温湿调节

蟋蟀捕捉后需要蓄养在特定的容器中。这容器可以是银笼、漆笼、竹笼、金漆笼、板笼[8]，但更多的是陶罐，也称为蟋蟀盆。选取合适的陶罐蓄养蟋蟀，实际上就是确保蟋蟀生活在适宜的温度和湿度环境之中。

南宋贾似道（1213—1275）详尽地记载了盆养蟋蟀之法：

> 盆须用古，器必要精。如遇天炎，常把窝儿水浴；若交秋冷，速将盆底泥填。[4]

陶土罐在温度控制、吸水保湿方面确实优于金属、竹笼。

在蟋蟀罐中还会放置过笼和水槽。过笼也叫铃房，是长方形的陶制容器，两端有孔，蟋蟀可以穿过，因此得名[9]。过笼里能够容纳两只蟋蟀，是蟋蟀平时生活、繁殖的居所[10]，放在蟋蟀盆中配套使用。打开蟋蟀盆时，蟋蟀会躲进过笼中，可手握过笼安全转移蟋蟀，避免其受惊受伤①。

值得一提的是，1966年镇江一座南宋墓中出土了制作精美考究的陶制蟋蟀过笼（图1）[11]，是目前出土最早的蟋蟀用具，造型与现今已基本无异，推测当时与之相配套的蟋蟀盆也极有可能为陶盆。蟋蟀用具在南宋后期已经发展成型并流传至今。通过此过笼的加盖设计结构还可以推断，南宋已经认识到蟋蟀避光的特性。民国李大翀也强调忌讳反复打开蟋蟀盆让蟋蟀见光，"最忌频频开盆看之，尤不可向日中观看"[5]。

图1　1966年镇江南宋墓出
土的陶制过笼
图片来源：《文物》1973年
第5期封3

---

①　今人还使用内部中空、上连木棒的竹制长方小盒转移蟋蟀，旧时北京称为"提旨"，现在也一并称作"过笼"。

古人已经掌握了根据温度对蟋蟀生活环境进行初步温控的方法，主要体现在对蟋蟀盆的选择上。在早秋时，新虫需选取古旧的蟋蟀罐为宜。主要由于旧盆比新盆温度略低，在初秋时节，天气还热，新虫适合在更凉爽的环境中蓄养。而到了晚秋，则需要更换温度略高的新盆来保证蟋蟀的环境温度不要过低：

> 盆须用古不须新，盆热天炎色要昏。养过重阳九月九，旧盆不
> 用换新盆。[4]

重阳节后，在 10 月前后更换新盆。盆的选取原则就是保持环境温度的适宜，同时结合不同的温度，盆的位置也要进行适当调整：

> 新虫调理要相当，残暑盆窝须近凉。渐到秋深畏风冷，不宣频
> 浴恐防伤。养时盆罐须宽阔，下食依时要审详。[5]

在过热的外部环境下，需要将蟋蟀盆放置于凉爽处，早秋蟋蟀在放入凉盆的同时还要放到湿润的地方："早秋戳底凉盆，放湿润处养之"[4]，并每日将蟋蟀盆 "用冷茶浸湿两次"[5]。而深秋天气转凉，则不能频繁为蟋蟀洗浴。对于新虫来说，在湿度方面，则要保证罐内湿润，而过笼作为蟋蟀的狭小活动空间则应保持干燥：

> 瓦儿常要湿，窠儿常要干，盆中休宿水，天热莫常观。[4]

到了晚秋，蟋蟀已老，在温度上就要特别注意保暖：

> 晚秋之时，虫将衰老，喂养尤难。须合食荤腥，安于藏风温暖
> 之处，勿使受冷。[4]

从蟋蟀罐的选择与温湿控制手段来看，中国古人和近人已十分清楚配合蟋蟀盆的外部阴润环境和过笼的内部干燥环境，在不同的时令为蟋蟀营造最

适宜的生长条件，确保蟋蟀的健康。

（二）进食与用药

蟋蟀属于杂食昆虫，以各种植物为食。例如，中华蟋蟀（*Gryllus chinensis*），就以植物根、茎、叶、种子和果实为食，于夜间取食，咬食植物近地面的柔嫩部分。

古人对于蟋蟀的杂食特点十分了解，在豢养过程中又加进了动物性食品，还有针对性地配制了调养性的药。有趣的是，与古人把尿液及其制品用作人类药物[12]相似，蟋蟀豢养过程中，古人也把童便和蚯蚓粪等动物排泄物作为蟋蟀的药物。《促织经》就提出了若干进食与用药及其对应的功效和疗效（表1）。

表 1　《促织经》[4]记载的蟋蟀进食与用药及其功效和疗效

植物	动物	排泄物	功效和疗效	原文
墨旱莲			泻出腹中泥土	尖叶开白花，叶梗俱绿色。连头摘下来，水净与他吃，泻出腹中土，就将饭补力
小米			长精神	必飧黄米饭，可长精神
白扁豆			养体助力	食用羊眼豆，煮熟去壳，与饭捣细喂之
栗子芝麻			养体助力	或用栗子煮酥喂之，或用生芝麻嚼细，和饭喂之
菱角			养体助力	或用熟菱白心和饭喂之
冬瓜瓤冬瓜仁			养体助力	或用生冬瓜瓤、瓜仁和饭喂之
	虾蟹鳗鱼		养体助力	须用熟虾并熟蟹脚中肉、热鳗鱼脊上肉食之，忌有油处，养体助力
	红虫		治疗消化不良	积食不化甚堪嗟，水畔红虫是可佳
	活蚊子		治疗怕冷不进食、进食少	促织畏冷不食，可用带血蚊虫三两个与之食之
				嚼牙狭食，暂喂带血蚊虫
豆芽			清热	内热慵鸣，聊食豆芽尖叶
	河虾		治疗因受热导致的精囊挂于尾部和粪便不落下	落胎结粪，必吃虾婆
川芎			治疗步伐不稳	失脚头昏，川芎茶浴
		童便蚯蚓粪	治疗咬伤，恢复体力	如若咬伤，速用童便、蚯蚓粪调和，点其疮口。斗胜后……即将童便、清水各半饮之

饲养环节直接关系到蟋蟀的品质和争斗中的胜败，在品种相近、势均力敌的情况下，其效果尤为突出。

早秋时期，刚捕捉到的蟋蟀需喂白花草（墨旱莲）来泻尽体内的泥土，之后便要根据食谱按部就班地精心喂养。蟋蟀日常最主要的食物是小米、白米，"鸡豆菱肉尽非宜，不及朝朝黄米饭"[4]。现代蟋蟀养家仍然将小米、白米作为蟋蟀的主要食物[13]。从今天的食品营养角度分析，用于晚秋使衰老蟋蟀"养体助力"的植物类作物如小米、栗子、芝麻等，都含有丰富的维生素、脂肪酸，而虾、蟹、鳗鱼等水产品的蛋白质、磷脂含量也相对较高。

值得注意的是一些昆虫所具备的疗效。据《促织经》所载，"水边红虫"、"带血蚊虫"[4]有促进消化、进食的作用。水边红虫就是摇蚊的幼虫，一般用作垂钓鱼饵之用，有易消化的特点。

此外，在不同时节蟋蟀的食量随气温、年龄逐渐变化，对此，在多部著作中，都有详细的论述。民国时期刊印的著作也可以印证这一点（表2）。

表 2 　《蟋蟀实验录》[14]中提出的三秋蟋蟀食量变化

时节	蟋蟀年龄	进食量	注意事项
早秋	已长成	从上盆起，大码蚤每日须喂鲜粥粒半；中小码蚤照减。三日后大码蚤每日须喂饭一大粒，中小码蚤照减	天气炎热，所食尤易于消化
中秋	中年	喂食与早秋时同，寒露前后，酌量递减	蟋蟀善斗，用力多则食不宜少
晚秋	老年	食量减少或不食	如食再减少，面色且退者，则精力衰

四、求偶、斗性与配雌

雄性蟋蟀性成熟之后，会通过鸣叫行为召唤雌性蟋蟀进行交配繁殖，并且呈现出一定的规律性。古人发现，雄性蟋蟀经过交配后，会变得身体有力，斗性增强，战斗力有所提升，不同于其他动物交配后筋疲力尽，即所谓"过蛋有力"[15]。

在现代动物行为学中，与雌蟋蟀的交配或雌蟋蟀的在场均可提高斗性已经被学者确证：亚历山大（Alexander）发现，先前的失败者通过与雌蟋蟀交配可以获得极强的斗性[16]；伯克（Burk）发现，雄蟋蟀通过接近雌蟋蟀而不与之交配也可增强斗性[17]。从今天的行为学理论来看，配偶、身体大小、体重、饥饿程度、战斗经验都是动物的重要资源值指标，这些指标上的差异会形成作战动机的不对称，影响作战个体的斗性[18]。

（一）配雌

中国古代蟋蟀养家对于繁殖行为和蟋蟀斗性的关系有一定认识，将合理的配雌手段作为提高蟋蟀斗性的技术之一。虽然斗蟋蟀一般都用雄蟋蟀，但为了保证雄蟋蟀的斗性，玩家在养雄蟋蟀之前，一般都要按照数倍于雄蟋蟀的数量精心挑选雌蟋蟀来喂养。

捕捉雌蟋蟀的时机有讲究。据记载，必须在白露之前也就是蓄养雄性蟋蟀之前就要先蓄养雌蟋蟀（三尾）："到秋先收白露前三尾养之，三五日浴一次，过蛆后，虫身体健，交锋有性。"[19]

选择雌蟋蟀有严格的条件。古人已认识到雌蟋蟀同样也有斗性，并且在交配过程中可能会对雄蟋蟀造成伤害。在选择上要求雌蟋蟀体型不能过大，选黑色小个的为宜，并要剪去触须和爪子，在交配之前要喂饱，以免咬伤或咬死雄蟋蟀："必要黑头身更小……择其小黑者，伴老总无忧。"[20]

交配频率要因时令有所调整。如中秋时节，蟋蟀已到中年，交配频率应有所降低以防过度消耗体力，影响战斗力："斗夫中秋促织，如人中年，观虫者亦须推度。须用起落三尾，不可共盆，恐其昼夜呼雌起翅，过损蛮体。"[21]

此外，古人还发现，雄蟋蟀可能会误以为雌蟋蟀是同类而发生争斗，因此要采取措施避免这样的情况发生。雄蟋蟀尾部有一对长尾须，雌蟋蟀在一对尾须之间还长有较长的产卵管。所以雄蟋蟀也叫"二尾"，雌蟋蟀也叫"三尾"。古人采取除雌蟋蟀触须的办法，避免雌雄相斗："三尾宜剪去双须，以免雄虫认为同性而斗。"[5]

（二）辨雌、忆雌与厌雌

根据雄蟋蟀发生鸣叫行为时雌蟋蟀的位置和地位，古人把雄蟋蟀相对于雌蟋蟀的状态分为三类：辨雌、忆雌和厌雌（表3）[20]。在辨雌情况下，雌蟋蟀在雄蟋蟀身边，雄蟋蟀的鸣叫意味着对资源的辨识和占有，此时雄蟋蟀斗性最高。若雌蟋蟀在不远的地方，雄蟋蟀的鸣叫即意味着需要进行交配。如果雄蟋蟀对同一只雌蟋蟀已没有兴趣，便不会与其交配，这时，应即时更换雌蟋蟀，不要让雄蟋蟀过度鸣叫浪费体力："呼雌之法与君知，不贴之时便换雌。一个不贴又一个，若还呼久太非宜。"[20]

表3 《王孙鉴》[20]中雄蟋蟀的辨雌、忆雌和厌雌状态与因应措施

状态	雌蟋蟀情况	雄蟋蟀状态与因应措施
辨雌	在雄蟋蟀身旁	雄蟋蟀处最佳状态，当日争斗必胜
忆雌	在蟋蟀盆盖或者盆外面	雄蟋蟀呼唤雌蟋蟀，应将雌蟋蟀放入盆中
厌雌	被雄蟋蟀赶走	雄蟋蟀厌倦雌蟋蟀，应更换另一只雌蟋蟀

另外，要等到雄蟋蟀呼雌很急的时候，看到雄蟋蟀身体向后倒退，摇动尾须，看见雌蟋蟀不张开上颚，这时放下雌蟋蟀，两虫会马上交配："须候虫呼唤雌至急，看将身倒退，摇尾不止，见雌并不张牙，则下元雌落盆，可立等其过蛋。"[22]

这些认识已初步深入到解释层面，是中国古人对蟋蟀的鸣叫行为、交配行为和斗性相互关系的综合认识。在现代动物行为学研究中，性选择、行为进化、争斗与社会地位分配是重要的关注点，辨雌、忆雌和厌雌本质上体现了雄蟋蟀对雌蟋蟀资源值的感受差异。无论交配与否，雄蟋蟀都会赋予雌蟋蟀相应的资源值，直接影响自身的斗性。

现代研究表明，蟋蟀的不同鸣叫声，表达了其不同的行为状态：召唤声，是向远方异性发出的主动信号；求偶声，为的是激起雌虫的求偶反应；争斗声，两雄相遇时为争夺领域、配偶、食物而发出的鸣叫，是两雄虫争斗前的示威[23]。在辨雌、忆雌情形中，雄蟋蟀主要采用了求偶声和召唤声。

对交配行为的发生时机的把握，古人主要依靠具有呼雌功能的鸣叫行为，若雄性蟋蟀不鸣叫呼雌，不要放入雌性蟋蟀：

> 蛩声不发莫添双，呼叫连绵情性狂。三尾黑头须是小，剪须去爪正相当。[4]

在厌雌情况下，如果不及时更换雌蟋蟀，雄蟋蟀就不会交配，欲求无法满足，严重影响斗性。可见，古人已掌握了通过调控蟋蟀交配行为来影响斗性的技术。

五、争　　斗

古人对蟋蟀的争斗行为有丰富的观察，对斗性与资源的关系有一定认识，尤其是对争斗行为模式的认识甚至比当代行为科学家的研究还要细微。

（一）斗性与资源的关系

现代动物行为学认为，争斗双方的斗性乃至胜负与其资源值有着直接的关系。资源值包括食物、领地、配偶等[16]。中国古人已经认识到，蟋蟀产生争斗行为的原因是为了争夺领地和配偶：

> 虫斗有二，争母争窝也。每天早晚用败筒二，置过笼一于盆内，一面将虫下盆，一面擦罐芡虫，乱斗半月后，习以为常，对自勇斗矣。[24]

根据动物行为学的观点，占有领地资源的蟋蟀，由于赋予领地更高的资源值，在遇到入侵者后会展现更高的斗性。蟋蟀盆是蟋蟀的日常栖息之地，但却不能作为争斗的场所。古人认为，在蟋蟀盆中争斗的胜负会出现偏差，"盆中莫斗，斗有屈输"[4]。盆中战斗不能作为评判蟋蟀强弱的标准。

古人也发现，摄取食物的多少也能影响蟋蟀的斗性。在蟋蟀争斗之前，古人强调"邻日带饥将出斗，依然还做上将军"[4]，认为适当的饥饿可使蟋蟀保持一定的斗性（表4）。

表4　《促织经》[4]和《秋虫志异》[24]中对蟋蟀斗性和资源关系的认识

资源	蟋蟀状态	斗性强度
领地	盆中	强
	盆外	弱
食物	饥饿	强
	饱食	弱
配偶	交配	强
	不交配	弱

（二）斗品

蟋蟀的战斗是高度模式化的。霍夫曼（Hofmann）和施尔德伯格（Schild-berger）发现，蟋蟀的战斗通常分为6个层次。第一个层次是一方逃跑，表明蟋蟀没有经过具体争斗即分出胜负。如果没有蟋蟀逃跑，战斗便进入下一个层次，而且可能逐步升级为以下5个层次：触角战、单方张上颚、双方张上颚、上颚战、搏斗。上颚战中，双方互咬住对方的上颚，并推挤对方，战斗时一面摔跤一面撕咬（图2）[1]。

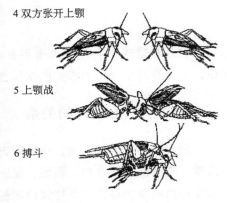

4 双方张开上颚

5 上颚战

6 搏斗

图2　蟋蟀争斗升级过程中的第4～6个层次[1]

与现代动物行为学的认识相比，中国古人对蟋蟀争斗模式的观察更为细致，对"上颚战"与"搏斗"两个层次描述和分类要细致得多，将其细化为十余种情形。

古人将蟋蟀的争斗模式称为斗品。古谱中的斗品包括：双做夹、造桥夹、磨盘夹、链条夹、狮抱腰、猕猴墩、丢背、仙人躲影、王瓜棚、绣球夹、黄头儿滚[20]等，这些斗品都是用来形容蟋蟀在"上颚战"与"搏斗"层次的具体争斗方式（表5）。古人对于斗品的命名有不少被延续下来，为现代斗蟋玩家所使用[25]。

表5　《王孙鉴》[20]中的蟋蟀斗品及其意义

斗品	意义	实力表征
造桥夹	双方狠狠咬住对手向前推，大腿撑地，前足凌空如桥梁	势均力敌
两拨夹	一方咬住对方，牙齿发力向后拖	差距明显
磨盘夹	双方互有提防，快速转圈，想咬住对方腿脚	势均力敌
链条夹	双方相咬在一起成直线左右滚动，仿佛链条	势均力敌
仙人躲影	一方在上，一方仰天，仰天方突然翻身跳起鸣叫，上方虫失败	差距明显
绣球夹	双方咬在一起难以分开，此起彼伏	势均力敌
剪　夹	一方接连不断快速进攻	差距明显
狮抱腰	从敌虫背后进行袭击，用前足将对手抱住	差距明显
双做夹	一方咬住对方牙齿摇动，对手发力还夹，后发制人	差距不明
猕猴墩	一方咬住对方并甩出	差距明显

根据动物行为学的观点，动物发生争斗行为前会进行战前评估，展示双方的资源占有潜力（resource holding potential，RHP）之差异，最终低 RHP 的一方逃走，在预知败局已定的前提下降低了时间和能量消耗，以及受伤的风险。

古人发现，蟋蟀在争斗过程中会出现斗口与斗间两种情况。斗口指对敌虫采取撕咬的主动进攻策略，说明敌虫的战斗力弱，我虫会直接进攻；斗间则指对来犯的敌虫采取谨慎的周旋策略，表明敌虫的战斗力强：

> 虫斗口者，勇也；斗间者，智也。斗间者，俄而斗口，敌虫弱也；斗口者，俄而斗间，敌虫强也。[26]

《秋虫志异》中曾有过对各种争斗模式与蟋蟀战斗力关系的推断，从咬斗的时间来判断蟋蟀的战斗实力：

> 斗法：快口清口，上也。等口凿口，次也。急口，又次也。缓口滑口，下下。[24]

清代《蟋蟀谱》中，记载了六种胜利方式，基本都是采用军事术语[27]，以拟人的语言理解蟋蟀的争斗行为（表6）。

表 6　朱皆山《蟋蟀谱》[27]中对蟋蟀争斗策略的观察与认识

制胜方式	原因	解读
无敌最胜	物而无敌也者妄矣，然之气能制敌无所用击刺而敌自不敢迎，然黠者必籍口矣，速采合约三下，挑战主待敌退留之，又退故，故留之又退，是为最胜，则加封，加封树帜倍采，金曰理当倍	不采取具体的撕咬而使敌虫直接逃跑，并使敌虫在以后的几次碰面中继续逃跑。表明个体间不对称性存在显著差异
致力上胜	以小胜人（虫以一口胜），正爱其胜，尤复爱其险绝，陡绝不事智计，蓄气醅郁望中有我无人如从空下，如探囊中，如摧一朽物，如毙缚囚，如俊鹘掠空一击，不更击一失耻，不重复也，是为奏捷与最胜也，名亚而实同	以一口咬便使敌虫逃跑，所谓小，强调交口次数很少
拙速次胜	兵败于敌备速则一见辄合乘其不备，非拙其所观望，似拙耳一发而殪，为上胜，伤及重伤论有差，胜则露布，露布夺采树帜	没有事先的准备便以快取胜。"拙速"出自《孙子兵法》"故兵闻拙速，未睹巧之久也"，指未经准备快速进攻

制胜方式	原因	解读
用间奇胜	兵之正以阵,巧以间,诈败而险进,灰燃矣,愤者快,慑者喜,敌亦愧且服,是用赏谋夺采树帜	假装逃跑,诱敌,然后看准时机下口《斗蟋蟀赋》中也有"用间诈降"的:"卖其首而诱擎,抒其足而待掷。乘其势而扬输,就其步而巧获。"[28]
巧迟长胜	莫难于巧,而次之,其迟也,不如斯拙次耳,古善将者,变化不测于军士,而敌神其策,迟则间谍,得而通之,是为谋拙,胜则赏功夺采益帜无树,情不合树也	与拙速相对,经过比较长时间的战斗评估阶段最终获胜。明王鸣鹤《登坛必究》云"兵贵拙速,不尚巧迟,速者乘机,迟者生变。"缓慢发动进攻会发生变故[29]
绝命下胜	绝命,古剑刺名身,冒白刃入水火而跳,荡之须之,齐者折尾之,岐者缺而战,固胜也,胜乃赏力有次于功也一等	经过殊死的恶斗才取得胜利,说明双方势均力敌

六、余 论

中国古人和近人对蟋蟀习性的观察和认识细致入微,包含很多有价值的信息。在重要国际学术刊物上报道的工作中,已有部分当代动物行为学的工作是根据中国斗蟋经验和认识所做的验证和延伸研究[30,31]。可见,中国斗蟋知识是当代动物行为学研究的重要资源。动物行为学是一门历史不长的新兴自然科学学科。此前的中国动物学史研究往往只关注到中国人对于动物的形态、生活习性等方面的认识,忽视或轻视了在动物行为学的概念框架下,中国人对于动物的观察和认识。

受霍夫曼工作的启发,我们在本文中尝试用现代动物行为学的认识框架对中国古代和近代斗蟋经验进行研究整理。这是一个新的研究视角和研究方向。我们相信,除了本文工作揭示的信息之外,中国古代至民国时期的斗蟋文献还蕴涵着更多有待从动物行为学视角进行整理的信息。这些信息不仅对于我们重新认识中国动物学史是有意义的,而且也会对当代动物行为学的研究提供资源和灵感[32]。

以对蟋蟀争斗行为的观察为基础,中国人在斗蟋过程中还发展出了利用一些专门的斗蟋工具,如芡草等人工干预斗蟋过程的手段,这些干预手段类似于现代科学中的受控实验。再者,斗蟋群体及其活动方式也有自身的特点。这些都可以从科学智识史和科学社会史上深入开展研究，而且有可能导致我们对于中国传统认识方式和思维风格的新认识。

参 考 文 献

［1］Hofmann H A, Schildberger K. Assessment of strength and willingness to fight during aggressive encounters in crickets. Animal Behaviour, 2001, 62: 337-348.

［2］邹树文. 中国昆虫学史. 北京: 科学出版社, 1981: 144.

［3］陶宗仪. 说郛. 卷 18. 北京: 中国书店, 1986: 36.

［4］周履靖. 夷门广牍·促织经（金陵荆山书林刻本）, 1597（明万历二十五年）: 7.

［5］李大翀. 蟋蟀谱（石印本）. 1931（民国二十年）: 57.

［6］席泽宗. 中国科学技术史·科学思想卷. 北京: 科学出版社, 2001: 366-368.

［7］周履靖. 重编订正秋虫谱（奋翼馆刻本）, 1546（嘉靖丙午）: 10.

［8］孟元老, 等. 东京梦华录 梦梁录 都城纪胜 西湖老人繁胜录 武林旧事. 北京: 中国商业出版社, 1982: 12.

［9］王世襄. 蟋蟀谱集成. 上海: 上海文化出版社, 1993: 1476.

［10］孟昭连. 蟋蟀文化大典. 上海: 上海三联书店, 1997: 277.

［11］苏镇. 镇江市郊发现南宋墓. 文物, 1973（5）: 16.

［12］朱晶. 丹药、尿液与激素: 秋石的历史研究. 北京大学博士学位论文, 2008.

［13］边文华. 蟋蟀选养与竞斗. 上海: 上海科学技术出版社, 1988: 38.

［14］胡耀祖. 蟋蟀实验录（印本）, 1916（民国五年）.

［15］金文锦. 四生谱·促织经（存心斋本）, 1822（道光二年）.

［16］Alexander R D. Aggressiveness, territoriality and sexual behavior in field crickets. Behavior, 1961, 17: 130-223.

［17］Burk T E. An analysis of social behavior in crickets. Ph. D. thesis, University of Chicago, 1979.

［18］陈天嘉, 任定成. 争斗策略的理论模型和经验验证. 生物学通报, 2010, 45（12）: 9-13.

［19］贾秋壑. 鼎新图像虫经（明万历刻本）: 23.

［20］朱从延. 王孙鉴（林德垓增修本）, 1776（乾隆四十一年）: 66.

［21］麟光. 蟋蟀秘要（刊本）, 1861（咸丰十一年）: 40.

［22］秦子惠. 王孙经补遗（听秋室校印本）, 1892（光绪十八年）: 68.

［23］隋艳晖. 蟋蟀鸣声及其行为研究. 山东农业大学硕士学位论文, 2003: 13.

［24］曹家骏．秋虫志异．上海：商务印刷所，1925（民国十四年）：33.

［25］肖舟．蟋蟀秘经．沈阳：沈阳出版社，1989：95-96.

［26］刘侗．说郛续·促织志（宛委山堂本），1646（顺治三年）：3.

［27］朱皆山．蟋蟀谱（清抄本）：45.

［28］释大汕．斗蟋蟀赋（清远市博物馆藏卷轴），1680（康熙十九年）.

［29］王鸣鹤．登坛必究（卷16，万历刻本）.

［30］Hofmann H A, Stevenson P A. Flight restores fight in crickets. Nature, 2000, 403 (6770): 613.

［31］Judge K A, Bonanno V L. Male weaponry in a fighting cricket. PLoSONE, 2008, 3 (12): 1-9.

［32］任定成，陈天嘉，等．"文化簇"与中国科学技术史研究——北京大学"科学文化史"讨论班述要．中国科技史杂志，2010，31（1）：14-25.

中国斗蟋蟀博戏中的芡草与芡法*

　　动物的争斗行为广泛存在于自然界，是动物行为学的重要研究内容。动物行为学家已经对争斗策略的理论模型和经验验证做了大量研究，其中，雄性蟋蟀因其斗性强和行为刻板而被作为研究雄性动物争斗行为和 RHP（resource holding potential，资源占用潜力）评估（动物个体在争斗前会进行 RHP 评估。动物行为学界已经发展出若干理论模型对此进行描述和解释）[1] 的模式生物（model organism）[2]。

　　斗蟋蟀是一项历史悠久的中国博戏活动，目前已经发展成为具有一定规模的蟋蟀文化产业。中国内地的宁阳、宁津等县发展起了斗蟋蟀产业，台湾台南县新化镇亦有成熟的斗蟋蟀观光产业。保持、提高和恢复蟋蟀的斗性，是使蟋蟀获胜的关键环节。中国古人对蟋蟀的行为有着丰富的观察和认识[3]，并且熟悉蟋蟀的一系列身体指针与斗性的关系[4]。

　　除了对自然状态下的蟋蟀的观察以外，人们还对蟋蟀的争斗行为进行了不同程度的干预，使用一些人工手段来影响其斗性。落败的蟋蟀一般会在 24 小时之内避免和其他蟋蟀再次战斗，但动物行为学研究者霍夫曼（H. A. Hofmann）和斯蒂文森（P. A. Stevenson）通过排除实验，已经确证中国古人在斗蟋博戏中采取的抛接蟋蟀手段，其实质是迫使战败的蟋蟀飞行，

---

　　*　　本文作者为陈天嘉，任定成，原载《民俗曲艺》，2012 年第 175 期，第 89～106 页。

可以在很大程度上（80.0%）提高落败蟋蟀恢复斗性、与之前对手重新战斗的可能性[5]。

霍夫曼的工作启发我们进一步考察中国斗蟋博戏中还采取了哪些提高蟋蟀斗性的手段。我们发现，中国人采用最多的手段是使用芡草等工具刺激蟋蟀的不同身体部位，确保蟋蟀保持最佳的争斗状态。

芡草的使用是对蟋蟀正常、自然的争斗活动的干预。它使人们获得了对蟋蟀不同身体部位感受刺激的反应，以及对于提高蟋蟀斗性的认识。这种干预有复杂精细的操作步骤，在一定程度上接近于现代科学的受控实验，其中包含了丰富的动物行为学信息，是现代动物行为学研究的重要资源[6]。对这种现象的研究会拓展中国动物学史研究的内容。

一、芡　草

中国斗蟋蟀博戏中，一般都离不开刺激蟋蟀斗性的工具，这种工具就是芡草。芡草由芡头和芡杆两部分组成，芡头是用来直接与蟋蟀身体接触的茸毛，芡杆是玩家用手握住控制茸毛的柄。由于芡草的使用方法是轻轻探点蟋蟀的身体，所以也称为"探子""揿子""打草"。斗蟋者认为，使用芡草可以"诱其知觉"[7]，使蟋蟀以为敌人在身旁，引起蟋蟀的警觉，"虫必以敌来触动"[8]。王世襄指出，芡草的作是模仿蟋蟀的触须，用以引逗蟋蟀[9]。

"芡草"容易使我们想到水池中生长的圆形叶子浮于水面的一年生草本植物"芡"，它的种子叫做"芡实"，就是做芡粉的原料。其实，斗蟋蟀用的芡草，不是这种芡，而是叫做"蟋蟀草"（Gramineae，又名"牛筋草"）的另一种一年生草本植物，其茎可以劈成细丝用来逗蟋蟀，所以叫做蟋蟀草。

不过，最初用来做芡草的并非是蟋蟀草。明代蟋蟀谱中将芡草写为菣(qìn)草，也偶有"芡草"和"牵草"的写法出现，现代多称为"芡草"。菣的本意是植物青蒿，也称香蒿。《说文解字》的释义是："菣，香蒿也"[10]。《康熙字典》也有类似的释义："尔雅·释草，蒿菣。今人呼青蒿香中炙啖者为菣，又荆楚闲谓蒿为菣"[11]。

清人朱从延辑著的《王孙鉴》中记载了乾隆年间已经失传的攒芡草的制作方法，并说明了当时茸芡、细修芡的作用：

数十年前俱用攒芡，将数十根芡草头劈开，用胶粘于一柄，如关刀，如扫帚，以蝇头血浆染，不特使易开牙，并欲将芡头于蚕身下直透大腿，令其两股稳立停妥。绝细者曰茸芡，是用于交口之后，蚕下锋惊遁，故曰细修芡。今攒芡概勿用，后人并不知有攒芡矣。[12]

就是说，清代早期用的攒芡，就是把数十根芡草从头劈开，用胶粘在一根小棍上，有的像关羽的青龙偃月刀，有的像扫帚，用蝇头血染在芡头上。这种芡草容易使蟋蟀张开上颚。张开上颚是蟋蟀争斗最明显的炫耀行为，古谱中将其称为"开牙"。这样的芡草还能使蟋蟀从身下直透大腿，让它的两腿站立稳妥。极细的一种芡草叫茸芡，是用在两虫交口之后，防止下风虫用芡后受惊逃窜，所以叫做细修芡。

民国时期用来做芡草的材料可以是香蒿或蟋蟀草，也可以是鼠须，用蜡将鼠须粘在竹签上即可使用。不过，用鼠须做芡草虽然简易，效果还是不如葭草：

今多以鼠须长者，蜡粘竹签上为之，然虽省事，究不如用葭草为良也。炼芡之法，于白露前数日，选芡草梗长直者，于饭甑内蒸之，置日中晒干，三蒸三晒，以茸毛丰软、草色明坚者为佳，茸稍用蝇头浆染之。[8]

就是说，要选取梗长且直的草，在饭锅里面蒸，然后在太阳下面晒干，蒸三遍晒三遍。挑出茸毛丰富柔软、草色明亮坚韧的草，在草茸上面涂抹苍蝇头上的血。这样的芡草才算是好的芡草。

现代社会活动家、科普作家周建人介绍过蟋蟀草，并描述了蟋蟀草的制作过程：

另一种著名的茅草是蟋蟀草。因蟋蟀这名称各处不同，这草名也跟着各异。叫蟋蟀为趋织的地方就叫它趋织草，叫催绩的地方就叫它催绩草①。它的秆比较软弱，在下部有些僵卧。高大的很高大，秆梢数层，各属分出数枝，下生小花。斗蟋蟀者取此草，秆梢劈作数片，折下，再用手指捋上去。把秆的肉质捋去，露出一簇纤维，用它撩拨蟋蟀之怒，使互相斗。[13]

蟋蟀草习见于旷野荒芜之地，分布于全国各地，是目前比较常用的茋草制作原料，而茋头就是蟋蟀草秆的纤维。

总之，古人最早使用的茋草原料是青蒿，后来清末民初还使用鼠须、牛筋草为原料。"茋草"一词的含义已经发生了泛化，从其古代原意以青蒿为原料制作的刺激蟋蟀的工具逐渐演变为泛指刺激蟋蟀斗性的所有类型的虫草。用茋草刺激蟋蟀的方式称为"给茋""运草"。目前，在中国内地的斗蟋蟀活动中，"探子"这个名称使用更为广泛，含义与茋草相同。在台湾地区，一般使用三五支猫须，或果子狸的须牢牢固定在一支弹性细棒上，称为"猫须""猫将"或"猫勒"，其作用相同[14]。

实际上，蟋蟀是非常敏感的昆虫，使用茋草的本质是通过细小的茋头接触蟋蟀的身体，诱发蟋蟀感知有敌人威胁其所属领域，茋头做成丝状是为了模拟蟋蟀的须，让其有接触敌方的感觉。古法中涂上蝇血制造异味或许与费洛蒙有关。荷兰研究者还曾利用蟋蟀尾须（cerci）感受气流的原理制造了人工蟋蟀毛[15]，应用于大型的感应网络，如机翼。茋草的种类和特点②如表1所示。

表1　茋草的种类和特点

名称	原料	特点
本草	牛筋草	按照丝状锋尖数目分为轻、中、重三种，使用最为广泛
紫草	紫草	纤维强度、柔韧性比本草高，且数量稀少、生长慢，显得高贵，但使用不很广泛
紫锋草	牛筋草、紫草	以牛筋草做主体，草锋镶嵌紫草，纤维强度和柔韧性介于本草和紫草之间

---

① 蟋蟀在古代中国常叫促织，如最为常见的贾似道《促织经》，但由于各地方方言、语音的变化，也有趋织、催绩的称呼。

② 在现代人关于养蟋蟀的著作中，对目前所流行的茋草原料有过介绍。见文献［16］和文献［17］。

名称	原料	特点
鼠须草	鼠须、牛筋草	一种是纯鼠须制成，一种是以牛筋草做主体，在草锋镶嵌鼠须，鼠须直而尖，不易折断，保持直挺，经久耐用，提升蟋蟀斗性效果明显
黄狼草	黄鼠狼尾毛、牛筋草	制作方法与鼠须草同，材质较为粗硬，使用极少

二、芡　　法

芡草的使用体现在四个方面：日常训练、开局引逗、局间导引、分局引逗。

捕捉的蟋蟀在生长成熟后需要进行日常训练。常见的训练方法就是通过芡草刺激来使蟋蟀张开上颚。古人认为蟋蟀张开上颚就是显示斗性的表现。根据霍夫曼和施尔德伯格（K. Schildberger）对蟋蟀完整争斗过程的分阶段观察可知，争斗双方都会经历互相碰触触须、炫耀张开的上颚，直至用上颚接触并最终搏斗扭打的过程[18]。

古人通过芡草对蟋蟀进行日常训练，是制造假想敌来诱发蟋蟀的炫耀行为，即开牙。利用芡草刺激蟋蟀，实际上是采用人工手段实现了类似触须碰触的战斗，使蟋蟀进入炫耀阶段。虽然在此过程中没有敌对蟋蟀真正存在，但达到的效果是一样的。

清代秦子惠指出，刚买来的蟋蟀要略微用芡点拨，观察上颚的开合快慢情况，不宜多芡，否则必然会损伤蟋蟀上颚：

> 处暑之蛩，不宜多芡。买时只略一点拨，观其牙式启闭之徐疾而已。多芡必损，致有炼钳等病。[19]

浙江人在早秋之后才允许进行芡草训练。同时，若蟋蟀出土较晚，则需用老芡使劲扫拨蟋蟀。出土晚的蟋蟀还基本没有战斗经验，而战斗经验是蟋蟀重要的资源占有潜力（RHP）之一，因此对晚出土蟋蟀的芡草训练就要提高强度，使蟋蟀尽早开牙。

开始进行争斗比赛时，需要在开局对蟋蟀进行斗性激发。通过不同方式的牵引，可以使蟋蟀张牙、鼓翅、发性。牵引的方法繁多，用途各异。

蟋蟀初合对时，在两虫入盆开斗之前，虫主要各自用芡草先须撩蟋蟀两腿，使草锋向后顺势一撩，观察蟋蟀的反应，若无反应则继续撩逗，直至其弹腿；然后用芡草在蟋蟀的两肋频频轻摩，使其周身活动开；接着再用芡草点扫蟋蟀左右两抱头爪，并点扫牙边水须，引其开牙，这时蟋蟀的斗性得到激发；最后在门牙上使芡。

据《促织经》载，蟋蟀暂时占上风时，要采用上风芡法。这时可用芡草稍稍点拨抱头爪和尾尖，使其保持斗性；至复局将起闸时，再轻轻芡左右水须，使其向两边抖放；最后用草锋轻轻点拨牙尖，使其鼓翅激鸣：

> 斗胜，当监棚手喝明下闸，分其上下。胜者，收提上锋，领至中闸，即将湿纸搭盖，常常调拨，使其斗性常存，不宜扫牙，不可失其斗性。只宜频频点插，待下锋回报，才可再调。不宜繁絮，只宜数芡。领正起闸，两架芡勿容扑，恐惊误走。善斗者详之。[20]。

蟋蟀在居下风时，必须设法用芡草将其激怒，使其斗性恢复。在蟋蟀开步之后，用芡草拂扫脑门，微微芡触须和项背，如果蟋蟀此时神态仍不振作，可另扫腰尾、两肋和大腿，一定要使蟋蟀弹腿，然后扫脑盖和两水须，渐至门牙，使蟋蟀鸣叫，表明斗性恢复，即可起闸再战。清代金文锦指出，要诱使下风蟋蟀弹腿，如果蟋蟀振翅鸣叫，就意味着恢复斗性，可以再战，但下风芡法总体来说不能过于频繁：

> 促织方落下时，待其行动，须用绒芡拂其脑搭须根，以及项背。如虫性不起，另芡腰尾并肋花大腿，左修右抻，诱虫弹腿作势，然后微微讨其牙絮。俟略张小嘴，即捻牙口一芡。待其张布鼓旺，连捻胲爪几芡。令鼓翼数声，翅翼收闭，再拖领数番，便可复局。不宜过繁。此下锋芡法也。[21]

下风芡法的作用部位值得注意。根据动物行为学的观点，动物在发生争斗行为之后，就形成了一定的从属地位，失败者如再次遇到胜利者就会直接逃跑。正常情况下，蟋蟀下风之后再战应该直接逃跑。因此，下风芡法一定程度上恢复了蟋蟀的斗性。

从表2可以发现，在合斗芡法和下风芡法两种情况下，蟋蟀斗性发生变化的行为标志都是包含弹腿和张开上颚。在合斗前，蟋蟀并没有发生争斗行为，通过芡草使其弹腿，会刺激蟋蟀增加斗性。而在蟋蟀处于下风时，下风芡法同样要求虫主去撩扫蟋蟀大腿，使其弹腿。这说明古人已经认识到，弹腿这个与争斗并不直接相关的身体动作与蟋蟀斗性的产生与恢复有密切关系。而张开上颚表明蟋蟀已经做好战斗准备，是蟋蟀战斗开始的表现，与争斗直接相关。

表2　常用局间芡法步骤①

名称	芡法步骤	蟋蟀斗性发生变化的标志
合斗芡法	撩两腿直至弹腿 轻摩两肋，使其周身活动开 扫前爪，点扫牙边水须，引其开牙 扫门牙	弹腿 张开上颚
上风芡法	点拨抱头爪和尾尖 至复局将起闸时，点左右水须 用草锋轻轻点拨牙尖，使其鼓翅激鸣	鸣叫
下风芡法	扫脑门 微芡触须和项背 扫腰尾、两肋并须摩大腿，使其弹腿 扫脑盖和两水须，渐至门牙，使之激鸣	弹腿 鸣叫 张开上颚

替代活动是动物行为学中的经典概念，即对于刺激做出本能的应激反应，与当时的场合并不相干[22]。人也同样存在替代活动，如遇到难题时会做出与解决问题无关的挠头动作。蟋蟀在争斗失败后会退缩躲避对手，无论是抛接蟋蟀使其飞行还是使用芡草使其弹腿，都使蟋蟀产生了一种与战斗无关的身体动作。这种利用人工干预提高蟋蟀恢复斗性可能性的方法，可能有助于我们重新理解替代活动的原理。

除了常用局间芡法之外，应对蟋蟀在争斗中不适应、斗性差等情况，古人还提出了其他芡法来应对这些情况，见表3。

---

① 根据《四生谱·促织经》整理而成。

表 3 芡法手法与作用部位①

名称	适用情况	手法	作用部位
掺芡	初捕得之虫，见亮辄惊跃，性未驯也	用芡宜于其项上或肋间微微掺之，若于其尾及钳上骤然着芡，必致惊跃	脖、肋
点芡	不受后芡	以芡卒然点其肋股或尾上，虫必以为敌来触动，回头则后芡也	肋、腿、尾须
诱芡	在栅中沿笼走不已	须以芡微微诱之，但下手宜轻，放手宜快，须臾再下。诱之数次，虫自受芡。万不宜仓促推拨，紊乱其性也	身旁
提芡	斗性不强	一着即起谓之提，于虫之左右前后，头上顶上，轻轻提之，无不发性。但宜轻而速，力全在虎口间也	头
抹芡	蟋蟀首撞入栅角	则抹其头、足、腹、肋等处，待其返身，便可着芡也	头、足、腹、肋
挽芡	立足尚未定时，而敌人来攻之，恐其骤然有失也	当以芡挽定，拨之使正，自无害矣	身旁
挑芡	首局已失，覆局卒难受芡	乃以芡轻挑其腹，使触之怒，则一鼓作气可出也	腹
扴芡	如健骁，徘徊不肯出局时	以芡扴之于闸口，即可出也	身旁
带芡	不欲向前	以芡带之，虫性发，随芡而出	身旁
兜芡	深秋蟋蟀，久于战斗，必持重徐步，不肯急前	以芡于其肋之旁盘旋兜之，必可前也	肋

三、用芡的限制

古人认为，用芡草提高蟋蟀斗性是有限度的，这在日常训练和蟋蟀斗局中都有所体现。

在日常蟋蟀训练过程中，古人认识到，如果雄蟋蟀的斗性得到激发后，再继续用芡刺激，便可能追赶雌蟋蟀咬斗，性情暴躁的蟋蟀甚至会不与雌蟋蟀交配，出现各种不适反应或者是啃咬水槽（给蟋蟀喂水的陶制小槽），以及各种各样的毛病。所以，不宜随便用芡撩拨逗蟋蟀：

　　蛋若起性时，芡之则要追雌思斗，性烈者甚至不贴雌，咬水盂，诸病百出。故虽汤虫，养至百日，亦不宜动芡也。[19]

---

① 根据《王孙鉴》整理而成。

从动物行为学角度分析，蟋蟀斗性激发之后需要战斗来满足欲求行为，但没有对手出现，其行为就会发生异常，甚至会将雌蟋蟀当做"假想"敌人，并影响交配等行为。在这里，古人已经认识到，蟋蟀的斗性不能随意激发。

斗蟋蟀作为博戏，自古以来就制定有斗局规则。在这些程序化的斗局流程中，既包含了古人对蟋蟀斗性和争斗行为模式的丰富认识，也包含了古人对芡法使用限度的认识。

《王孙鉴》中已经提到乾隆年间蟋蟀斗局的芡法规则，对清代苏杭一带斗彩局规也有生动详细的记录：

> 先在头背上并齐腰，如即张牙鼓翅者，无病方可交锋。如虫无尾芡，沿走无情，非失雌则患病，不可即斗。亦有虫性未旺，须再点叫聒鸣。芡其须肋，次讨小脚，有情方捻牙口一芡，左提右调。俟性发势旺，鼓翼数声，待翅收好，才可领至中闸。各待回报，方提起中闸板，两架芡不许过闸。如横各点正，不得挑拨，但观其交牙两跌开。如盲虫多领正一芡，再交锋跌开。[12]

在苏杭斗彩局开局后，等双方虫主报告准备完毕，便可开闸。这时双方虫主各把芡草收起、不许过闸板。如果蟋蟀身体横放，允许虫主用芡点正，但禁止刺激蟋蟀斗性，只让二虫自己正常开战。

蟋蟀斗性的大小强弱是一定的，不是全部用芡能够挽回的。朱从延批评了一些蟋蟀玩家不遵守规则步骤，以为通过一些小把戏偷偷多芡几次就能提高蟋蟀斗性，结果事与愿违：

> 今人务以奸诈为得计，稍觉下降，无数迟滞，即将布遮盖；偷芡一之未已，继而至再至三。或借言词登答，或更换芡草，诸丑毕露。[12]

此外，下风芡法的使用也有限制的，如果蟋蟀在第一局严重受伤、支持不住，下风芡法就会失效。下风芡草的成功率要视蟋蟀的受伤程度和耐痛程度以及蟋蟀本身固有的斗性而定[16]。古人强调轻柔微芡蟋蟀，是想模仿一只柔弱的敌虫，让蟋蟀感觉敌虫示弱、并不强大，重新评估对手的实力，这样可能会恢复一定斗性。

四、余 论

中国人在斗蟋活动中通过使用各种芡法对蟋蟀不同身体部位的刺激，使蟋蟀发生替代活动恢复斗性。替代活动是现代动物行为学关注的重要问题之一。古人的人工干预技术，对如何使动物将这些无关行为联系起来提供了有价值的范例和参考。

在国际高影响的学术刊物上报导的工作中，已有部分当代动物行为学的工作是根据中国古人的人工干预技术和蟋蟀身体指标与斗性的认识所做的验证和延伸研究[2,23]。我们相信，采用动物行为学的认识框架对于古代斗蟋经验的挖掘与整合，将为现代动物行为学的发展提供新的资源和灵感。另外，借助现代科学的概念和研究手段对传统民族生物资源的开发利用，如对中国传统医药、古代动植物知识的再验证、再发现工作，正在不断深入。杨正泽等将科学方法与民俗资源结合在一起，在台湾地区蟋蟀的分类、育种方面亦有相关研究[24]。

谈及中国科学之所以落后于西方时有学者认为，"中国古代科学家对实验做得很认真，观察也很精确……但是受控实验结构一直没有确立起来，这使得很多实验不能重复，甚至和迷信、方术混在一起不能分离"，并认为这是中国传统科学没有发展成为现代科学的重要原因[25]。在中国斗蟋博戏中，虽然中国古人不是以做出科学发现为目的，也没有受控实验的观念，但是却不自觉地对蟋蟀采取了类似受控实验的操作，做出了关于蟋蟀斗性和争斗行为模式的行为学观察和发现。从这种意义上看，中国斗蟋活动中的芡法，也许会使我们从一个新的角度重新思考中国传统科学思维方式的特点。

古代并不存在现代意义上的科学。但是，探究对象与现代科学的探究对象相同或相近的活动，以及用抽象的概念结构详尽阐述这些探究结果的文化，在古代早就有了。我们现在所说的"古代科学"就是这个意思[26]。古代科学或传统科学可能对现代科学提供一些资源或灵感，也需要我们借助今天的科学知识去理解。史家的问题，依视角而定[27]。但是，要全面理解古代科学，除了现代科学的视角之外，人文的视角也很重要。对于我们在本文中探讨的主题来说，还需要从中国斗蟋蟀的知识、人员、组织和活动的文化特征诸方面展开研究。这将是我们以后的工作。

参 考 文 献

［1］陈天嘉，任定成. 争斗策略的理论模型和经验验证. 生物学通报，2010，45（12）：9-13.

［2］Judge K A，Bonanno V L. Male weaponry in a fighting cricket. PloS ONE，2008，3（12）：e3980. doi：10.1371/journal. pone. 0003980.

［3］陈天嘉，任定成. 中国古代至民国时期对蟋蟀行为的观察和认识. 自然科学史研究，2011，30（3）：345-356.

［4］陈天嘉. 中国传统博戏中对蟋蟀行为的观察和认识. 北京大学科学与社会研究中心博士学位论文，2011：47-69.

［5］Hofmann H A，Stevenson P A. Flight restores fight in crickets. Nature，2000，403（6770）：613.

［6］任定成，陈天嘉，等."文化簇"与中国科学技术史研究——北京大学"科学文化史"讨论班述要. 中国科技史杂志，2010，31（1）：14-25.

［7］贾秋壑. 鼎新图像虫经（明万历刻本）. 见：王世襄. 蟋蟀谱集成. 上海：上海文化出版社，1993：91-150.

［8］李大翀. 蟋蟀谱（石印本）.1931（民国二十年）：11.

［9］王世襄. 蟋蟀谱集成. 上海：上海文化出版社，1993：1430.

［10］许慎. 说文解字.（汉）清代陈昌治刻本（影印本）. 北京：中华书局，1963：20.

［11］张玉书. 康熙字典. 清代同文书局（影印本）. 北京：国际文化出版公司，1993：1038.

［12］朱从严. 王孙鉴. 清代林德垓增修本，1776（乾隆四十一年）：40-41，43.

［13］周建人. 田野的杂草. 上海：生活·读书·新知三联书店，1950：35.

［14］杨正泽. 再谈两岸斗蟋蟀文化差异——器物与规则篇. 农业世界，2007，281（1）：72-78.

［15］Wiegerink R J，Floris A，Jaganatharaja R K，et al. Biomimetic flow-sensor arrays based on the filiform hairs on the cerci of crickets. IEEE in Sensors, 2007：1073-1076. doi：10. 1109/ICSEN S. 2007. 4388591.

[16] 葛俊. 蟋蟀斗养百问百答. 上海：上海科学技术出版社，2003：94-96.

[17] 边文华. 蟋蟀选养竞斗技巧. 上海：上海科学技术出版社，1998：136，137.

[18] Hofmann H A, Schildberger K. Assessment of strength and willingness to fight during aggressive encounters in crickets. Animal Behaviour, 2001，62：337-348.

[19] 秦子惠. 王孙经补遗（听秋室校印本）.1892（光绪十八年）：18，21.

[20] 周履靖. 夷门广牍·促织经（金陵荆山书林刻本），1597（明万历二十五年）.

[21] 金文锦. 四生谱·促织经（存心斋本），1822（道光二年）.

[22] 尚玉昌. 动物行为学. 北京：北京大学出版社，2005：374.

[23] Hofmann H A, Stevenson P A. Flight restores fight in crickets. Nature, 2000，403：613.

[24] Liu S H（刘淑惠），Yang J T（杨正泽），Mok H K（莫显荞），et al. Acoustics and taxonomy of Nemobiidae（Orthoptera）from Taiwan. Journal of Taiwan Museum, 1998，51（1）：55-124.

[25] 金观涛，樊洪业，刘青峰. 历史上的科学技术结构——试论十七世纪之后中国科学技术落后于西方的原因. 自然辩证法通讯，1982，5：19-21.

[26] Lloyd G, Sivin N. The Way and the Word：Science and Medicine in Early China and Greece. New Haven and London：Yale University Press，2002：4-6.

[27] 赫尔奇·克拉夫. 科学史学导论. 任定成译. 北京：北京大学出版社，2005：62，63.

宋代医学知识的扩散*

医学在宋代发生了很大的改变，无论在医学知识的传承上、从业人员的身份地位上，还是社会对医学的态度上都是如此。一个很重要的现象就是医学知识的扩散。这种医学知识的扩散主要是通过医学书籍特别是大量方书的编撰、刊刻、流通和阅读来进行的，这些方书成为医学知识的载体，成了医学知识扩散中最重要的媒介。国内一些学者对宋代方书兴盛的原因进行了探讨[1~4]，国外也有许多学者研究了医学在宋代的发展变化[5]。但是，宋代医学知识扩散的整体面貌仍然需要系统研究。在宋代是否真的存在这样一种医学知识的扩散？这种扩散是怎样进行的？推动该扩散的社会和个人因素是什么？知识扩散到达了何种程度？本文试图通过文献的梳理和分析，对这些问题进行探讨。

一、医学知识扩散的表现

（一）医学知识授受方式的转变

医学知识的传授在早期具有封闭性，而到宋代这种封闭性已不复存在。

---

* 本文作者为阎瑞雪，原载《自然科学史研究》，2009 年第 28 卷第 4 期，第 476~491 页。

关于医学知识的传承方式，谢观《中国医学源流论》中认为两汉为"专门授受之期"，隋唐为门阀医学时期[6]，而宋元时期及以后，医学知识则已处于公开状态，有能力者皆可学习。

医学知识的传承从上古到汉代通过所谓"禁方传统"来进行，其特色则是师徒之间通过仪式进行的秘密传授[7]。汉以后出现了"门阀山林医家"的现象，有些家族世代业医，医学知识不许外传。迄于隋唐，医学知识的传承始终不出"师徒""世业""门阀"三种形式[8]。

既有的传承形态在宋代仍然存在，但是医学知识的"封闭性"则已然消亡。关于宋人自学习医的问题，陈元朋作过统计。他考证了106部宋代士人医学著作，其习医渊源基本皆不可考，由此可以推测，大部分自学习医者均无师承，而是凭借所能得到的书籍自学而成[8]。而宋代出版业的发达又给医学知识的公开化提供了客观条件。宋代官方校正印刷的医籍多达20余种，包括了医经、本草、方论等各个方面的重要著作。私人刊刻的医籍也很多，据崔秀汉统计，宋代刊行的医药书籍（包括各种版本）约有700余种[9]。有些比较流行的医书还一刻再刻，如《养生必用方》，可考者有元丰、绍圣刻本。绍圣刻本有绍圣五年赵捐之后序，称此书"累经摹刻"，说明该书当时绝不止这两个刻本，是极为流行的医书。

（二）禁方公开成为时代风尚和道德要求

宋代的社会风气较之前代发生了转变，"禁方"的公开出版成为时代风尚和道德要求。一方面，政府编纂大型方书，每每利用行政力量命令当时的"医官"——基本上是世传医学之人——提供其秘方，如《太平圣惠方》的编纂过程中，就下令"医局各上家传方书"，将原本秘密传授的知识公开于天下。另一方面，民间也开始提倡刊刻家传方书这样的行为，并将"不私于己"作为一种道德要求提了出来。在"专门授受"时期，自珍其方是天经地义的行为，在接受传授之前还必须进行宣誓保密的仪式。宋人把医学与仁爱之心相连接之后，这样的保密行为则受到严厉批评。宋代私人所撰方书中，强调"公开家藏秘方"这一特征的方书有17种，如《孙氏家传秘宝方》。实际上，提倡知识公开、秘方公开的绝不仅止此数目，在其他多种形式的文本中，有大量的类似观点。

例如，刘信甫《活人事证方》，其小引称"不私于己，以广其传，庶使此方以活天下也。"[10]其书有嘉定丙子叶麟之序，叶在其中提出了私藏秘方不如"惠天下"的观点，并且严厉批评了"世之庸医""自珍其药，以为要利之谋"的行为[10]。杨士瀛在《仁斋直指方》中发表了类似言论，他反对"隙光自耀，藏诸己而不溥诸人"的保密做法。王衮也批评当时部分医生："今之人若得一妙方，获一奇术，乃缄而秘之，惕惕然惟恐人之知也。是欲独善其身，而非仁人泛爱之心也。"[11]

严用和没有仕宦经历，是名医刘开的学生，是典型的经由"师徒"这一授受方式而获得医学知识的职业医生。但是他撰著《济生方》之时，却同样强调他不敢私密处方的想法[12]。而王槐也在文天祥劝说之下刊刻了原为"家传世守之宝"的祖父王朝弼的《金匮歌》[13]。医学知识此时不再是赖以谋生的秘密技术，而成了天下之公器，试图守秘牟利者皆受到谴责。我们可以看出，公开秘方不仅是时尚，也成为一种道德要求①。

然而，这种现象未必在每个阶层中均如此。陈元朋论两宋"儒医"，称其为以儒者道德标准要求自己的医生。上述刘信甫、王衮、王槐，都是曾经业儒之人。而严用和也是"诸公贵人尽礼请延"的名医，多与士大夫交接。这其间儒家道德的影响当是很重要的一点。同时的李迅曾经提到了这一点："凡士大夫家传名方，每喜于更相传授。"[14]反观上文所引述抨击"自珍其药"的言论，也正说明了当时"自秘其术"的医生也大有人在。然而这部分人多位于社会下层，较少有史料留存。而有能力编撰方书之人，即使并非士流，也是很接近于知识精英的一类人，在这个社会阶层上，他们对医学知识扩散的态度无疑是肯定和提倡的。

---

① 当时刊刻书籍有多种形式，可以自己出钱或接受他人的资助；可以由书商出版，并从书商处获得一定报酬，但常常为数不多；可以由地方政府提供经费出版。无论哪一种形式，像今天那样的版权制度是不存在的，而且任何人都可以翻刻重印。因此可以排除这些作者为了牟利而刊刻家藏秘方的可能。

二、医学知识扩散的进程

（一）作为重要媒介的方书：关注实用性

方书是医学知识扩散的重要媒介，很多人都是通过读书来获取医学知识的。它也常常起到备查的作用，一种常见的模式就是针对症状查找合适的药方并服药。方书的读者群体远远大于医学专业人士，其特点和关注点也主要从实用性出发，大都删繁就简，10 卷之下的极多，篇幅最大不过四五十卷①，并且重视"经验""经效"，强调"备急"，强调简要易用等。其书名和序跋也常给我们带来这样的印象：一本有价值的方书，就是一本易于学习和检索，实用性很强的书。基于方书名称和序跋等材料进行的以下研究可以说明这一点。

本文的统计利用《医籍考》作为方书目录。《医籍考》著录中国古代医书 2880 余种，为史上医家解题书目之冠，且援引浩博，材料丰富，考论精到。虽然有极少量医书未收，但不影响对方书总体特征的分析②。大致观察可以看出，根据方书名称、序跋中提供的信息，方书所强调的特征，或者说其卖点，主要可分为以下几类：

1）集验、经验、见效、神效类：强调其所收方是有效的，并且经过验证，可以放心使用，不必担心错方误人，如《洪氏集验方》。

2）简要、简易类：强调方书的简要性，如卷帙较少、便于携带、理论不艰深、易于学习、可以"据证检方"等便于应用的特征，如《易简方》。

3）备急类：强调济一时缓急的作用，如《鸡峰备急方》。

4）指南、医镜、药准类：方书众多，良莠不齐，取此类名称者多是认为此书有指南作用，可以作为标准，如《文氏药准》。

5）惠民博济类：此类方书主要是本着利人的精神编纂，强调这一精神上的指向而无其他明显的特点，如《博济方》。

6）家藏秘宝类：此类方书强调所出版的乃是家藏方或秘方，带有"禁

---

① 无名氏《杂用药方》，55 卷，为私人方书卷数最多者。已佚。

② 官修方书卷帙浩繁，侧重于全面和权威，数量仅有 8 部，现存仅 3 部，无论性质和数量都不在一个层次上，故不计入讨论。

方公开"的色彩，如《传家秘宝方》。

7）其他：不能归入以上各类的，特征不明显的，或无法考其特征者，如《神巧万全方》《三因极一病证方论》《莫氏方》等。这些方书无法放入以上任何一类，则皆归入此类。

以上类别划分并不是互相独立的。部分方书不止具有其中一个特点，如《备急经效方》。同一特点被强调得越多，则说明它越能够成为宋代方书的一个典型特征和重要的关注点。因此同时具备多个特征者，同时归入不同类别。但部分方书有续集，若续集为同一作者所撰，则一人之理念被重复计算二次，不合理，不计入总数。但如为不同作者所撰，则视为与不同人所撰的名称相近的方书类似，因此计入总数。专科方论大部分以其所属科类为题，如《钱氏小儿方》《产乳备要》等，很少反映其关注点，故不计在内。

表 1 按类列出具备不同关注点的方书[10]。其中"惠济"一类的情况比较特殊，很多方书的序跋中都或多或少提到"济世救人"之类的话，但观方书名称，则知强调的重点并不在此，这类话或多或少有点例行公事的意味。只有主要目的是强调济世救人的方书才能够归入"惠济"一类。另外"其他"这一类为数虽多，有 56 种方书，但是较为杂乱，并无什么共同的特征。因此数量虽多，却说明不了什么问题，可以忽略不计。

表 1　宋代方书对实用性的强调

类型	数量	书名
集验	40	《百一选方》《沈氏良方》《何氏经验药方》《圣惠经用方》《陈氏经验方》《洪氏集验方》《经效疮疹方》《王氏既效方》《王氏经验方》《重广保生信效方》《胡氏总效方》《备急总效方》《释氏必效方》《已效方》《大宝神验药方》《陆氏续集验方》《陈氏集验方》《活人事证方》《备急效验方》《古今录验养生必用方》《叶氏录验方》《朗氏集验方》《庞氏验方书》《陈氏经验方》《类编朱氏集验医方》《苏沈良方》《集验背疽方》《杜氏集验》《何氏神效方》《要传正明效方》《圣散子方》《传信适用方》《卫生十全方》《梁氏见效方》《古今秘传必验方》《神效备急单方》《李氏集效方》《简验方》《吴氏集验方》《手集备急经效方》
简要	15	《备全古今十便良方》《续易简方论》《圣惠选方》《摘要方》《简验方》《易简方》《易简归一》《黎氏简易方论》《方脉举要》《旅舍备要方》《续易简方论》《增修易简方论》《梁氏总要方》《保生要方》《纂要备急诸方》
备急	14	《神效备急单方》《鸡峰备急方》《中兴备急方》《手集备急经效方》《备急总效方》《孙氏大衍方》《意外方》《瘴疟备急方》《纂要备急诸方》《备急效验方》《旅舍备要方》《备用方》《黄氏备问方》《丹毒备急方》

类型	数量	书名
标准	10	《指南总论》《全生指迷方》《杜氏医准》《卢氏医镜》《治病须知》《指南方》《三因极一病证方论》《仁斋直指方》《代氏医鉴》《文氏药准》
惠济	6	《博济方》《普济本事方》《济生方》《妙济方》《济世万全方》《三因极一病证方论》
家宝	17	《杨氏家藏方》《家传方》《孙氏传家秘宝方》《家藏秘宝方》《秘传良方》《魏氏家藏方》《家藏集要方》《卫生家宝》《治奇疾方》《卫生十全方》《钱氏箧中方》《丁氏左藏方》《聚宝方》《卫生家宝汤方》《古今秘传必验方》《卫生家宝方》《金匮歌》
其他	56	《神巧万全方》《宋氏千金方》《续必用方》《张氏方》《拾遗候用深灵玄录》《莫氏方》《医说》《主对集》《月录方》《隐居助道方服药须知》《医书会同》《兰氏宝鉴》《谭氏殊圣方》《太医方》《悟玄子安神养性方》《灵苑方》《至道单方》《诸家名方》《联珠论》《管见大全良方》《赣州正俗方》《惠眼观证》《混俗顺生录》《燕台集》《集五藏旁通遵养方》《余氏选奇方》《杨氏护命方》《玉鉴论》《神圣集》《五关贯真珠囊》《选奇方后集》《通神论》《凤髓经》《华氏集》《紫虚真人四原论》《司马氏医问》《全生集》《飞仙论》《医学真经》《南来保生回车论》《治风方》《依源指治》《温氏舍人方》《保信论》《黄氏圣济经解义》《鹤顶方》《胡氏方》《晨昏宁待方》《安庆集》《编类本草单方》《钱氏海上方》《治未病方》《惠济歌》《杂用药方》《脚气治法总要》《张氏究原方》

由表 1 数据和图 1 可以看出，宋代方书非常重视实用性。撰著者和阅读者的关注点都集中在其实用价值上。比例最大的是"集验"型，占所有方书的 25.16%，远远超过了其他类型，可见撰写者通常倾向于强调所集之方皆经试用有效，并非杂钞自多种方书者，读者可以放心使用。而使用者也希望书中的信息是经过验证、确定有效的。这从另一个角度说明了其读者并非具备理论基础和判断能力的专业人士。其次受关注度较高的就是"家宝"型，占 10.69%，说明读者对"家传"、"秘方"之类的医学知识还保有相当程度的信任，另外也反映了当时对推广医学知识的提倡。这类书的序跋中常表达鄙薄自秘其方，提倡公开秘方，使天下人共同受利的思想。

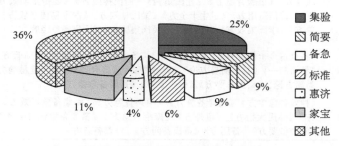

图 1　宋代方书的主要关注点分布

"简要"型和"备急"型的数目相近，分别占 9.43％和 8.81％。这两点均是从实用角度出发。"简要"型以《易简方》为代表，简单扼要，易于学习应用。"易则易知，简则易从"，此观点在当时颇有争议，支持者以为方便应用，"前后活人不知其几"[15]，反对者则认为太过简略，仅按外候而不辨脉，容易误诊。"备急"型则强调方书的"济缓急"作用，如《旅舍备要方》就是针对"客途猝病，医药尤难"[16]的状况，《备急总效方》也以为"村疃细民，医药难致，稔疾而横夭者，何可胜数"，写书的目的是"思所以济其缓急"[10]。

　　"标准"型的方书数目略少，占 6.29％。这一类方书自称能够在众多方书中起到指南的作用，如文彦博的《文氏药准》就是这一类的典型，"以此四十方为处方用药之准"[17]。又有无名氏《治病须知》，则是特地为不懂脉学的人编写，使他们能更容易地应用。

　　综上所述，宋代方书几个重要的关注点都是从读者是业余人士的角度来考虑的，其命名也针对读者心理，强调"经验"、"家传"、"简要"、"备急"，其中又以"经验"最为重要。可以看出，这些方书的主要受众并非医学专业人士，他们既需要方书"经验"、"家传"，以保证其有效性，也希望它足够简要方便。方书的这些特点无疑是因社会对医学知识的需求而生的，编写者充分考虑到受众不具备对医学知识很好的判断力和理解力，强调自己的书可信有效，在理论上不作太多的挖掘，关注点在于其实用性。这些方书成为医学知识扩散的重要媒介。

（二）宋代医学知识的扩散机制

　　由于有 self-care①（一般译为自疗）的需要，无论是精英阶层和民间都出现了大量对医学知识的需求，刺激了方书这类实用性医学手册的消费。人们常常会购买这类书放在家里，在有需要的时候查阅，针对自己的症状找到相合的药方并按方抓药。这是宋代自疗的常见模式，也是很多方书在序言中

---

　　① 此处借用医学人类学中的词汇。因为医疗资源的不足和民间的贫困，self-care 常常成为民众的选择。而对医生的不信任也促进了 self-care 的进行。Self-care 和国家 health-care 的结合，形成了一套有效的"无求于医"的体系，据证检方，对方抓药，成为很多人治疗疾病的方式。详细论述请参见本文第三部分中的"自疗和养生的需求"。

就提出的一大卖点。而消费需求促进了这些著作的编辑和撰写，从上文中对方书关注点的讨论就可以看出，这些著作常常是注重实用，迎合读者需求的。

医学著作增加和医学知识扩散之间的关系是相互促进并互相放大的，并且和自疗需求和书籍消费相关联：医学著作的大量编写促进了医学知识的扩散，而医学知识的扩散又使更多人有能力从事编写医学著作的工作；并且医学知识的扩散也进一步促进了自疗的进行。图2更概括地表明了这种机制。

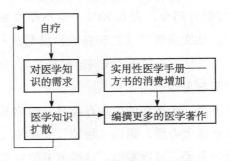

图2　宋代医学知识的扩散机制

当然，宋代医学知识扩散的结构并不如此简单，除了自疗的需要之外，其他的社会和个人因素也不同程度上影响着这一扩散的进程。关于这方面的论述将在下文进行。

三、推动医学知识扩散的社会和个人因素

（一）仁民爱物：医学的社会功能

宋代医学知识的扩散，很大程度上受到了儒家仁爱思想的影响。唐代，"朝野士庶咸耻医术之名"[18]，而到了宋代，朝野之间对医学的社会功能极为重视。范仲淹提出"不为良相，便为良医"的观点，广大士人对医学也产生了普遍的尊重[8]。著名医学家许叔微即云："医之道大矣！可以养生，可以全身，可以尽年，可以利天下与来世。"[19]蔡襄也提到："神农味百草，黄帝录《内经》，以除民疾，其术能死者生而夭者寿。以言乎功，虽大禹之疏降水，驱龙蛇，汤武之用金革，戡祸乱，特救患于一时，孰与无穷之赖乎。"[20]

身为士人的蔡襄尚且让医家先驱的功绩排到了儒家圣人之上，那么士人中普遍的学习和推广医学知识的风气也就可以理解了。

国家通过多种手段来推广医学知识：中央组建翰林医官院并向地方派遣驻泊医官；政府设立和剂局出售成药；编纂和刊刻了大量方书，并且将其颁发到州县①。官修《太平圣惠方》有太宗御制序，曰："今编勒成一百卷，命曰《太平圣惠方》，遍施华夷。"[21]宋徽宗政和间敕撰《圣济总录》，也强调了医学的社会功能："朕作《总录》，于以急世用而救民疾。"[22]

部分士人出于"利泽生民"这类儒家仁爱的思想，也热心于通过编刻方书来推广医学知识。如王衮编写《王氏博济方》，在序言中就说："衮尝念人之有疾苦，若己父母有之，汲汲然欲其瘳也。故竭精研虑，编次成集，传诸好事，斯亦博济之一端也。"[11]真宗朝名臣朗简在为此书写的序言中，也把提供妙诊灵剂称为"博施济众，仁者之首善"[11]。朗简自己也撰有《朗氏集验方》，身体力行他的医药利民思想。

这类思想一直延续到南宋时期。刘信甫《刘氏活人事证方》小引称其动机为"庶使此方以活天下"[10]。魏岘在为他的《魏氏家藏方》作序的时候称："岘自问仕以来存四十稔，愧无秋毫之善，足以活民"[10]，因此收集了祖父留下的药方和他自己尝试过有效的，编成方书行世。

这样的事例在宋代还有很多，不再一一列举。总而言之，受到仁爱思想的影响，当时社会上存在着一种普遍共识，就是医学知识能够"博施济众"，推广医学知识是仁者的行为。这一精神力量促使很多人致力于钻研医书，编纂方书，推广医学知识。

宋代地方官中也颇流行推广医学书籍和医学知识的做法。地方官将编修、刊刻、公布方书视为政绩，认为这一行为可以使无法就医的民众解决自己的医疗问题，从而改善民众的健康状况。文献记载中，也常把地方官在任时颁布方书的事迹载入，作为对此人的褒扬。

很多名臣在做地方官的时候，都注意利用官颁方书在民间推广医学知识。王安石在皇祐元年任浙江鄞县县令时将《庆历善救方》刻石树之县门外左，意欲"推陛下之恩泽而致之民"，"令观赴者自得，而不求有司云。"[23]而

---

① Asaf Goldschmidt 强调了皇帝的个人兴趣的影响。详见文献 [5]。

苏轼将官颁《简要济众方》"书以方版，揭之通会"，并叮嘱后来之人要保存好它，"使无遗毁焉"[24]，好让民众查阅学习。

还有一些地方官自己编写或命人编写方书，以提供给本地人使用。洪遵、杨倓、胡元质三人先后守当涂，分别编写了《洪氏集验方》《杨氏家藏方》《胡氏经效方》，"锓木于郡中"，以惠郡人①。南宋朱端章为南康郡守，出自己家藏之方，命通方伎之学的郡人徐安国加以修订，是为《卫生家宝方》。徐安国以为"比《千金》《圣惠》虽略，比《本事》《必用》则详，家藏一本，以备缓急，老幼可安堵矣。"[10]

地方官们推广医学知识的行动一旦成为风气和政绩的代表，有医学素养的官员亲自动手编写，缺乏医学素养的人推广官颁方书，或是命懂医术的人员编写，医学知识的扩散也就是很自然的事情了。

（二）宣传医药，遏制巫风

两宋时期，虽然医学已经有了很大的发展，但为数众多的巫医，在民间的疾病治疗中仍然担当着很重要的角色。尤其在南方，巫医的权威常常超越了真正的医生。从国家意识形态看来，"巫医"是不被认可的，但民间又常常信之不疑。因此许多官员采取了通过颁行推广方书的方式来普及医学知识，以此减弱巫医的势力②。朝廷也十分赞赏这一做法。

早在宋代开国之初，琼州上奏："俗无医，民疾病但求巫祝。"太祖便下诏，以方书本草给之[25]。真宗年间，陈尧叟为广南西路转运史，发现"岭南风俗，病者祷神不服药。"[26]因此他集方一卷，名《集验方》，在桂州驿刻石，以号召当地人采用医疗方法治病。天禧二年，此事传到真宗耳中。八月，"内出郑景岫四时摄生论，陈尧叟所集方一卷示辅臣，上作序纪其事，命有司刊版，赐广南官，仍分给天下。"[27]

《宋会要辑稿》中收录了天圣元年，知洪州夏竦的奏章，提到了当时巫

---

① 事见丹波元胤《医籍考》。丹波元简按：东密廷玺跋杨氏方曰：枢密洪、杨二公，给事胡公，前后守当涂，各有方书，锓木于郡中，亦遗爱之一端也。
② 打击巫的力量并非仅仅出于推广医学知识的愿望，还包括很多原因，例如对"淫祀"的反对，以及国家官僚模式与地方精英间的冲突。这方面的论述可参见韩明士《道与庶道》。但普及医学知识确实成为打击巫的力量的有效手段。

医的盛行情况：巫医的治疗常常采用符箓等手段，而且排斥同时使用药物的手段，以至常常使病人状况恶化而死。"民有病，则门施符箓，禁绝往还，斥远至亲，摒去便物。家人营药，则曰：'神不许服！'病者欲饭，则曰：'神未听飧！'率令疫人死于饥渴。"稍后，仁宗对此事下诏："今后师巫以邪神为名，摒去病人医食汤药，断绝亲戚看承，若情涉于陷害及意望于病苦者，并同谋之人，引用咒诅律条比断遣。如别无憎疾者，从违制失决放。因而致死者，奏取敕裁。"[28]实际上否定了巫医的医疗资格。

虽然巫医的医疗资格遭到了否定，但巫医并未随之禁绝。两宋时期官吏请求禁止巫医的情况史不绝书，如蔡襄《圣惠选方后序》中称："闽俗左医右巫，病家依巫作祟，而过医之门，十才二三。"[20]禁而不止，则兼用宣传手段，主要就是推广医学知识，颁布方书，以改变民众的看法。

这一类的例子在宋代史料中极多，如编撰《赣州正俗方》的刘彝，"知虔州，俗尚巫鬼，不事医药。彝著《正俗方》以训，斥淫巫三千七百家，使以医易业，俗遂变。"[26]《宋史·范旻传》也记载了范旻在地方上推广医药的事迹："俗好淫祀，轻医药，重鬼神，旻下令禁之，且割己奉市药以给病者，愈者千计。复以方书刻石置厅壁，民感化之。"[26]又如，《宋史·周湛传》："俗不知医，病者以祈禳巫祝为事。湛取古方书，刻石教之，禁为巫者。自是人始用医药。"[26]《宋史·赵尚宽传》记载赵尚宽在平阳县的政绩时，将他"揭方书市中，教人服药，募索为蛊者穷治，真于理，大化其俗"的事迹与他抓获越狱逃犯，保民平安的事迹并载[26]。可见推广医学，抑制巫风，使民众从"信巫"转为"信医"，已经成为宋代从中央到地方普遍关注的事情，可以作为地方官的政绩加载于履历。在这个目标的推动下，大量方书被地方官员组织人手编纂出来并广为散发，又通过中央褒奖等方式推广到全国，进一步推动了医学知识的扩散。

（三）自疗和养生的需求

宋代虽然医疗资源远盛前代，医生地位提高，地方多有药局，但自疗和养生的需求仍然使得一些人想要自己掌握医学知识。这方面的需求大概有三类。

1. 医疗资源不足

宋代医疗资源不足的情况主要有：偏僻之地和乡间求医困难；交通不便，急病得不到及时治疗；药物短缺，珍贵药物难以得到；官办药局渐渐腐败，有名无实等[8]。

这在当时引起很大反响，以至有5种相关续作的《易简方》，其作者王硕希望用这本书来解决偏僻之地的求医问题和急症的急救问题。他在序言中说："若夫城郭县镇，烟火相望，众医所聚，百药所备，尚可访问。其或不然，津途修阻，宁无急难，仓皇斗凑，即可办集。……凡仓猝之病，易疗之疾，靡不悉具。"[29]他的方法简便易行，容易学习，即使文化程度不高，也可以领会。其所用药物又都常见易得，即使中风这样的急症，也可先急救，缓解后再求医诊治，这就解决了地处偏僻不容易请到医生，或者急症发作来不及请医生治疗之类的问题。

很多致力于推广医学知识的人都有着相似的动机。名医初虞世所作《古今录验养生必用方》序中就说："此方其证易详，其法易用，苟寻文为治，虽不习之人，亦可无求于医也。"希望能够提供给"不习之人"某种自疗的手段[30]。无名氏编《治病须知》则更是特意强调"为不能知脉者设"。又如，董汲所撰《旅舍备要方》自序称："……倏忽之间，疾起不测，迫于仓卒，不暇药饵，以斯致困，可不惜哉！况宦游南北，客涉道途，冒触居多，邪气易入。方药备急，尤当究心。"[31]李朝正编《备急总效方》，自述从前乡居，见到"村疃细民，医药难致，多有稔疾而横夭者"[10]，因此他编撰此方，以求解决乡民缺医少药的问题。

2. 对南方地方病的关注

南方古来即称为瘴疠之地，当地的地方病对于没有抵抗力的外地人来说很难抵挡，一旦染上，多至送命。因此政府派往南方的官员的身体健康成了一个很大的问题。周必大曾称封州（今广东封开）"地苦瘴疠，三岁郡官死四十余人。"[32]因此，在被任命为南方官员时，常有人辞官不做，或设法回避。从宋初开始，就不得不以各种手段解决这一问题，如仁宗就下诏："京朝官当入西川、广南、福建路差遣，而用荐举规避者，委本院执奏之。"[25]在惩罚之外时时也给予优待：神宗熙宁七年（1074 年）始，泸州等地的地方官如无继任者，到任三年即减磨勘三年[25]。

因为贬谪而前往南方的人也很多，如苏轼被贬海南，秦观死于滕州。为了保全身命回到故土，南行的人们不得不求助于医学知识，方书和药物成了他们随身携带的法宝、自疗和养生的依据。如李纲就曾作诗云："深入循梅瘴疠乡，烟云浮动日苍凉。逾年踏遍峤南去，赖有仙翁《肘后方》。"[33]他把自己能健康无恙归功于携带了葛洪的《肘后方》。

南方地方病对医学知识的需求，促进了这方面医学书籍的出版。这一现象在唐代已经出现，《外台秘要》就是因瘴疠经验而编纂。王焘曾任官湖北，"自南徂北，既僻且陋，染瘴婴痾，十有六七。……赖有经方，仅得存者。遂发愤刊削，庶几一隅"[34]。《新唐书·艺文志》还著录了《岭南集要方》、《南行方》等书。

宋代南行者编撰的方书更多，南方所需应用的医学知识在进一步扩散。《宋史·艺文志》有李璆、张致远《瘴论》2 卷，以及董常《南来保生回车论》1 卷。《通志·艺文略》已有专门的"岭南方"一目。这些医方的撰写者基本都有仕宦南方的经历。例如，李璆曾居苍梧，张致远曾知广州。除去这些专门为南行者而编撰的方书，宋代许多方书都是曾经前往南方的人编写的。又如，编纂《朗氏集验方》的朗简的仕宦经历：先是知宁国县，徙福清令。后徙知窦州。又徙滕州。通判海州，提点利州路刑狱官，罢知泉州。累迁尚书度支员外郎、广南东路转运使、擢秘书少监、知广州。又辗转任职于越州、江宁、扬州、明州，皆南方之地[26]。钱竽乾道中知处州（今浙江丽水），编纂《钱氏海上方》[17]。至于在南方推广方书，改变当地缺医少药现状的士人，更是不胜枚举。

3. 自身及家庭成员不良医疗记录或健康状况

宋人因为自身健康问题或者是家庭成员健康问题而对医学知识有需求，从而主动推进医学知识扩散的也所在多有。常见的感叹是"为人子者不可不知医药"。王衮就是一个这样的例子，因其母多病，遂潜心医术，博采禁方，约 20 载，编成《博济方》[11]。

因为自身健康不佳而关注习学医学知识并推而广之的人也有很多，如文彦博苦于头晕目眩多年，后为国医龚世昌治愈，于是深感"方药既精，厥疾必瘳"，研究《本草》而写作了《文氏药准》[36]。郭坦是个不第儒生，"病废二十年，以身试药，以证考方"，最终"知世良方诚能去疾，特士大夫知医者鲜耳，故知方者不畏多疾，而畏病者率不喜方。使人得良方，家储善药，虽挈属远游，奋身勇往，僻处穷乡，可无疾之忧矣。"[10]于是他以多年心血编纂了《备全古今十便良方》。编纂《魏氏家藏方》的魏岘，实际上自己也是个"素弱多病，百药备尝"[10]的病人。多年来"自疗"的需要，让他努力钻研并推广医学知识，希望能够帮助其他的人。

（四）缺失信赖的医患关系：转向自疗与择医

古克礼（Christopher Cullen）研究《金瓶梅》中的医患关系，发现中国的病人常常没有耐心，一两剂药物无效，便去另请高明[36]。而章回小说中颇多脉诊的描述，又常常呈现这样一种状况：医生诊脉之后，说出病状，若是全然符合，那么便请开方，如若不对，则又另寻他人。这种现象实际上是对医生的一种检验，在医生资格得不到认证的情况下必然存在，而当病人也具有相当程度医学知识的时候则尤为突出。提防为庸医所误，学会在众医之见中选择可以信赖的治疗方法，也成为宋代部分人推广医学知识的目的。

1. 庸医的教训

宋代名医陈自明曾经谈起当时医学界的不规范情况："或有医者，用心不臧，贪人财利，不肯便投的当伐病之剂，惟恐效速而无所得，是祸不亟，则功不大矣。又有确执一二药方，而全无变通者。又有当先用而后下者，当后下而先用者。又有得一二方子，以为秘传，惟恐人知之，穷贵之人，不见药味而不肯信服者，多矣。又有自知众人尝用已效之方，而改易其名，而为秘方，或妄增药味，以惑众听，而返无效者，亦多矣。"[37]医疗情况如此，无怪乎很多人希望通过掌握一些医学知识来自疗或者择医了。

部分自学习医者有过至亲为庸医所误的经历。名医许叔微①在他的《普

---

① 许叔微在中进士之前行医。传说他因为行医积累的阴功而中了进士，之前曾得到神祇的托梦。

济本事方》自序中回顾了他学医的起始："予年十一，连遭家祸，父以时疫，母以气中，百日之间，并失怙恃。痛念里无良医，束手待尽。及长成人，留意方书，誓欲以救物为心。……谩集已试之方及所得新意，录以传远。"[37]无疑，因为缺乏良医而父母双亡，让许叔微"留意方书"并且"录以传远"，推进了医学知识的扩散。王衮也是因为"向侍家君之任滑台，道次得疾，遇医之庸者，不究其脉理，妄投汤药，而疾竟不瘳"，以及治疗母亲的病的需要才自学习医的[11]。二人的经历近似，都是因为庸医诊疗不当而失去至亲，因此对专业医生①缺乏信任，从而更信任依靠书本知识进行自疗，并且希望能够推广这种方式。

著有《经效痈疽方》的王蘧在该书自序中记述了他元祐年间的一次生病经历。当他发现自己背上生疽时，先请了"国医"诊治，结果却"逾月势益甚"。后来他找到了另一位医生，花了一个多月才治好。那一年秋夏间，京师士大夫病疽者七人，只有他活了下来。于是他感慨道："此虽司命事，然固有料理不知其方，遂至不幸者，……于是撰次前后所得方模版以施，庶几古人济众之意。"[10]虽然他自己获得了有效治疗，但是起初治疗的失败使他倾向于推广他认为正确的治疗方法和医学知识。

2. "择医"的生死关头

在医生各持己见，各种治疗方案并存的情况下，选择谁的方法，是病人及家属的责任。很多时候他们被要求自主决定自己的治疗方式。虽然有专业医生的参与，但是在这一过程中也包含了一定程度的自疗因素。因此患者及其家属需要医学知识，其中部分人通过书写个人经历和出版方书来推进医学知识的扩散。

史源的经历十分典型。他在《治背疮方》自序中记录了他母亲的病案和自己撰写这部书的原因。史源从小学习举业，并不具备医药知识。史母疮发于背，起初按照国医常颖士的意见用艾灸医治，没有立刻痊愈，于是家人认为医治错误，另请医生用膏药治疗，结果不但没有好转，病情反而加重，到

---

① 本文使用"专业医生"来表示以行医谋生者，"非专业人士"表示自学习医者，但是行医仅为副业，并不以其谋生。

了危急的地步。史源仓皇之中到处询问治疗办法，得知他人的相似病症是使用艾灸而痊愈的，因此继续使用艾灸的治疗方法才最终治愈。这一经历使他意识到"择医"的重要性，自责"为人子不晓医药，致亲疾危甚"[10]，开始学习并著书推广医学知识。这样一个过程有力地说明了"择医"的需要对于医学知识扩散的促进作用。

专业医生李世英的例子则从另一方面强调了病人自主决定的重要性。他呼吁病人及家属掌握一定医学知识，以便能够选择正确的医生并且全盘信任医生的做法。他著有《痈疽辨疑论》一书，为该书写序的是他的一个病人家属史弥忠，他记叙了李世英医治其弟的经过。由于病人的亲属在病人反对现有的治疗方案并指责医生的时候仍然给予医生足够的信任，坚持使用原来的方案，病人最终被治愈了[10]。忽略李世英作为专业医生本身的宣传意味，这一事例仍然体现了选择医生并对其治疗方案进行判断是非常重要的，有时甚至决定了治疗的最后结果。因此无论是病人和家属自身，还是医生，都希望医学知识能够得到推广并扩散开来。

四、医学知识扩散的局限

（一）"知医"和"自以为知医"：自疗的负面评价

医学知识的扩散造就了一大批"知医"者，他们通常对方书、本草等颇有研究，不仅利用医学知识进行养生、保健、治疗活动，还撰写医学著作。沈括是一个普遍被引用来说明当时"士大夫知医"的例子。但是另外，"自以为知医"的现象也层出不穷。

宋代名医陈自明在他的《外科精要》序言中对过度的"自疗"持不赞成态度，指出了各种"自以为知医"的现象："临病之际，仓卒之间，无非对病阅方，遍试诸药"；有些医生文化水平不高，"病家又执方论以诘难之"，使医生心中惶惑，不敢决断，耽误治疗；一些家属和亲友"自逞了了，诈作明能，谈说异端，或云是虚，或云是实，出示一方，力言其效"，而其实"未尝经历一病"，以至于不等医生来做出诊断就胡乱使用药物，导致病情恶化[10]。

他对部分编写方书推广医学知识者也颇有微词，并举出洪遵《洪氏集验方》的负面作用："多见一得疾之初，便令多服排脓内补十宣散，而反增其疾。此药是破后排脓内补之药，而洪内翰未解用药之意，而妄为序跋，以误天下后世者众矣。陈无择云，当在第四节用之，是也。"[10]他认为不完全的医学知识推广可能会带来严重的后果。

推广医学知识所带来的最惨痛的"医疗事故"要数《圣散子方》事件。此方传自眉山人巢谷，谷客黄州时与苏轼游，以《圣散子方》授之。苏轼以之传庞安时，又先后两次为之作序推广。苏序大略曰：其方不问表里虚实，日数证候，一切伤寒饮之数剂即愈；服之又可防时疫，平居无事服之，则百疾不生云云；并且称他在黄州和杭州时疫流行时散发这种药，都获得好的疗效，活人无数。实际上苏轼本人并不甚明医理。他自己为《圣散子方》作的第一篇序文中说："药性微热，而阳毒发狂之类，入口即觉清凉，此殆不可以常理诘也。"因此得出"神物效灵，不拘常制，至理开惑，智不能知"的结论[38]。

但是，这个被称之为"神物"的药方，在别处应用时却出现了问题。叶梦得《避暑录话》称此方在宣和后盛行京师，杀人无数。在永嘉的瘟疫中，也有多人因错服此药而死。陈言在《三因方》中指出，此药只治寒疫，永嘉流行的是瘟疫。叶梦得感叹："疾之毫厘不可差，无过于伤寒，用药一失其度，则立死者皆是，安有不问证候而可用者乎。……天下以子瞻文章而信其方，……又至于忘性命而试其药。"[39]

直到明代，仍有人误用此方。明代弘治癸丑，吴中疫疠大作，吴邑令孙盘令医人修合圣散子，遍施街衢，并以其方刊行。病者服之，十无一生，率皆狂躁昏瞀而卒。《续医说》作者俞弁感叹道："若不辨阴阳二证，一概施治，杀人利于刀剑。"[40]

陈元朋论述过宋代士人"自学习医"的局限性，举出高若讷"居古方治疾，多不效"的例子和程迥《医经正本书》认为伤寒不传染的错误，认为带来这些问题的原因，正是因为士人以研习儒学的"尊经"方法学医，而几乎完全没有临床实证经验。他引证了沈括的警告："医之为术，苟非得之于心，而恃书以为用者，未见能臻其精妙。"[8]

但是，这种局限性并不仅仅是学习方法的问题，也受到医学学科认同、书籍的出版和传播情况等影响。由于缺乏有效的学习途径和认同机制，学医者的水平参差不齐；很多人实际上运用了自身在其他方面的影响力来出版医学书籍，推广医学知识，如地方官的举措以及洪遵和苏轼的例子。上文提到的高若讷是中央的官员，而程迥的职业实际上是理学家。另外，医学书籍的编撰也常常采用杂钞诸书的方式，其中很多知识未经验证，而学习者对这种情况缺少判断，也是"自学习医"的局限。

应该说，宋代医学知识的扩散是普遍的，可是这种扩散存在着一定程度上的局限性。自学习医常常停留在据证检方的水平，并未达到许多方书作者期望的"无求于医"状态。下文将进一步讨论专业医生在医学领域的地位。

（二）优势尚存的专业医生

宋代医学知识的扩散模糊了专业医生和非专业人士的界限。那么他们在医学上的地位和影响力是否接近呢？我将通过不同身份作者的著作存佚情况比较，分析不同身份的作者所编纂的方书的受欢迎程度，从而推测当时专业医生的影响力状况。当然，这个方法存在着一定误差，不能够作为唯一论据来说明问题。但是与上文定性的研究相印证而得出结论，还是具有可行性的。

这一研究依然取《医籍考》作为原始数据库，存佚情况以笔者的考证结果为准。为了保证可操作性，不再考虑其他目录书所载、《医籍考》未收的方书。在宋代方书名录中，只有接近半数作者身份大致可考。不可考者不计入。这也依赖于一个假定，就是有关作者身份材料的佚失也是均匀的。目前看来没有反对这个假定的明显证据。

这部分身份大致可知的作者中，可以分为如下 4 类：非专业人士、医官、敕撰、专业医生。敕撰者共有 5 部，其中 3 部存，2 部佚。这类书情况复杂，常常多人合作，领衔者未必是实际工作者，因此不考虑。医官撰著者也比较特殊，其受欢迎程度实际上受到了其头衔的很大影响，存者 5 部，佚者 1 部，也不考虑。一人撰著多部医书者，因所研究的参数是受欢迎程度，所以重复列入。

表2　专业医生和非专业人士所撰方书保存情况

作者类型	方书数目/种	方书书名
专业医生	存 25	《产育宝庆集》《妇人大全良方》《古今录验养生必用方》《管见大全良方》《活人事证方》《鸡峰备急方》《济生方》《脚气治法总要》《类证普济本事方后集》《黎氏简易方论》《旅舍备要方》《普济本事全生指迷方》《仁斋直指方》《三因极一病证方论》《外科精要》《卫生十全方》《小儿病源方论》《杨氏十产论》《医说》《易简方》《隐居助道方服药须知》《痈疽辨疑论》《指南方》《治奇疾方》
	佚 15	《博济婴孩宝书》《杜氏医准》《方脉举要》《家藏秘宝方》《金匮歌》《庞氏验方书小儿医方妙选》《杨氏护命方》《依源指治》《医学真经》《婴儿指要》《婴孩妙诀论》《全生集》《通神论》《张氏小儿方》
非专业人士	存 17	《百一选方》《备急总效方》《备全古今十便良方》《传信适用方》《洪氏集验方》《集验背疽方》《家藏集要方》《神巧万全方》《圣散子方》《苏沈良方》《卫生家宝方》《魏氏家藏方》《吴氏注圣济经》《杨氏家藏方》《幼幼新书》《卫生家宝产科方》《博济方》
	佚 33	《编类本草单方》《陈氏集验方》《丁氏左藏方》《赣州正俗方》《何氏经验药方》《鹤顶方》《胡氏总效方》《家传方》《经效痈疽方》《朗氏集验方》《李氏集效方》《灵苑方》《陆氏续集验方》《莫氏方》《钱氏海上方》《钱氏箧中方》《神效备急单方沈良方》《圣惠选方》《释氏必效方》《司马氏医问》《孙氏大衍方》《外科保安要用方》《王氏既效方》《卫生家宝小儿方》《文氏药准》《小儿保生要方》《叶氏录验方》《医书会同》《张氏究原方》《张氏瘴论》《治背疮方》《治风方》

资料来源：严绍璗.2007.月藏汉籍善本书录.北京：中华书局，第 845～949 页；丹波元胤.2005.医籍考.北京：学苑出版社，第 329～377 页、第 540～544 页、第 559～562 页、第 574～580 页

　　由表2和图3可以看出，专业医生的著作流传下来的比例远远大于非专业人士的著作。我们可以大胆地推测，这一数据说明了专业医生的著作更有权威，更受重视，接受度也更高。

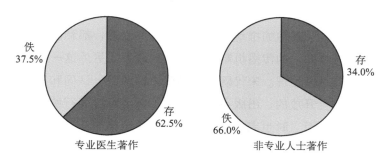

图3　专业医生和非专业人士所著方书存佚情况对比

　　这个统计研究其背后有一个假定，就是更受欢迎的方书，其留存下来的可能性就更大。这当然不可能是绝对的，书籍的存佚颇有偶然性，部分传本

很少，或以孤本流传的，更很难说它的受欢迎度就高，而有名的书籍也有佚失不传者。但是有一点是言之成理的，那就是一部受欢迎的书应该会有更多的刊本，而有更多的刊本就意味着流传下来的概率增大了。所以，如从宏观上考虑，虽然有上述两类反例的存在，仍不能说这一统计数据是说明不了问题的。而且非专业人士和专业医生二者数据相差很大，我们可以合理推测，即使有偶然性的存在，得出专业医生的著作更受欢迎的结论也是可以的。

五、结　　语

医学知识的扩散部分地依赖传承方式的转变，这一转变与客观条件——印刷术的全面应用和主观条件——人们思想意识的变革都有很重要的联系。在传承方式由秘传变为公开以后，以医学书籍为媒介的医学知识扩散已经具有了现实可能性。同时，对医学知识的内在需求也在各个方面推动了这一事件的进展，其表现就是大量面向大众的实用手册型方书的出现。这些需求和医学知识扩散之间的关系绝非单向的，社会需求推动了方书编撰，而方书编撰推进了医学知识的扩散，这一扩散又带来了更多的方书编撰和社会需求。这一点从许多人因需求而学医，因学医而编撰方书的经历中就可以看出。

但是，宋代的医学知识扩散是有局限性的，当时的人对"自以为知医"已经有了很多批评，一些被称为"知医"并写有医学著作的人，其医学水平却并不高。专业医生与非专业人士之间仍然有着一定的落差。最后，对方书著作的存佚比例的分析也显示，专业医生仍然得到更多的认可。

无论是医学知识扩散的推动因素，还是其局限性，都和医学学科内部的认同、交流和医学知识的传播机制有着紧密的联系。另外这一问题还涉及行医资格的认可和医学伦理。宋代既没有形成内部的统一认同和交流机制，知识的传播也是完全开放的，出版不受限制也不需要经过同行的检验，完全依靠读者的判断力。而当时也完全没有任何对行医资格的认可，行医所需负担的责任也是模糊的。这些问题都很值得进一步研究。

参 考 文 献

[1] 王振国，谢锁法．略论宋代名家集方成就．山东中医药大学学报，2002，26

（1）：53-55.

[2] 蔡永敏，李玉华．宋代文化与中医古籍整理研究．中华医史杂志，1999，29（4）：223-226.

[3] 李玉清，王振国．宋士大夫私人编撰医书兴盛之探析．浙江中医院学报，2004，28（2）：17，18.

[4] 范行准．中国医学史略．北京：中医古籍出版社，1986.

[5] Goldschmidt A. Mandate of health：medical theories，practices，and politics in the Northern Song. 见：孙小淳，曾雄生．宋代国家文化中的科学．北京：中国科学技术出版社，2007：106-112.

[6] 谢观．中国医学源流论．福州：福建科学技术出版社，2003：9.

[7] 李建民．发现古脉．北京：社科文献出版社，2007：63-77，85-95.

[8] 陈元朋．两宋的尚医士人与儒医．台北：台湾大学出版委员会，1997：48-56.

[9] 崔秀汉．中国医药史籍述要．延吉：延边人民出版社，1983：54.

[10] 丹波元胤．医籍考．北京：学苑出版社，2005：372.

[11] 王衮．博济方·博济方自序．卷首．影印文渊阁四库全书．台北：台湾商务印书馆，1986.

[12] 严用和．济生方·济生方序．卷首．影印文渊阁四库全书．台北：台湾商务印书馆，1986.

[13] 文天祥．文山集·金匮歌序．卷13.影印文渊阁四库全书．台北：台湾商务印书馆，1986.

[14] 李迅．集验背疽方·集验背疽方序．卷首．影印文渊阁四库全书．台北：台湾商务印书馆，1986.

[15] 杨士瀛．仁斋直指．卷1.影印文渊阁四库全书．台北：台湾商务印书馆，1986.

[16] 纪昀．四库全书总目提要．卷103.影印文渊阁四库全书．台北：台湾商务印书馆，1986.

[17] 陈振孙．直斋书录解题．卷13.影印文渊阁四库全书．台北：台湾商务印书馆，1986.

[18] 孙思邈．备急千金要方·备急千金要方序．卷首．影印文渊阁四库全书．台北：台湾商务印书馆，1986.

[19] 许叔微．类证普济本事方·普济本事方序．卷首．影印文渊阁四库全书．台北：台湾商务印书馆，1986.

［20］蔡襄. 端明集·圣惠方后序. 卷 29. 影印文渊阁四库全书. 台北：台湾商务印书馆，1986.

［21］王怀隐，等. 太平圣惠方·御制序. 卷首. 影印文渊阁四库全书. 台北：台湾商务印书馆，1986.

［22］赵佶. 圣济总录·御制序. 卷首. 影印文渊阁四库全书. 台北：台湾商务印书馆，1986.

［23］王安石. 临川文集·善救方后序. 卷 84. 影印文渊阁四库全书. 台北：台湾商务印书馆，1986.

［24］苏轼. 东坡全集·县榜. 卷 100. 影印文渊阁四库全书. 台北：台湾商务印书馆，1986.

［25］李焘. 续资治通鉴长编. 卷 16. 影印文渊阁四库全书. 台北：台湾商务印书馆，1986.

［26］脱脱. 宋史·陈尧叟传. 卷 284. 北京：中华书局，1977：9584.

［27］王应麟. 玉海. 卷 63. 影印文渊阁四库全书. 台北：台湾商务印书馆，1986.

［28］徐松辑. 宋会要辑稿. 第 1 册. 上海：大东书局，1926：769，770.

［29］王硕. 易简方·易简方序. 卷首. 影印文渊阁四库全书. 台北：台湾商务印书馆，1986.

［30］赵希弁. 郡斋读书志后志. 卷 2. 影印文渊阁四库全书. 台北：台湾商务印书馆，1986.

［31］董汲. 旅舍备要方·旅舍备要方序. 卷首. 影印文渊阁四库全书. 台北：台湾商务印书馆，1986.

［32］周必大. 文忠集·提辖文思院叶君楠墓志铭. 卷 35. 影印文渊阁四库全书. 台北：台湾商务印书馆，1986.

［33］李纲. 梁溪集·绝句二首. 卷 26. 影印文渊阁四库全书. 台北：台湾商务印书馆，1986.

［34］王焘. 外台秘要·外台秘要方序. 卷首. 影印文渊阁四库全书. 台北：台湾商务印书馆，1986.

［35］文彦博. 潞公文集·药准序. 卷 11. 影印文渊阁四库全书. 台北：台湾商务印书馆，1986.

［36］Cullen C. Patients and healers in later imperial China：evidence from the jinpingmei. History of Science，1993，31 (1).

［37］许叔微. 普济本事方·普济本事方序. 卷首. 影印文渊阁四库全书：台北：台

湾商务印书馆，1986.

　　［38］沈括，苏轼. 苏沈良方·圣散子. 卷3. 影印文渊阁四库全书. 台北：台湾商务印书馆，1986.

　　［39］叶梦得. 避暑录话. 卷上. 影印文渊阁四库全书. 台北：台湾商务印书馆，1986.

　　［40］俞弁. 续医说. 影印文渊阁四库全书. 台北：台湾商务印书馆，1986.

秋石研究的文献计量学分析[*]

中国古代以人尿为原料炼制的秋石[①]，曾盛行于宫廷和民间，在很长时间内用于疾病的治疗和养生。鲁桂珍（Lu Gwei-Djen）和李约瑟（Joseph Needham）（后文简称鲁-李）认为，从现代生物化学的角度分析，秋石为性激素的粗制品，并由此可以解释古代医书中所记载的秋石之疗效[1~5]。秋石含性激素的论点（后文简称鲁-李论点）提出后，国际科学史界和科学界均对此论点表现出不同程度的关注，尤其引发了中国学者研究秋石的热情。后续研究产生了一场秋石是否含性激素的争论，迄今尚未解决。对秋石研究的历史进行回顾，可以理解 20 世纪 60 年代至今这段时期秋石研究的特点，厘清秋石研究的核心和争论的关键所在，有助于从科学史研究的视角对秋石本身进行更深入地探讨。

本文在尽可能全面搜集研究秋石和提及鲁-李论点的中外文文献的基础上，对文献进行计量考察和定性分析，以此回顾秋石研究的历史变化趋势和特征。

一、秋石研究文献的历史变化趋势

鲁-李论点最早于 1963 年提出，为此本文文献统计时段为 1963～2006

---

* 本文作者为朱晶，原载《自然辩证法通讯》，2008 年第 30 卷第 6 期，第 65～71 页。

① 秋石在不同历史时期有不同名称与炼法，本文所指的是以人尿为原料炼制的秋石。

年。中文期刊文献以中国期刊全文数据库的全文检索为主，全国报刊索引纸面版、全国报刊索引数据库（社科版，1857～2006年；科技版，1998～2006年）与读者知识库为辅；中文书籍的检索以读者知识库全文检索为主，全国总书目为辅。外文文献主要利用SCI数据库（1963～2006年）和Medline数据库（1965～2006年）中的引用文献索引工具进行查找，以鲁-李发表的与秋石有关的文献题名作为检索词逆向查找外文文献。

1963～2006年，包括鲁-李的文献在内，所有研究秋石和提及鲁-李论点的文献总数为269篇（部），其中外文文献26篇（部），包括日文、英文和捷克文等；中文文献243篇（部）。在所有文献中，直接对秋石是否含性激素及秋石作为一种中药的历史沿革进行研究的文献51篇（部）；不对秋石进行研究，只提及鲁-李论点的文献218篇（部）。每四年累积的文献量变化（图1）显示，秋石所受关注除20世纪90年代后半期略有回落，其他时段均呈上升趋势。

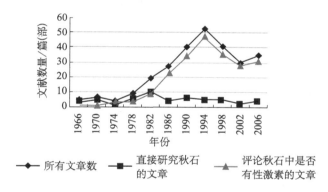

图1　研究秋石与提及鲁-李论点的所有文献随时间分布

秋石研究除文献量多，持续时间长之外，研究秋石的学者之多也是其显著特点。51篇（部）研究秋石的文献作者分布如图2所示，鲁-李及其合作者、张秉伦及其合作者、宫下三郎、杨存钟、刘广定、孟乃昌、姜学敏及其合作者等是该领域的主要研究者，前两者的文献量分别占总量的29%和18%，是秋石研究的两个核心团体。

1963～2006年，学术界对秋石的关注一直没有间断，并且在经过短暂回落之后又出现回升。中国科学史研究史上曾出现过许多重要研究主题，但是

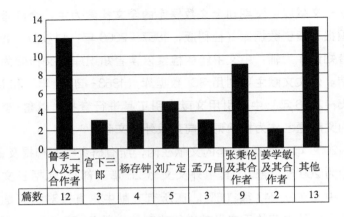

	鲁李二人及其合作者	宫下三郎	杨存钟	刘广定	孟乃昌	张秉伦及其合作者	姜学敏及其合作者	其他
篇数	12	3	4	5	3	9	2	13

图 2　研究秋石的文章按作者的分布

像秋石如此小的研究领域能够引起国内外学者如此广泛之关注，着实罕见。

二、秋石研究的阶段性特征[①]

鲁-李论点提出之初，许多学者表示赞同并对秋石进行扩展研究。刘广定最早发表论文对此论点提出质疑[6~9]，秋石是否含性激素的争论形成。此后，张秉伦和孙毅霖（后文简称张-孙）[10]、黄兴宗等为解决这一争论进行模拟实验研究[11]，所得结论不尽相同。虽然其后张秉伦、高志强和叶青又对有争议的以及未研究过的秋石方进行模拟实验，结果仍显示秋石不含性激素[13]，但是模拟实验存在困境，争论仍未解决。

以中国学者开始研究秋石、张-孙最早用模拟实验对鲁-李论点进行检验作为两个分水岭，可将秋石研究分为三个阶段：秋石研究领域的开辟及影响期（1963～1975 年）、鲁-李论点引发争论期（1976～1987 年）、实验判决及其困境期（1988～2006 年）。

---

① 国内对宫下三郎发表于 1965 年的文章的引用出处错误，如刊物名称应为《日本医史学杂志》，而不是《日本医学史杂志》；文章发表于第 3 期而不是第 2 期。另外，在引用威廉姆斯等的文章时也常常出现错引刊名、发表年代或页码。这类错误 以讹传讹，持续多年。此外，笔者曾请塚原東吾教授查找宫下三郎的文章，结果只找到了发表于《日本医史学杂志》和《宋元时代的科学技术史》中的两篇文章，另外一篇"漢藥·秋石の藥史學の研究"无法找到，即使是宫下三郎工作的关西大学也没有存留，因此推测这篇文章为非正式出版的小册子。

（一）秋石研究领域的开辟及影响期

第一阶段为鲁-李连续发表文章和著作论述秋石含性激素，开辟秋石研究领域，并引起国际科学界和科学史界关注。鲁-李最早发表于《自然》与《医学史》的文章阐述了古人何以可能以及通过何种方式制备性激素，分析了中国古代从尿液中提取性激素的医学理论和实践背景、考察了《本草纲目》中记载的 6 种方法，推测"中国人在中世纪和 16 世纪之间，用半经验的方法制备了甾体激素的混合物"[1~2]，随后在其他文章和著作中再次论述了这种观点[3~5,13~15]。

鲁-李在 1964 年访问日本时，宫下三郎已注意到鲁-李论点，于 1965~1969 年连续发表三篇文章，分析和考证了《本草纲目》中记载的阳炼法和阴炼法及其原始出处[16~19]。

（二）鲁-李论点引发争论期

中国学者在 20 世纪 70 年代得知鲁-李论点，此后对其进行引介和研究、对秋石来源及炼法的具体年代做进一步考证、并对秋石含性激素的观点提出初步质疑。

杨存钟最早开始研究秋石，他在 1976~1977 年连续发表 4 篇文章①，介绍鲁-李论点的同时，通过文献考证说明《良方》是炼制秋石的最早、最完整的文字记载，提出沈括最早记载了性激素炼法[19~22]。接着孟乃昌连续发表 3 篇专门研究秋石的文章，在《秋石试议》一文中系统审视鲁-李考察的 6 种炼法，虽然孟乃昌认为这些炼法得到性激素的可能性与鲁-李不尽相同，但结论基本一致[23]。此外，孟乃昌还分析了秋石的隐名[24]，探讨了秋石药用理论[25]，并多次提到鲁-李论点。张秉伦最初也赞同鲁-李论点，认为中国在北宋时已从人尿中提取性激素制剂，而性激素含量多少和具体成分尚待进一步研究[26]；此后又依据鲁-李论点将沈括在宣城提炼秋石归为安徽历史上

----

① 通常认为杨存钟只发表了三篇文章，实际上还有一篇题为《沈括与医药学》的文章虽然不是专门研究秋石，但有专门章节介绍沈括与秋石。

的主要科技成就[27,28]。

值得注意的是，秋石研究热兴起的原因与中国科学史和中医药研究的社会背景密切相关。中国在20世纪70年代中期的"评法批儒"运动中，古代成就受到关注，沈括作为法家的代表，自然引起了科学史研究者的兴趣，宫下三郎的主要结论正好是沈括提炼出秋石，可能正因为此，他的文章引起中国学者关注，进而了解到鲁-李论点。此外，作为中药的秋石含性激素无疑为当时倡导的走中西医结合路线的思想提供了有效证据。杨存钟在文中多次提到中国古代化学家早就取得的现代化学上的突出成就是"对于那种'中医不科学'的谬论是极其有力的批判"[19]。这段时期还有一些专门介绍秋石中的文章称秋石为"闪光的明珠"、"古代药物化学之花"。

与此前学者一致赞同鲁-李论点的趋势迥异的是，刘广定于1981年连续发表4篇文章①对秋石中含有性激素表示质疑，还根据搜集到的13种秋石炼法（包括《本草纲目》中的6种）进一步论证其观点[6~9]。刘广定的质疑将秋石研究带入第三阶段。

（三）实验判决及其困境期

刘广定从文献考证和现代科学知识出发论证秋石不含性激素，但是张-孙认为仅根据文献解读和分析，已难以达成共识，而结合原始文献记载的炼制方法进行严格的模拟实验并加以检测，不失为一种有效方法[10]。由此秋石研究进入新阶段，即用模拟实验的方法试图解决争论，但模拟实验能否对假说进行判决性检验却陷入困境。

张-孙最先对鲁-李分析的几种秋石方做了模拟实验，检测结果表明产物不含性激素。此后姜学敏也对秋石方中的阳炼法进行了模拟实验，结果显示产物中含性激素[29]，而黄兴宗及其合作者对阳炼法和阴炼法均做了模拟实验，结果显示阳炼法可得到性激素，而阴炼法无法得到[11]，祝亚平认为乳炼法制备秋石应可得到性激素[30]。而鲁-李在得知张-孙的实验结论之后，对模拟实验提出新的质疑，将争论带入新层面，即模拟实验的合理性和可靠性。

---

① 大部分研究者只注意到了刘广定于1981年发表的前三篇文章。

此后张秉伦等又对鲁–李提到的 6 种秋石方中未做过实验和有争议的炼法，以及乳炼法进行了模拟实验，结果显示产物均不含性激素[12]。与用模拟实验研究秋石相对应的是，这一阶段还出现了对秋石起源和发展、功效进行考证、综述秋石研究进展的文章。

从争论的新层面来讲，已有模拟实验是否是判决性的、是否能提供决定性的证据来支持秋石不含性激素这一结论上仍存有疑问，模拟实验的方法存在困境。判决性实验这种论证模式是否能够判决互相竞争的科学理论正确与否尚存争议，况且已有研究虽然做了模拟实验，但是其目的不是为了判断两种竞争的理论，而是两种不同的论点，对两种不同的论点做出判断需要解决很多问题，如模拟实验方法是否严格，检测是否合理，是否还有其他秋石方，甚至论点本身是否存有疑问等。科学史上的判决性实验比科学上更复杂，鲁–李论点需要进一步研究。尽管如此模拟实验无疑极大地推进了这一研究，这些进展仅靠文献考证是无法取得的。

三、秋石研究的智识焦点与影响

考察秋石研究的影响力可通过文献引证得以反映。在分别对中英文文献引用秋石研究文章的频次、提及秋石的文献类型进行统计的基础上，我们可从单篇被引频次、共同引证和文献类型三方面呈现和分析秋石研究的智识焦点，对比秋石研究在国内外科学界与科学史界的影响领域。

（一）单篇被引频次

单篇论文被引频次可定量反映该论文的质量和影响程度。鲁–李的文章发表之后受到国际科学界和科学史界的关注，其文章被引用来说明中国古代在内分泌学或者中医药上取得的成就。如表 1 所示，鲁–李论点最先引起国际科学界的关注，文章在发表后第二年即被引用。这类西文引证文献发表的刊物和著作主要为生理学、化学、医学、科技史类，涉及激素的合成、活性机制、神经内分泌学机制以及激素治疗等领域。可见鲁–李论点不仅受到了国际科学史领域的关注，而且影响到了科学界，并持续至今。

表 1　鲁-李发表的期刊文章的被西文期刊和书籍引用的情况①

鲁-李的文章发表的刊物、书名	被引次数/次	引证文献发表时间/年
Nature	4	1964、1967、1968、2002
Medical History	2	1967、1973
Japanese Studies in the History of Science	6	1971、1986、1990、1993、1994、2006
Endeavour	3	1971、1972、1987
Science and civilization in China（vol.5, part 5）	2	1990、2001

表 2 为被中文文献引用频次达 5 次（含 5 次）以上的单篇文献，孟乃昌于 1982 年的论文被引频次最高，其次是鲁-李的三篇文章。虽然鲁-李论点被杨存钟介绍时即被首次引用，由于国内早期不容易获取英文文献，孟乃昌的文章虽然发表较晚，反而被引频次高于鲁-李。鲁-李发表在《自然》和《医学史》上的文章被引频次最高，与这两篇文章发表时间最早且论述详细有关。

表 2　被引频次达 5 次（含 5 次）以上的文献

作者	被引文献名称	文献发表年（编号）	被引次数
孟乃昌	秋石试议——关于中国古代甾体性激素制剂的制备	1982（D）	16
鲁桂珍	Medieval Preparations of Urinary Steroid Hormones	1964（A₂）	14
	Proto-endocrinology in Medieval China	1966（A₃）	14
李约瑟	Medieval Preparations of Urinary Steroid Hormones	1963（A₁）	13
张秉伦孙毅霖	"秋石方"模拟实验及其研究	1988（G₁）	12
鲁桂珍李约瑟	Sex hormones in the Middle Ages	1968（A₄）	10
杨存钟	我国十一世纪在提取和应用性激素上的光辉成就	1976（C₂）	39
Williains HG, Reddi AH	Actions of Vertebrate Sex Hormones	1971（H）	9
杨存钟	沈括对科技史的又一重要贡献	1976（C₂）	8
杨存钟	世界上最早的提取、应用性激素的完备记载	1977（C₃）	8
刘广定	人尿中所得"秋石"为性激素说之检讨	1981（E₁）	7
刘广定	补谈秋石与人尿	1981（E₂）	7
刘广定	三谈秋石	1981（E₃）	7
宫下三郎	1061 年に沈括か製造した性ホルモメ剤について	1965（B₁）	6

---

①　鲁-李的文章被引用频次统计选取原则为：引用了他们的文章来说明中国古代是否获得性激素的才计算在内，如参考文献［31］引用了鲁-李发表于《日本科学史研究》上的文章，但是引用目的是为了说明"中国的医生在 7～8 世纪认识到情绪紊乱与甲状腺之间的关系"，所以不计算在内。

作者	被引文献名称	文献发表年（编号）	被引次数
宫下三郎	性ホルモメ劑の創成	1967（B_2）	5
宫下三郎	漢藥・秋石の藥史學の研究	1969（B_3）	5
黄兴宗等	Experiments on the Identity of Chiu Shi（autumn mineral）in medieval Chinese Pharmacopeias	1990（F）	5

其次是张-孙的文章，虽然发表时间晚，但他们用模拟实验的方法去检验鲁-李论点，在秋石研究上取得新进展，影响很大。此外，张秉伦等于2004 年发表的论文，虽然做了新实验，仅被引 1 次，与发表时间较晚且中国科学史界认为秋石研究基本上已有定论的看法有关。对于张-孙的模拟实验结果，中国科技史界给予高度评价，认为他们以严谨周密的模拟实验结果使关于秋石的讨论告一段落，故新的模拟实验只不过是对已有结论的进一步确证。黄兴宗等所做的模拟实验也受到较高关注，由于其实验在模拟的严格程度与方法上不及张-孙，虽发表时间接近，被引频次却低了很多。相比之下，姜学敏所做的模拟实验却未受到任何关注，可能与文章发表的刊物本身较少受到关注和实验不严格有关。

考察秋石的发展史、对已有研究进行考证和综述的这类文章，多数从未被引用，这也说明秋石研究的核心问题是秋石是否含性激素。

（二）共同引证分析

共同引证分析作为科学计量学的一种研究进路，可通过引证强度来刻画秋石研究者所形成的智识焦点和研究工作的连续性程度，以及智识焦点随着时间的移动和转换。

表 3 显示，鲁-李于 1963 年、1964 年发表的两篇文章同被引次数最多，研究者往往同时提及他们的工作，因为这两篇文章在内容上的一略一详，第二篇文章是第一篇的扩充。宫下三郎、杨存钟以及刘广定的文章 也各自形成了智识焦点，这与他们各自发表的文章在时间上非常密集有关，也说明这三位作者的各自的研究主题都非常连续。

鲁-李的文章与威廉姆斯（H. G. Williams-Ashman）等发表的综述文章[32]一起形成了一个新的智识焦点，因为中国学者常引用威廉姆斯等的文章来说明鲁-李论点的认可度及影响力。自孟乃昌发表文章以来，智识焦点开始移动，孟乃昌与鲁-李的文章一起，共同被引用来说明鲁-李论点提出之后中国学者的进一步研究，相对于杨存钟的工作，孟乃昌从知识本身，而不仅仅从文献考证的角度对鲁-李论点进行考察，而相对于鲁-李的研究，孟乃昌给我们提供了更多的有关秋石的新知识。

表3 作为智识焦点的同被引文献

同被引文献编号	同被引文献发表年份	同被引次数
A_1，A_2	1963，1964	12
A_1，A_3	1963，1966	9
A_1，A_4	1963，1968	6
B_1，B_2，B_3	1965，1967，1969	3
C_1，C_2，C_3	1976，1976，1977	6
E_1，E_2，E_3	1981，1981，1981	6
A_1，H	1963，1971	9
A_1，A_2，H	1963，1964，1971	6
A_1，D	1963，1982	9
A_2，D	1964，1982	8
D，G_1	1982，1988	8
A_1，D，G_1	1963，1982，1988	7
A_1，C_1，D，G_1	1963，1976，1982，1988	4

张-孙的论文发表之后，与孟乃昌的论文一起形成新的认知核心，其共同引证强度达到8次。鲁-李的文章发表时间较早，他们的工作在秋石研究领域是奠基性的，因此鲁-李、张-孙与孟乃昌的论文一起构成一个连续的智识核心，有明显的共同引证强度，这也说明三篇论文在这个研究领域内的重要性。

（三）鲁-李论点在中国的影响

相比鲁-李论点在国际科学界与科学史界的影响，中国的学术界有哪些领域关注呢？提及鲁-李论点的203篇（部）中文文献中，52篇期刊文章，151部书籍。图3显示提及鲁-李论点的所有中文文献的刊物以及书籍的类型分布。刊物类型大部分为中医药、科技史和文化史类，且发表在综合性科技类刊物中的2篇文章所属的栏目均为科技史，专门及综合性医学类刊物中的4篇文章所属的栏目为性史学、道教与医学类，只有一篇为临床研究类。对书籍的类别分布而言，普及性读物与教科书提及秋石最多，当然工具书和专著也占有相当的比例。与期刊类别分布类似的是，中医药类和科技史类的书籍占有较大比重，而现代医学、化学、生物学类的书籍则比重较小。故较之于西方，中国的主流科学界对秋石关注不多，仅有一本现代生物化学类书籍认为秋石含性激素。可见除中国主流科学界提及较少之外，鲁–李论点在其他领域影响广泛。

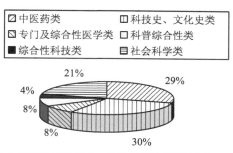

（a）提及鲁–李论点的文献发表的期刊类别分布

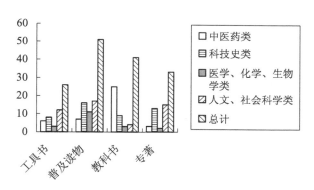

（b）提及鲁–李论点的文献发表的著作类别分布

图3　提及鲁–李论点的中文文献来源期刊和书籍类别分布

四、鲁–李论点的接受与拒斥

秋石研究虽仍存争议，但鲁–李论点在科技史界之外的领域已被广泛接受。自1981年刘广定质疑鲁–李论点以来，提及鲁–李论点的文章所持态度的分布为图 4 所示。从文献数量上来看，认为秋石含性激素的文献仍占绝对优势，即便是张秉伦及其合作者在 1988 年、2004 年分别发表文章用模拟实验的方法论证秋石不含性激素，但认为秋石含性激素的观点从来没有间断。不仅如此，在 1988 年、2004 年之后，文献量反呈上升趋势。从语种来看，除了一篇日文文献认为秋石是否含性激素并不能简单下结论之外，其他外文文献均认为秋石含性激素，直到 2006 年仍有西文文献赞同鲁-李论点。

从图 4 还可以看出，相对于鲁-李研究来说刘广定、张秉伦及其合作者的研究，受到国际科学界和科学史界的关注要少。拒斥鲁-李论点的这些文献的作者几乎都是从事中国科学史研究的学者，自张-孙通过模拟实验证明鲁-李提出的几个秋石方不含性激素之后，科学史界的学者对用模拟实验研究秋石的方法表示赞同，而从事现代医学、生物学研究以及中医药研究的学者对此并不知晓，鲁-李论点被写入各类百科全书、辞典等工具书，甚至成为中医院校研究生入学考试的题目。不仅如此，研究科学史的学者也持有不同意见，阮芳赋作为较早进行秋石研究的学者，后来并没有提到秋石争论，对秋石的看法与他在 20 世纪 70 年代所持的观点完全相同[33]，孟乃昌在得知张-孙的实验结果之后，并没有直接对此发表评价，而是间接表明态度，认为对少数炼法的模拟实验并不足以否定秋石中含性激素的结论[34]。即便是在秋石研究的第三阶段，对秋石的历史、来源进行考证的文章均赞同鲁-李论点，秋石研究领域不同观点一直并存。

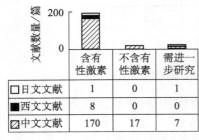

	含有性激素	不含有性激素	需进一步研究
□日文文献	1	0	1
■西文文献	8	0	0
▨中文文献	170	17	7

(a)认为秋石不含性激素的文献类别和语种分布

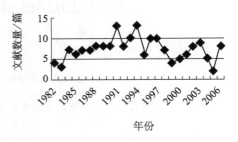

(b)认为秋石含性激素的文献随时间分布

图 4　1982～2006 年提及秋石中是否含有性激素的文献分布

认为秋石含性激素的文献之多，恐怕还与中国人的爱国主义情感有关，毕竟从尿液中提取性激素可以说明中国古人的智慧和成就。此外，模拟实验作为判决性检验的合理性也是影响鲁-李论点接受和拒斥的重要因素。

五、结　论

通过上述统计和分析可发现：秋石研究形成持续热潮，20 世纪 70 年代中期的"评法批儒"、证明中医的有效性和合法性的运动是研究热兴起的原因之一，刘广定对鲁-李论点的质疑使得热潮得以持续，围绕鲁-李论点的争论和模拟实验对其进行的检验引发了新的秋石研究热；秋石是否含性激素是秋石研究的核心问题，鲁-李、孟乃昌、张-孙是秋石研究领域的智识焦点，影响最大；比较而言，鲁-李论点受国际科学界的关注较多，并且都持赞同态度，中国的主流科学界对鲁-李论点不甚了解；鲁-李论点被接受的程度远大于被拒斥的程度，科学史之外的领域已将鲁-李论点当做定论接受。

秋石是否含性激素这一争论至今尚未结束，已有模拟实验仍存在疑问和困境，秋石的诸多炼法尚未得到详细考察，秋石本身还有待进一步研究。

参 考 文 献

［1］Lu G D，Needham J. Medieval preparations of urinary steroid hormones. Nature，1963，200（4911）：1047，1048.

［2］Lu G D，Needham J. Medieval preparations of urinary steroid hormones. Medical History，1964，8（2）：101-121.

［3］Lu G D，Needham J. Proto-endocrinology in medieval China. Japanese Studies in the History of Science，1966，（5）：150-171.

［4］Lu G D，Needham J. Sex hormones in the middle ages. Endeavour，1968，27（102）：130-132.

［5］Needham J. Clerks and Craftsman in China and the West. London：Cambridge University Press，1970：263-293.

［6］刘广定. 人尿中所得"秋石"为性激素说之检讨. 科学月刊，1981，12（5）：74-77.

［7］刘广定. 补谈秋石与人尿. 科学月刊，1981，12（6）：69.

［8］刘广定. 三谈秋石. 科学月刊，1981，12（8）：76.

[9] 刘广定. 从北宋人提炼性激素说谈科学对科学史研究的重要性. 台湾大学文史哲学报, 1981, (30): 363-376.

[10] 张秉伦, 孙毅霖. "秋石方"模拟实验及其研究. 自然科学史研究, 1988, 7 (2): 170-183.

[11] Huang H T. Experiments on the identity of Chiu Shi（autumn mineral）in medieval Chinese pharmacopeias. Pharmacy in History, 1990, 32 (2): 63-65.

[12] 张秉伦, 高志强, 叶青. 中国古代五种"秋石方"的模拟实验及研究. 自然科学史研究, 2004, 23 (1): 1-15.

[13] Needham J, Lu G D. Science and Civilization in China, Vol. 5. London: Cambridge University Press, 1974: 290.

[14] Needham J, Ho P Y, Lu G D. Science and Civilization in China, Vol. 5. London: Cambridge University Press, 1976: 78.

[15] Needham J. Introduction. *In*: Hill R. The Chemistry of Life: Eight Lectures on the History of Biochemistry. London: Cambridge University Press, 1970: xxii.

[16] 宮下三郎. 1061 年に沈括か製造した性ホルモメ剤についこ. 日本醫學史雜志, 1965, 11 (3): 1.

[17] 宮下三郎. 性ホルモメ剤の創成. 見: 藪内清. 宋元時代の科學技術史. 京都: 京都大學人文科學研究所, 1967: 150-152.

[18] 宮下三郎. 漢藥秋石の藥史學の研究. 豊中: 著者發行, 1969.

[19] 宮下三郎. 紅鉛, 明代の不長寿藥. 見: 李国豪. 张孟闻. 曹天钦. 中国科技史探索. 上海: 上海古籍出版社, 1982: 595.

[20] 杨存钟. 我国十一世纪在提取和应用性激素上的光辉成就. 动物学报, 1976, 22 (2): 192-196.

[21] 杨存钟. 世界上最早的提取、应用性激素的完备记载. 化学通报, 1977, (4): 59, 64, 封底.

[22] 杨存钟. 沈括对科技史的又一重要贡献. 北京医学院学报, 1976, (2): 135-139.

[23] 杨存钟. 沈括与医药学. 北京医学院学报, 1976, (3): 189-193.

[24] 孟乃昌. 秋石试议——关于中国古代甾体性激素制剂的制备. 自然科学史研究, 1982, 1 (4): 289-299.

[25] 孟乃昌. 炼丹书《悬解录》试解. 化学通报. 1982, (5): 53-58.

[26] 孟乃昌. 沈括和李时珍对"秋石"的理论阐释. 中华医史杂志, 1987, 17

（3）：187，188.

［27］张秉伦．我国古代内分泌作用的认识和利用．见：《生物学史专辑》编辑委员会．科学史文集（生物学史专辑）．（第4辑）．上海：上海科学技术出版社，1980：202-207.

［28］张秉伦．安徽历史上主要科技人物及其著作（四）．安徽史学，1984，（5）：75-80.

［29］张秉伦．"秋石"在安徽——从炼丹术到性激素的提取．生物学杂志，1986，（1）：25-27.

［30］姜学敏．阳炼法秋石的薄层扫描研究．福建中医药，1991，22（2）：44.

［31］祝亚平．道家文化与科学．合肥：中国科学技术大学出版社，1995：218-224.

［32］Anon. Hidden hyperthyroidism. British Medical Journal，1970，4（5732）：386.

［33］Williams-Ashman H G，Reddi A H. Actions of vertebrate sex hormones. Annual Review of Physiology，1971，33：31-82.

［34］阮芳赋．性的报告（21世纪版性知识手册）．北京：中医古籍出版社，2002：242.

［35］孟乃昌．中国炼丹史轮廓．江西社会科学，1991，（3）：63-67.

郭雍疫病学术思想*

宋代对疫病的新认识多存在于《伤寒论》研究著作中，其中创见较多的是韩祗和、庞安时、朱肱、郭雍等[1]。但应该说，疫病、温病等概念不能独立发展，"寓温于寒，寒中拓温"，等等，在一定程度上限制了相关学术发展[2]。

郭雍面对的情况是：其一，仲景之论尚有未备，宋代医家朱肱云："仲景药方缺者甚多，至于阴毒伤寒、时行温疫、温毒、发斑之类，全无方书"，而郭雍也认为："仲景《金匮玉函》之书，千百不存一二，安知时行疫疾不亡逸于其间乎？"（《伤寒补亡论·卷二十·小儿疮疹下十八条》）"伤寒……初言止此，不比其他，亦未尝言斑疹，岂言之而亡逸欤？故医家所论温毒等症，多非仲景言。"其二，疫病概念颇为混乱，"伤寒时气，症类亦多，或名伤寒，或名温病，或曰时行，或曰温疫，或曰温毒，或以为轻，或以为重，论说不一，益令人惑。"（《伤寒补亡论·卷十八·伤寒温疫论一条》）

为解决上述问题，郭氏取《千金方》《伤寒总病论》《类证活人书》，以及同时代名医常器之等的学说，并大量补入个人观点，尝试对伤寒、温病等概念进行辨析，探讨多种疫病之轻重缓急，并以"毒"为疫病因机之要点构

　　* 本文作者为李董男，原题为《郭雍疫病学术思想浅析》，原载《中国中医基础医学杂志》，2011 年第 17 卷第 6 期，第 612～613 页、第 619 页。

建理法体系，为疫病、温病学术发展做出了自己的历史贡献。现代研究者对郭雍疫病学术思想及其价值可能存在一定的误读，笔者试析郭雍诊治疫病思想如下，请诸方家指正。

一、界定伤寒范围

宋代庞安时、朱肱等认为无论伤寒、温病，其起因都是冬季触犯寒毒，这一论点颇有影响。而郭雍在《伤寒补亡论》综合晋唐医家所论，提出了不同于此的观点，指出："初无寒毒为之根源，不得谓之伤寒，第可名曰温病。"[3]（《卷十八·温病六条》）即伤寒必须是伤于"寒毒"的，而温病未必伤于寒毒。

他认为，温病不止是一种，而是三种："雍曰：医家论温病多误者，盖以温为别一种病。不思冬伤于寒，至春发者，谓之温病；冬不伤寒，而春自感风寒温气而病者，亦谓之温；及春有非节之气，中人为疫者，亦谓之温。三者之温，自不同也。"他所论的第一种温病即是自《黄帝内经》以来认识的"冬伤于寒，春必温病"者，属王叔和所论的伏邪之类；春季新感风、寒、温气而成温病是第二种，与王叔和《伤寒例》及巢元方《诸病》等所论的冬温都属新感温病之类，但在病因和发病上又有所区别；春季感受非时之气，这属王叔和等所论的时气、时行范畴，郭雍将此也并入温病之类。

有现代研究者据此认为："郭雍提出了辨别伤寒与温病的根本依据，那就是有无'寒毒之根源'。以此为伤寒与温病的划分，提出了较为清晰的界限。"[4,5]

笔者认为这种观点并不准确。从郭雍自己的论述中，笔者发现：他所论的温病的第一种以及第二种的一部分皆是感寒邪而发的，只是因为发病时间在春季，就被命名为温病。郭雍只是说"初无寒邪"不能命名为伤寒，而没有说初有寒邪必须命名为伤寒，也没有说温病之因不能为寒邪。有无"寒邪"并不是郭雍判别伤寒、温病的真正标准。

笔者推断，郭雍真实的目的是缩小伤寒的概念。他把伤寒限定为"冬伤于寒中而即病"，而把其他所有外感热病连同时气病都归于温病之列。他不仅指出新感风、温等气及非时之气等可以导致外感热病的发生，而不止是

"伤于寒邪"，更是借此扩大温病研究的范围，缩小伤寒赅括的内容。

同时，郭雍指出温毒发斑与伤寒发斑不同。《伤寒补亡论·卷十四·发斑十三条》曰："此证是温毒发斑也，与伤寒发斑不同。盖温毒之毒本在里，久为积寒所折，腠理闭塞不得出。及天气暄热，腠理开疏，乃因表虚郁发为斑，是时在里之毒发在表，故可解肌而不可下也。伤寒之毒，初亦在里，久不能出。及春再感温气，腠理方开，随虚而出于表，遂见表证，而未成斑也。医者昧于表里之证，下之太早。时内无毒气可下，所损皆胃之真气。真气既损，则胃为之虚矣。邪毒者，乘虚而出、乘虚而入者。以先损之虚胃，而当复入之今毒，力必不胜，而胃将烂，是以其华见于表而为斑。……故温毒之斑，郁发之毒也。伤寒之斑，烂胃之证也。"[3] 此烂胃之说源于华佗，见于《诸病》《千金》《外台》之中，但郭雍之论述与华佗原论不同，称"伤寒发斑"乃"春再感温气"，并且强调医误才是伤寒发斑的根本原因，其目的仍是缩小伤寒的适用范围，而增广温病理论之运用；而温毒发斑之论目前所见最早载于《小品方》，温毒直入血分，郭雍指其当用解肌之法恐亦非所宜。

二、细化温病证治

郭雍区分出伏寒温病、新感春温与时气病温三类，"不思冬伤于寒，至春发者，谓之温病；冬不伤寒，而春自感风寒温气而病者，亦谓之温；及春有非节之气，中人为疫者，亦谓之温。三者之温，自不同也。"（《伤寒补亡论·卷十八·温病六条》）这种分法对后世温病理论的发展较有启迪意义。我们分析可以发现：他的第一种分类源自《黄帝内经》；第二种春季自感成温者，即所谓的春温，"发热恶寒，头痛身体痛"，"既非伤寒，又非疫病"，乃"因春时温气而名温病"，虽然也属新感温病大类，但与王叔和的新感冬温有两点重要不同，其一是发病季节不同，其二是感受的邪气不同，王叔和所谓冬温乃因"其冬有非节之煖"，郭氏之新感春温之说在明代以后得到了汪机等的传承；第三种实际上是《伤寒例》所论的时气病，郭雍认为这种疾病"长幼病状相似"，乃"温气成疫"，只是他将非时之气局限于春季。他还探讨了伏气、新感之轻重，指出"伤寒而成温者，……而比之春温之疾为重也。"

事实上，郭雍所论的三种温病，不论病因病机如何，全部发于春季，这明显受到了《黄帝内经》"凡病伤寒而成温者，先夏至日者为病温"学说的限制，甚至限定的范围更狭窄！如前所述，郭雍对"伤寒"概念的限定已经在事实上缩小了伤寒的范围，将之定位在冬季、感寒而即发，但在这里，他又将温病全限定于春季，其余诸季呢？其余诸病呢？

其实，郭雍所论远远不止这三种温病，在《伤寒补亡论·卷十八·温病六条》及《风温温毒四条》两篇中，除上述三种温病外，郭雍还论述了温疫、风温、温毒、湿温以及春月伤寒之温（引自《活人书》）、四时温气、新感冬温（《伤寒例》与庞安时所论）等，还将疟、利、咽喉病、赤目流行也归于温病之列，如："（《活人书》）又曰：一岁之中，长幼疾多相似，此温疫也。四时皆有不正之气，春夏亦有寒凉时，秋冬亦有暄暑时。人感疫疠之气，故一岁之中，病无长幼，悉相似者。此则时行之气，俗谓之天行是也。老君神明散、务成子萤火丸、圣散子、败毒散主之。雍曰：此谓春温成疫之治法也。若夏暑成疫，秋温成疫，冬寒成疫，皆不得同治，各因其时而治之。况一岁之中，长幼疾状相似者，即谓之疫。如疟利相似，咽喉病相似，赤目相似，皆即疫也。皆谓非触冒自取之，因时行之气而得也。"

同时，郭雍对寒疫、温疫的区分，也与前代如《伤寒例》等不同：①对于寒疫，《伤寒例》认为："春分以后到秋分节前，天有暴寒者"为"时行寒疫"，而《伤寒补亡论·卷十八·伤寒温疫论一条》将时行寒疫仅限制于"冬日"；②对于温疫，《伤寒例》认为"冬伤于寒，发为温病"、"更遇温气，变为温疫。"而《伤寒补亡论》认为："若夫一乡一邦一家皆同息者，是则温之为疫者然也，非冬伤于寒自感自致之病也。盖以春时应暖反寒，夏热反凉，秋凉反热，冬寒反暖，气候不正，盛强者感之必轻，衰弱者得之必重，故名温疫，亦曰天行、时行也。"将天行、时行皆冠以温疫之名。上述的寒疫、温疫同属新感范畴，细析之后可以发现，《伤寒例》中的寒疫从春分到秋分长达半年时间，而郭雍将其限定于冬之一季；而《伤寒例》温疫影响范围小，而郭雍将其扩张为整个天行、时行病。

通过这样全面的论述，可以看出，郭雍真正想说明的是：温病是包括除冬月感寒邪即发的伤寒之外，几乎所有外感热病（包括温疫或说天行）的重要概念。

郭雍之前的宋代医家如庞安时、朱肱等往往首先承认伤寒的主导地位，而且将所有的外感热病都视为"冬伤于寒"而引起，无论是即发还是伏邪，无论是温病还是暑病，其"本"都是"寒邪"。但同时，暑、湿、风、温、疟、毒各种疾病之因机各不相同，这已经被医学实践所证实，他们又不可能视而不见，故难以调和临床实际与传统理论之间的矛盾。而郭雍似比前辈们走得更远，做了更多的概念辨析和理论尝试，试图辨析清楚伤寒、温病，并给予温病学术更大的发展空间。可以说，郭雍所做的，正是数百年后温病学家们想做的，只是那时的他们有了更多发挥的空间。但如果没有晋唐医家的开拓，没有郭雍这样有智慧的学者为他们指明路径，他们的工作毫无疑问将变得艰难许多。当然，我们必须清楚，郭雍更多从概念上进行辨析，对医理阐释和临床运用比之后世尚显不足。

三、探讨疫病轻重

笔者发现，郭雍对伤寒热病、伏寒温病、时行疫气、冬病伤寒、新感春温等疾病，在轻重上进行了细致探讨："雍曰：伤寒时气，症类亦多，或名伤寒，或名温病，或曰时行，或曰温疫，或曰温毒。或以为轻，或以为重。"故需分辨清楚。他判断的基本原理是："实时发者，必轻。经时而发者，必重也。"（《卷十八·伤寒温疫论一条》）以及"是则既伤于寒，又感于温，两邪相搏，合为一病，如人遇盗，何可支也？"

他主要在《伤寒温疫论一条》及《温病六条》两篇中，做出具体判断如下：①"伤寒而成温者，比之伤寒热病为轻，而比之春温之疾为重也。"这里所谓的伤寒热病，应该指的是暑病："后世以暑病为热病者，谓夏时之气热，最重于四时之热也。"（《卷一·伤寒名例十问》）②"故古人谓冬伤于寒，轻者夏至以前发为温病，甚者夏至以后发为暑病也。"③"大抵冬伤于寒，经时而后发者，有寒毒为之根，再感四时不正之气为病，则其病安得不重？如冬病伤寒，春病温气与时行疫气之类，皆无根本蕴积之毒，才感即发，中人浅薄，不得与寒毒蕴蓄有时而发者同论也。"④"仲景以为冬伤于寒，中而即病者，名曰伤寒。盖初感即发，无蕴积之毒气，虽为伤寒，而其病亦轻。……伤寒冬不即病，遇春而发者，比于冬之伤寒为重也。"⑤"盖冬月伤寒，为轻。至春发为温病，为重。夏月热病，为尤重也。"⑥ "又有冬不伤寒，至春感不正之气而病，其病无寒毒之气为之根，虽名温病，又比冬伤于寒，至春再感温气为病轻。"⑦ "其不伤寒，至春触冒自感之温，治与疫同，又轻于疫也。"⑧ "（《类证活人书》）又曰：治温病，与冬月伤寒、夏月热病不同，盖热轻故也。雍曰：此谓春温非伤寒者。……朱氏注曰：春秋初末，阳气在里，其病稍轻，纵不用药治之，五六日亦自安。"

上面的论述中，时行疫气与冬病伤寒，没有做出明显比较，只有一个间接论述："伤寒之与岁露何如？雍曰：岁露者，贼风虚邪也。因岁露而成伤寒者，其病重而多死。四时伤寒者，因寒温不和而感也，其病轻而少死。上古之书论岁露，自越人仲景之下，皆不言及之。今虽有遇岁露而死者，世亦莫之辨，皆谓之伤寒时行也。"（《卷一·伤寒名例十问》）大略可以看出，郭雍认为冬月伤寒、时行疫气都不甚重。

综合来看，郭雍认为上述五种疾病轻重排名如下：最重者为伤寒热病（暑病），次重者为伏寒温病，轻重居中者为时行疫气、冬病伤寒，最轻者为新感春温。这种观点有一定参考价值，也是笔者所见最早对外感诸病的轻重做细致研究的医家。但他认为时疫不重、甚至轻于伏温这一点，似乎临床证据不足。

四、以"毒"解释病机

病机方面，郭雍特别善用"毒"来解释，《伤寒补亡论》全书用"毒"字高达 324 次之多！其中使用"毒气"一词 43 处。

如他创立的"毒气致厥"说，认为伤寒之厥"非本阴阳偏盛，暂为毒气所苦而然"，与《内经》气逆之厥不同。重点为"毒气扰经"，他说："毒气并于阴，则阴盛而阳衰，阴经不能容，必溢于阳，故为寒厥。毒气并于阳，阳不能容，则阳盛阴衰，必溢于阴，故为热厥"，治疗应随毒气发展趋势因势利导，如"毒气随三阴经走下，不复可止"。又如，黄疸的毒血相搏说，《伤寒补亡论》[6]提出毒血相搏致疸之说，明确指出外邪不去久成热毒，在血脉中传流，与血相搏，为邪气败坏的血液不衄、不汗、不溺则郁而发为至黄之色。余者不一而足。

在治疗上，"始觉不佳，即须救疗"以"折其毒热"，"必不可令病气自在恣意攻人"，若失治"邪气入脏，则难制止"。用药倡导"发散以辛甘为主，复用苦药"，因为"辛甘者抑阴气助阳气也，今热盛于表，故加苦药以发之。《素问》云：'热淫于内，以苦发之'是也。"服药不避暑夜早晚，及时调整剂量和服药周期等[7]。同时，郭雍认为伏寒温病、伤寒热病（暑病）、新感春温"其治法与伤寒皆不同。"以及"但传经，皆冬感也，皆以伤寒治；不传经者，皆春感也，皆以温气治之。"不可拘于伤寒时日，要随症施治。"又或有春天行非节之气中人，长幼病状相似者，此则温气成疫也，故谓之瘟疫。瘟疫之病，多不传经，故不拘日数，治之发汗吐下，随症可施行。""其不伤寒，至春触冒自感之温，治与疫同"。其重要原则为："大抵治疫尤要先辨寒温，然后用药。"（《卷十八·风温温毒四条》）

略早于郭雍的北宋医家庞安时也重点探究了疫病之"毒"，《伤寒总病论》一书"毒"字出现130次，多为"寒毒""热毒""温毒""阴毒""阳毒"和"毒气"，偏于病因方面，而郭雍所论偏于病机。

从后世中医外感热病包括疫病发展的整体走向来看，郭雍的做法虽仍强调了寒邪的重要性，也仍然是认为相当一部分温病是感受寒邪而发的，但是他对温病的重视，对温病范围的扩大，对温病的三类分类尤其是伏邪、新感温病的探讨，是符合历史发展趋势的，而以"毒"来解释疫病病机，强调治疫必须"先辨寒温，然后用药"，这些对后世也具有重要的启示意义。

参 考 文 献

[1] 周崇仁. 论宋代医家对《伤寒论》的贡献. 上海中医药杂志，1993，(6)：35-40.

[2] 聂广. 宋代"伤寒补亡"与温病学的产生. 上海中医药杂志，1990，(6)：41-43.

[3]《续修四库全书》编纂委员会. 续修四库全书·九八四·子部·医家类·仲景伤寒补亡论. 上海：上海古籍出版社，2009：295-296，326-329.

[4] 孙海云. 庞安时医学上的成就. 新中医，1982，(5)：55，56.

[5] 张志斌. 两宋时期的温病理论创新研究. 中国中医基础医学杂志，2009，15 (4)：241-242，247.

[6] 郭雍. 仲景伤寒补亡论. 上海：上海科技出版社，1959：119.

[7] 王兴臣. 论郭雍的伤寒学术思想. 山东中医学院学报，1991，15 (5)：7-10.

张锡纯外感内伤论黄疸[*]

张锡纯（1860—1933），字寿甫，河北盐山县人，乃近百年一代中医宗师。张锡纯之代表作《医学衷中参西录》多次刊行，流传极广，刊行量为近世中医著作之最。当时各省所立医学校，多以此书为讲义，学术影响较大，被誉为"轩峻之功臣，医林之楷模"[1]。本书主要论述内科疾病的证治，包括伤寒、温病等 35 类，每类均以方为目，随方附论。《医学衷中参西录》中以外感内伤论治黄疸，颇有特点。笔者试浅析于下。

一、外感内伤　分论黄疸

（一）外感内伤　拟分三类

张锡纯在"医论 73 · 论黄疸有内伤外感及内伤外感之兼证并详治法"一节中解读仲景黄疸之证治与方药，以外感内伤分类论治黄疸，称"黄疸之载于方书者，原有内伤、外感两种"[2]，而除此之外还应有一类外感内伏酿成内伤发黄者。

＊　本文作者为李董男，原载《时珍国医国药》，2009 年第 11 期，第 2837～2838 页。

1. 内伤黄疸

"身无热而发黄，其来以渐，先小便黄，继则眼黄，继则周身皆黄，饮食减少，大便色白，恒多闭塞，乃脾土伤湿（不必有热）而累及胆与小肠也。"

2. 外感黄疸

"约皆身有大热。乃寒温之热，传入阳明之府，其热旁铄，累及胆脾，或脾中素有积湿，热入于脾与湿合，其湿热蕴而生黄，外透肌肤而成疸；或胆中所寄之相火素炽，热入于胆与火并，其胆管因热肿闭，胆汁旁溢混于血中，亦外现成疸。"

3. 外感内伏酿成内伤而发黄疸

"黄疸之证又有先受外感未即病，迨酿成内伤而后发现者。……其人身无大热，心中满闷，时或觉热，见饮食则恶心，强食之恒作呕吐，或食后不能下行，剧者至成结证，又间有腹中觉凉，食后饮食不能消化者。……其脉左似有热，右多郁象，盖其肝胆热而脾胃凉也。"张锡纯认为此类"当于《伤寒论》《金匮》所载之黄疸以外另为一种矣。"

（二）症因治方　兼重胆脾

1. 从症状看

内伤者"身无热"，外感者"约皆身有大热"，外感内伏酿成内伤者"身无大热，时或觉热"，三者热象有别；内伤"饮食减少"，外感"发热作渴，不思饮食"，外感内伏者"见饮食则恶心，强食之恒作呕吐，或食后不能下行，剧者至成结证，又间有腹中觉凉，食后饮食不能消化者"，三者皆食欲减退。

2. 从因机看

内伤者"不必有热"，因"脾土受湿，升降不能自如以敷布其气化，而肝胆之气化遂因之湮瘀（黄坤载谓肝胆之升降由于脾胃确有至理），胆囊所藏之汁亦因之湮瘀而蓄极妄行，不注于小肠以化食，转溢于血中而周身发黄"，简言之为脾土受湿，肝胆因困。

外感者为寒温之热入胃经，"或脾中素有积湿，热入于脾与湿合，其湿热蕴而生黄，外透肌肤而成疸；或胆中所寄之相火素炽，热入于胆与火并，其胆管因热肿闭，胆汁旁溢混于血中，亦外现成疸。"

而外感内伏者乃湿伤脏腑，"为木因湿郁而生热，则胆囊之口肿胀，不能输其汁于小肠以化食，转溢于血分，色透肌表而发黄。为土因湿郁而生寒，故脾胃火衰，不能熟腐水谷，运转下行，是以恒作胀满，或成结证。"入肝胆而郁热致发黄，入脾胃生寒而运化失常。

无论外感内伤，究其根本，都是从脾胃、肝胆同论黄疸之病机，内伤主因湿，外感主因热。

3. 从治法看

病由"勤苦寒凉过度，以致伤其脾胃，是以饮食减少完谷不化；伤其肝胆，是以胆汁凝结于胆管之中，不能输肠以化食，转由胆囊渗出，随血流行于周身而发黄"，乃是"脾胃肝胆两伤之病也"，"宜用《金匮》硝石矾石散以化其胆管之凝结，而以健脾胃补肝胆之药煎汤送服"。

病由"脾中蕴有湿热，不能助胃消食，转输其湿热于胃，以致胃气上逆（是以呕吐），胆火亦因之上逆（黄坤载谓，非胃气下降，则胆火不降），致胆管肿胀不能输其汁于小肠以化食"者，"宜降胃气，除脾湿，兼清肝胆之热则黄疸自愈"。

总的来看，张锡纯认为脾胃主饮食减少运化失常等症状，而肝胆尤其是胆主发黄相关之症状，所以治法为从脾胃治运化失常，清肝胆之热以退黄。

4. 从方药看

张锡纯以硝石矾石方为治内伤黄疸之总方，硝石"善治内伤黄疸，消胆中结石、膀胱中结石（即石淋）及钩虫病（钩虫及胆石病，皆能令人成黄疸……）"，皂矾退热燥湿、酸收味敛，二者合用理脾中湿热、制胆汁妄行，"是以仲景治内伤黄疸之方，均是胆脾兼顾。"

而治外感黄疸多用仲景茵陈蒿汤、栀子柏皮汤和麻黄连翘赤小豆汤，且以为"统观仲景治内伤、外感黄疸之方，皆以茵陈蒿为首方。诚以茵陈蒿性凉色青，能入肝胆，既善泻肝胆之热，又善达肝胆之郁，为理肝胆最要之品，即为治黄疸最要之品"。

而外感内伏酿成内伤者拟方用茵陈、栀子、连翘各三钱泻肝胆之热，即以消胆囊之肿胀；厚朴、陈皮、生麦芽各二钱、生姜五钱开脾胃之郁，即以祛脾胃之寒。又一方用黄芪、当归、桂枝条畅肝阳，白术、陈皮、薏米健运脾胃。认为仲景"治谷疸之茵陈蒿汤，治酒疸之栀子黄柏汤，一主以茵陈，一主以栀子，非注重清肝胆之热，俾肝胆消其炎肿而胆汁得由正路以入于小肠乎？"从外感内伤和健脾利胆角度解析仲景经方，颇有见地。

5. 服药之法

此外，张锡纯以硝石矾石合麦面制丸，"其有实热者，可用茵陈、栀子煎汤送服；有食积者，可用生鸡内金、山楂煎汤送服；大便结者，可用大黄、麻仁煎汤送服；小便闭者，可用滑石、生杭芍煎汤送服；恶心呕吐者，可用赭石、青黛煎汤送服；左脉沉而无力者，可用生黄芪、生姜煎汤送服；右脉沉而无力者，可用白术、陈皮煎汤送服；其左右之脉沉迟而弦，且心中觉凉，色黄黯者，附子、干姜皆可加入汤药之中；脉浮有外感者，可先用甘草煎汤送服西药阿司匹林一瓦，出汗后再用甘草汤送服丸药。"服药之法，加减以顾兼症，甚妙！

张锡纯自述曾考查仲景《伤寒》《金匮》，发觉仲景论治黄疸虽唯责重脾，但从用药揣摩，"愚谓仲景治黄疸原胆脾并治者，固非无稽之谈也。"张锡纯在黄疸证治中主要还是倡导其"外感内伤，胆脾同治"之论，健脾清肝消外感，益胃利胆愈内伤。

张锡纯在仲景学说基础上，详细分析内伤、外感黄疸，对黄疸内伤外感的症、因、机、法、方、药及服法均有完整论述，证分内外，治兼胆脾，并试图融汇中西之理法，是对仲景学术的重要补充。

二、外感内伤　源流有自

明初刘纯《玉机微义》[3]（1396 年）精研仲景学说之后，将黄疸分成伤寒发黄和内伤发黄两类，在仲景六经辨证、五疸辨病治疗黄疸的基础上草创了黄疸外感内伤之论。之后，明末清初喻昌著《医门法律》[4]（1658年）确立了黄疸外感内伤学说，在《医门法律·卷六·黄瘅门》中，完全用外感内伤来分析并归类仲景五疸，外感主要为湿热，而谷瘅、酒瘅、女劳瘅则病自内伤，并且确立了黄疸律条："黄瘅病，得之外感者，误用补法，是谓实实，医之罪也。黄瘅病，得之内伤者，误用攻法，是谓虚虚，医之罪也。"

喻嘉言所论引起了清代医家的相当重视，杨时泰《本草述钩元》[5]、汪蕴谷《杂症会心录》、陈士铎《石室秘录》[6]、何梦瑶《医碥》等都继续阐发了黄疸外感内伤论。

但终清一代，黄疸外感内伤学说未能规范：各医家分类皆不相同，甚至彼此矛盾，又多受宋以来阴阳黄论或仲景五疸说之局限，因机症诊、理法方药体系未得完备，偏重湿热、虚实之论而未有突破。

而观张锡纯《医学衷中参西录》，其"论黄疸有内伤外感及内伤外感之兼证并详治法"[2]一篇，为黄疸外感内伤学说的破茧之作！其中因机理法论述清晰，分外感内伤遣方用药，并记录了张氏本人的六个完整医案，这六个完整医案的价值亦不低于其黄疸外感内伤医论本身。应该说，从规范性和完整性角度来看，黄疸外感内伤论至张锡纯而真正成熟。

参《中医杂志》（1926年）如下之论："考外感所以成黄者，多由表邪失汗，过郁肌腠，邪气盦蒸而发也；内伤之所以发黄者，多由饥饱性欲，脾胃失和，水精游浊而发也。盖肌腠者，卫气往来之所也。邪郁肌腠，卫气不通，久则卫之悍者郁而为热，一如酒曲之蒸盦，故成外感之发黄也。脾肾者，水精输布之主也。脾肾受伤，水精不调，久则水之清者悉化为浊，一如秽浊之沟渠，故成内伤之黄瘅也。两者之病虽皆皮色变黄，究其成病之理，实相悬殊，苟不详细辨明，分别施治，其害岂堪道哉！"[7]

现代黄疸中医证治虽以阴阳黄理论为主，但仍有医家将外感内伤理论的部分内容融入其中。如邓铁涛先生认为："黄疸的发生，主要和湿有关。湿邪可以从外而感，也可以由内而生。因湿邪困阻脾胃，使脾胃运化失常，影响肝胆疏泄，胆汁不能按常道流行，外溢肌肤，下注膀胱，从而出现目黄、身黄、尿黄的黄疸证……①外感湿热疫毒，内蕴于脾胃，交蒸于肝胆，以致肝胆失于疏泄，胆汁外溢于肌肤，发为本病。②饮食不节，饥饱失常。或饮食不洁，或酒食过度，或劳倦太过等，皆能损伤脾胃，脾失健运则湿从内生，停聚不化使肝胆疏泄失常，而发为本病。"从外感内伤和胆脾并病角度论述黄疸病因病机。并可参徐仲才、胡希恕、周仲瑛等著名医家之论述[8]。又如张发荣先生主编《中医内科学》[9]称黄疸的病因有外感和内伤两个方面，外感多为疫毒、湿热所致，内伤常与酒食、劳倦、积聚演变等有关。

此外，张锡纯特别重视黄与血之关系，如其引王和安所论："黄为油热色，油中含液而包脉孕血，液虚血燥则热甚为阳黄，身黄发热之栀子柏皮证也。油湿血热相等而交蒸，为小便不利，身黄如橘之茵陈蒿证也。油寒膜湿，郁血为热，则寒湿甚而为阴黄，即茵陈五苓证也。"乃是从血论黄，兼传承了自北宋韩祗和《伤寒微旨论》以来倡导的湿热为阳黄、寒湿为阴黄之论。又如称硝石"性寒，能解脏腑之实热，味咸入血分，又善解血分之热。且其性善消，遇火即燃，又多含养气。人身之血，得养气则赤。又借硝石之消力，以消融血中之渣滓，则血之因胆汁而色变者，不难复于正矣。"

张锡纯完善了黄疸外感内伤证治理法，并在中医历史上最早突出了肝胆在黄疸证治中的中心地位。他这两项阐发以及对黄疸与血关系的特别关注，对现代中医黄疸理法证治体系的发展产生了极大影响。更多的现代医家尝试以外感内伤作为黄疸病因病机的分类主体，以肝胆和血为中心重新构建黄疸理论，这种理论创新的工作直到今天仍在继续着。

参考文献

[1] 郑瀛洲. 张锡纯学术思想研究. 北京：中医古籍出版社，1989：2.

[2] 张锡纯. 医学衷中参西录. 石家庄：河北人民出版社，1957，第三册：188，第二册：208-212.

[3] 刘纯. 明清名医全书大成：刘纯医学全书. 北京：中国中医药出版社，1999：408.

[4] 喻嘉言. 医门法律. 上海：上海科技卫生出版社，1959：251-269.

[5] 杨时泰. 本草述钩元. 上海：上海科技卫生出版社，1958：215.

［6］陈士铎．明清临证小丛书：石室秘录．北京：中国中医药出版社，1991：324.

［7］王乐匋．续医述．合肥：安徽科学技术出版社，1993：433.

［8］单书健．古今名医临证金鉴·黄疸胁痛臌胀卷（上）．北京：中国中医药出版社，1999：157，164，202，212.

［9］张发荣．中医内科学．北京：中国中医药出版社，1995：157.

第三部
传统工艺

澄泥砚工艺 *

澄泥砚与我国著名的端砚、歙砚、洮砚并称为"四大名砚"。端、歙、洮均以天然石料雕琢而成。独澄泥砚以泥为之，非陶非石，又类陶类石，光溢似漆，扣之铿然有声，触手生晕，坚润益墨，唐人评砚以为第一。本文试图通过文献并辅以实验，对澄泥砚工艺的渊源及沿革作一初步探讨。

一、渊　　　源

澄泥砚的创制，与陶、砖、瓦砚有着密切的联系。

陶砚的制作历史悠久。汉代已有十二峰陶砚和直颈单龟陶砚等。自汉以降，直至唐代，陶砚都占有一席之地。但陶砚品质不佳。后世所见，有的质地松软，也无使用痕迹，估计为殉葬用品；有的虽有使用痕迹，但质地不够致密，硬度较低，吸水率较大，难称佳品。

砖、瓦砚是利用某些秦汉砖瓦开了砚堂雕琢而成的。由于这些砖瓦在制作过程中采用了特殊的澄泥工艺，故砚品在陶砚之上。程先贞《海右陈人集》中载："秦阿房宫硬碱砖，蜜蜡色，肌理莹滑如玉，厚三寸，方可盈尺，

＊　本文作者为方晓阳，原题为《澄泥砚工艺小考》，原载《文物》，1991 年第 3 期，第 47～79 页。

最发墨，不知何时取以为砚。"[1]洪迈《容斋随笔》："赣雩都灌婴庙左有池，得瓦可为砚……沈墨如泼，其色沛然正黄。"[1]至于铜雀台瓦可为砚，则屡见于文献。苏易简《文房四谱》："魏铜雀台遗址，人多发其古瓦，琢之为砚，甚工，而贮水数日不燥。世传云，昔人制此台，其瓦俾陶人澄泥以绵绡滤过，加胡桃油，方埏埴之，故与众瓦有异焉。"[2]

可见陶砚虽然历史悠久，制作简便，但砚品不佳；而采用了澄泥工艺的秦汉砖瓦，取以制砚，砚品虽佳，但毕竟年代久远，砖瓦难得，可为砚材者更难寻觅。澄泥砚的创造援引了秦汉澄泥的工艺，改革了陶砚制作的成法，熔陶、砖瓦砚工艺于一炉。取自古法，又不拘泥古法，这就是澄泥砚工艺的渊源。

二、工艺沿革

澄泥砚创制于唐代。山西境内的绛州，河南境内的虢州，山东境内的青州，都以制作澄泥砚名噪一时。"最初以山西绛州烧造为佳"[3]；其后"虢州澄泥砚，唐人品砚以为第一"[1]；"青潍州石末砚皆瓦砚也，柳公权以为第一"[1]。

正如我国历史上的陶瓷名窑总是与当地及附近所产优良陶瓷原料有关一样，澄泥砚的著名产地绛州、虢州、青州都处在毕北沉积黏土矿床区，有取得优质澄泥原料之便。适当的原料在实际经验中选定之后，淘洗方法也应运而生。上面说到相传制铜雀台瓦时"澄泥以绵绡滤过"，这种用纺织物过滤泥沙的方法，即使在今天，在没有离心沉淀机和水力旋流器的情况下，仍然是有效的方法之一。在澄泥砚制造史上，绛州有独特的澄滤方法："绛人囊泥汾水中，逾年陶为砚，水不涸。"[2]"山西绛县人善制澄泥砚，缝绢袋于汾水中。逾年后，则泥已实囊矣。"[4]这种方法是将扎紧袋口的空囊放入汾水中，借助水流将细微的黏土颗粒冲入囊中，充满后，取出制砚。

青州和与之相邻的潍州在澄泥砚原料上不拘古法，标新立异，将石头粉末掺入澄泥中，以提高砚的品质，故名曰"石末砚"。这种砚"善发墨，非石砚之比，然稍粗者损笔锋。石末本用潍水石，前世已记之。故唐人惟称潍州。今二州所作者皆佳，而青州尤擅名于世矣"[1]。潍水石究竟是何种石料，文献中未作说明，估计为长石类的助熔剂或页岩类的骨料。暂不论这种潍水石末究竟是何物质，起何作用，这种掺入石末的做法必然是在对黏土的性质有相当认识的基础上采用的。由于石末的加入，黏土的烧结温度将发生变化，坯体在烧成过程中发生的一系列物理化学变化，如膨胀、收缩、气体的产生、液相的出现等，也将随之发生波动。因此可以说，唐代对澄泥砚在高温焙烧过程中的变化规律已有较深刻的认识，对不同配料与温度的关系已能从容掌握，这在当时是难能可贵的。这一做法改变了澄泥砚原料的单一化，为后世在澄泥中加入其他物质奠定了基础。

唐代澄泥砚的雕刻技术，主要来自陶砚，即在坯泥上进行雕刻，这与烧成后再开砚堂的砖瓦砚不同。澄泥砚的形制多为晋唐时期流行的箕形砚、仿汉代的陶龟砚和仿汉砖的石渠砚，创新的不多，比起雕琢精细匠心独具的端、歙砚等石砚未免稍次。1983年9月在洛阳隋唐故都遗址，出土一件唐代早期龟形澄泥砚残片，"龟腹为砚池，前侧有一弯月状的小墨池，池中有墨痕。前方龟首高昂，双耳斜竖，瞪目闭口；砚池下有足，造型生动逼真。砚表里呈青灰色，质地细腻坚硬。"[5]这是唐代澄泥砚的一件可贵实例。

宋代是澄泥砚工艺渐趋完善的阶段。在总结前代工艺的基础上，形成了系统的工序。

"作澄泥砚法：以墐泥令入于水中，接之，贮于瓮器内。然后别以一瓮贮清水，以夹布囊盛其泥而摆之，俟其至细，去清水令其干。入黄丹，团和溲如面。作二模如造茶者，以物击之，令至坚。以竹刀刻作砚之状，大小随意。微阴干，然后以利刀刻削如法。曝过，间空垛于地，厚以稻糠并黄牛粪搅之，而烧一伏时。然后入墨蜡，贮米醋而蒸之五七度。含津益墨，亦足亚于石者。"[2]前后十余道工序，以下几道尤其值得注意。

（一）入黄丹

黄丹又名铅丹、红丹，为铅的一种氧化物（Pb_3O_4）。我国很早就对黄丹有所认识，在汉代初期，就用黄丹作助熔剂，创造了铅釉陶。如果说汉代铅釉陶是对我国陶瓷业的一大贡献，那么将黄丹掺入澄泥就是宋人对澄泥砚工艺的一大创新。所谓"相州魏武故都所筑铜雀台，其瓦初用铅丹杂胡桃油，捣治火之，取其不渗，雨过即干耳"[6]之说、见于宋以及宋以后的文献，很有可能是宋人将黄丹引入澄泥砚工艺之后，又类推及于铜雀瓦的制法。黄丹的应用，标志着宋代已能较熟练地掌握在澄泥中掺入添加剂来改变烧成物的某些物理特性，提高澄泥砚品质的工艺。现代实验表明，利用黄丹高温黏度比较小、流动性比较大、熔融范围比较宽、熔蚀性比较强的特点，按一定比例加入澄泥中，通过高温焙烧，的确可以降低烧成温度，同时提高澄泥砚的致密度和机械强度。

（二）平地堆烧

将曝过的澄泥砚干坯，间空成垛，将大量稻糠和黄牛粪搅拌进行烧制。这种烧法，粗看不过是极原始的平地堆烧，与宋代各种瓷窑体系的陶瓷业相比，似乎过于落后。然而若将这种烧制方法与"入黄丹"相联系，则其合理性又显而易见。黄丹通常在 600℃ 时很快分解为氧化铅（PbO），分解后的氧化铅熔点为 888℃，一般以黄丹为助溶剂的铅釉在 700℃ 左右开始熔融，温度太高则发生过烧。平地堆烧用稻糠和黄牛粪作燃料，既可降低升温速率，又可保持烧成温度适中，以免温度过高使掺有黄丹的砚坯发生熔融现象。因此，这应该是化腐朽为神奇的、富有独创精神的烧成工艺。不过这种烧制方法受气候影响，较难加以控制，所以可能只是烧制方法的一种，甚至是澄泥砚制作者故弄玄虚的做法。

（三）"入墨蜡，贮米醋而蒸之五七度"

这应是烧成后的处理，可称为"后处理"。这种方法最早记载于宋代文献，可视为宋人对澄泥砚工艺的又一贡献，烧成后的澄泥砚，往往由于多种原因而仍有一定吸水率。如"青州砚，陶泥所成，质细而腻，故墨不作沸，但燥渗不能停墨，亦非佳品"[7]。宋代对烧成后的澄泥砚进行后处理，正是为了克服澄泥砚的这一微瑕。利用蜡与水的不亲和性，使蜡渗入砚表的显气孔，再加以蒸制，使蜡在高温下融化，均匀地分布于砚表。加入米醋的作用，估计一是利用醋酸（CH_3COOH）的易挥发性和两性基团的活化性质，有利于蜡质渗入砚内；其二是提高水温，有益于蜡的融化。笔者曾将一块吸水率为20%的陶片，加蜡后放在米醋液中蒸一次，陶片的吸水率几乎降到零。若"蒸之五七度"，其结果可想而知。也有的制作者不加蜡，而是将澄泥砚浸以其他种类的疏水物质来达到同样目的，如"泽州有吕道人陶砚，……以沥青火油……渗入三分许"[8]。澄泥砚经过这种后处理，可以呵之即湿，"触辄生晕"[1]了。

此外，还将色坯与绞泥工艺运用于澄泥砚的制作。米芾《砚史》云："相州土人自制陶砚，在铜雀台上，以熟组二重淘泥澄之，取极细者燔为砚。有色绿如春波者，或以黑白填为水纹，其理细滑，著墨不费笔，但微渗。"[8]自然界很少有烧成后呈绿色的黏土，除非将一些高温呈色剂加入澄泥中，通过高温焙烧和一定的窑内气氛控制，使用氧化焰或者还原焰，才能得到这种独特的效果。因此这应是在泥料中加入着色剂的色坯工艺在澄泥砚中的运用。"以黑白填为水纹"，即人工使砚面呈黑白相间、行云流水般的纹理变化，来取得独特的艺术效果。这是绞泥工艺的产物。绞泥工艺在唐代的瓷器制造中已经得到运用，但熟练地应用到澄泥砚工艺中却并非易事。澄泥砚与瓷器的原料不同，不同色泥的热膨胀系数也不相同，需要对不同色泥的特性充分掌握后，才能运用自如，照搬瓷器的配料和烧制工艺是很难获得成功的。所以色坯及绞泥的引入和消化，是宋人对澄泥砚工艺的又一贡献，是明代创制出五彩缤纷的澄泥砚的准备。

明代是澄泥砚工艺的完美时期。色坯和绞泥工艺不断创新，雕刻也精益求精。其结果是澄泥砚逐步脱离实用，走入艺术品的行列。

在色坯工艺上，明代创出了朱砂澄泥。泥赤如朱，鲜艳夺目，为前代所未见。清《砚小史》载："澄泥之最上者为鳝鱼黄，其次为绿豆砂，又次为玫瑰紫……然不若朱砂澄泥之尤妙。"[9]天津市艺术博物馆所藏的明代朱砂澄泥荷鱼砚，可称明代澄泥砚工艺水平的代表。此砚以鱼形为砚，以荷托鱼，荷鱼相衬，妙不可言。鱼色红而荷色黑，红黑相映，趣味盎然；红黑交接之处，墨点斑斑，更显出工艺已臻完美境界。但此砚无使用痕迹，表明已由文具变成单纯的玩赏物。至此澄泥砚工艺已达到了巅峰。其后的清代，澄泥砚不再见到任何创新了。

参考文献

[1] 马丕绪.砚林脞录（卷3）.民国25年马氏心太平斋排印本.

[2] 苏易简.文房四谱.《四库全书》（影印本）第843册,上海：上海古籍出版社,1987.

[3] 蔡鸿茹.古砚浅谈.文物,1979,（9）.

[4] 唐秉钧.文房四考（卷3）,清乾隆四十年刊本.

[5] 李德方.隋唐东都城遗址出土一件龟形澄泥残砚.文物,1984,（8）.

[6] 何薳.春渚纪闻（卷9）.《四库全书》（影印本）第863册,上海：上海古籍出版社,1987.

[7] 李日华.六研斋二笔（卷2）.《四库全书》（影印本）第857册,上海：上海古籍出版社,1987.

[8] 米芾.砚史.《四库全书》（影印本）第843册,上海：上海古籍出版社,1987.

[9] 蔡鸿茹.澄泥砚.文物,1982,（9）.

砚台形制的最初演变*

砚，文房四宝之一，是中国非常重要的传统文房器具。在砚的演变历史中，其名称和形制均有所变化，名称从"研"到"砚"的过程亦映射着其最初形制的演变。

在《辞海》中，对"砚"和"研"的释义有所不同。砚（硯）：砚台，磨墨器。研：①细磨；②通"砚"。虽然现在已经很少有人再将"砚"用做"研"，但这一释义也已反映出"砚"与"研"曾经通用。东汉刘熙《释名》："砚，研也。研墨使和濡也[1]。"北宋马永卿《懒真子》："文房四物，见于传记者，若纸笔墨皆有据，至于砚即不见之……盖古无砚字，古人诸事简易，凡研墨不必砚，但可研处只为之而[2]。"可见含义为"细磨"的"研"字，正是表现出了砚诞生的最初形态。

一、从研磨器到"研"

《说文》中曰："研，五坚切。礦也。从石，开声。"这里的"礦"正是"磨"字的字源，在《说文》中与"硙"同义且互为解释。唐孙愐《唐韵》

———————————
* 本文作者为沈晓筱、张居中、方晓阳，原题为《从"研"到"砚"——论砚台形制的最初演变》，原载《东南文化》，2011 年第 3 期，第 65～68 页。

中对"硙"的解释为"磨也"。南宋戴侗《六书故·地理二》中"硙"的释义为"硙，合两石，琢其中为齿，相切以磨物，曰硙"。其中"两石"、"磨物"两个关键词一语道破了"研"的最初形制，是需要两块石头相磨，这也是由原始研磨器过渡而来的"研"的形制。

"1972～1979年陕西临潼姜寨遗址二期就曾出土一套石研、研磨棒、陶水杯及颜料的组合（图1），为一套完整的绘画工具，年代距今约五千余年。该石研平面略呈方形，一角残，研面及底平整光滑，器表中部略偏处有直径7.1厘米，深2厘米的规整的圆形臼窝，窝内壁及砚面上有许多红颜料痕迹[3]。"从这里可以看出，作为颜料研磨器的石研和研磨棒均非常粗糙，很可能人们是使用研磨棒按压住天然颜料在石研内研磨，再加入水便于书写、绘画，总体来说其形制基本和新石器时期粮食研磨器一致，可以明显看出用于书写用途的石研前身便是运用于日常生活的研磨器。

图1　陕西临潼姜寨二期遗址出土绘画工具组合
资料来源：蔡鸿茹、胡中泰，《中国名砚鉴赏》

"1975年12月，湖北云梦睡虎地四号墓出土有战国至秦代时期石研、研石和呈圆柱状的墨块，研面和研石都有使用过的墨痕迹，人们普遍认为这是最早的书写砚与人造墨[4]。"不过，此时的"石研"如果被称为砚还是不确切的，因为这一时期无论是天然墨还是人造墨块都需要使用研石将其在石研中研磨成粉，再加水调和使用，在最早的文献记载中也都是根据其形制和使用方式而称其为"研"。目前可见的东汉以前的文献中，并没有发现"砚"字的使用。

二、从"研"到"砚"

在考古资料中，石研和研石的组合形式在汉墓的发掘中也屡见不鲜，如

"2003年陕西咸阳市202所西汉墓M5出土石研、研石组合：质地为灰色页岩，砚（研）板为圆形，砚（研）石为圆柱状，下端较上端略粗。砚（研）石顶、侧面用朱砂绘成菱形纹。板直径11.5cm，厚0.6cm，砚（研）石直径2.2~2.7cm，高2cm；M3中出土黛砚一件。"[5]"山东临沂金雀山西汉墓也曾出土长方形漆盒石砚（研），木胎盒，里外髹漆彩绘，内镶石板，石板上方有方形研石，同时出土还有毛笔、木牍等。"[6]（图2）"2001年河南省巩义市新华小区东汉墓出土石板砚（M1：59），研磨石（M1：58）和形状上窄下宽的墨球（M1：63）（图3），该石板砚呈长方形，青黄色页岩，板材两面切割而成，正面黑色，中间有长期濡笔留下的墨痕，长13.6cm、宽6.7cm、厚0.8cm，研磨石方形，青黄色页岩，单面切割制成，正面黑色，有墨的残迹，边长3.2cm，厚0.4cm。"[7]"2000年重庆巫山水田湾东周、两汉墓出土石黛板和砚（研）石2件（ⅠM5：12、13）。灰色石质，长方形，板上残留朱砂印迹，砚（研）石正方形，侧视呈梯形。长11.3cm、宽6.1cm、厚0.7cm，砚石长2.9cm、厚0.7cm。"[8]"在2000年对巴东县西瀼口古墓葬的东汉墓发掘中，出土石黛砚残片。"[9]"1992年山西广灵北关汉墓出土东汉晚期石砚（研）和研石5件，青石质，研板成长方形，研石上圆下方，便于研磨。"[10]上述材料中的砚（研）板及石黛板正是指石研，而研磨石则为研石，黛砚与石板砚也是现代对石研与研石组合的一种称呼命名。这类石研多呈板状，研石多置于其上所斫方形小池中，也有的将石研与研石同置于木质盒中，盒中斫大小两池，分置石研与研石，其功能除了研磨书写用的墨块或颜料外，有时亦用来研磨黛粉用于妇女美容，黛砚便是由此而得名。总体来说，这一时期的石研与研石组合已经开始摆脱原始研磨器的形态，形制逐渐规则，出现了精致的木盒甚至彩绘漆盒，但其使用还是需要两石研磨，形制并没有发生本质改变，因此这一时期的命名，依然用"研"更为合适。

关于独立命名器物的"砚"字产生于何时，无论是在考古材料还是在文献材料中，都没有具体的年代记载。目前最早出现"砚"字的文献，应为东汉许慎的《说文》与刘熙的《释名》，根据许慎生卒年代判断，《说文》应略早于《释名》，但两者均同属于东汉时期，所属时期应相差不远。《说文》曰："砚，五甸切。石滑也。从石，见声。"比较其与"研"字，二者虽都是

图 2　山东临沂金雀山西汉墓出土长方形漆盒石砚（研）

资料来源：蔡鸿茹、胡中泰，《中国名砚鉴赏》

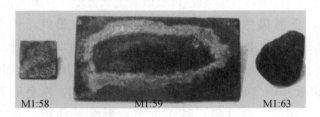

M1:58　　　　　　M1:59　　　　　　M1:63

图 3　河南巩义新华小区东汉墓出土石板砚、研磨石及墨块组合

半体取形、半体取声的形声字，且形符均为"石"，但二者音义却均不同。在清人段玉裁对《说文》所作注中对砚所做的解释为"谓石性滑利也……石滑不涩，今人研墨者曰砚"。可见这里对"砚"字与"研"字释义最大的不同是开始对石性有了要求。用研石石研相磨，研磨颜料一般石材皆可为之，对石研本身的石性并没有很高的要求。而此处砚则不同，唯有墨与石材直接相磨，才需要考虑到石材性质，这与后世衡量砚台好坏标准的基本原则——"是否发墨"异曲同工。而墨与石材直接相磨，同时也意味着研石的消失，这是从"研"到"砚"在形制上的重大转变。

宋代高似孙在《砚笺》中曾引开元文字中一言"砚者墨之器"[11]。第一次确切地指出砚是一种由墨而生的器物。从某种程度上说，如果没有墨的出现，也就没有所谓砚，而从研到砚的形制转变，自然也和墨的形制转变有着直接联系。从考古发掘的证据中可以看出，人们最初使用的天然颜料几乎都是块状的不定型物，早期的人造墨则是瓜子形、螺形或丸形，这些形状的墨块，都不方便用手直接握住研磨，而是需要用研石压住在石研上研磨再调和使用。人造墨的形状直到东汉时期才有所改变，人们为了磨墨方便，将墨的坯料抟擤成馒首形和两头细、中间粗的形状，使其可以直接用手握住在石材上研磨。"1965 年河南省陕县刘家渠东汉墓中出土了五锭东汉残墨，其中有两锭保留部分形体，这两锭残墨呈圆柱形，系用手捏制成形，墨的一端或两端具有曾研磨使用的痕迹。"[12]这是目前我国发现最早的捏制成形可以直接与石材相研磨的墨锭。这也是人造墨形制转变的实物证据。

当然，墨的形制转变并不是凭空发生的，而是在特定历史时期造墨工艺技术逐渐成熟的产物。汉武帝"孝武初立，卓然罢黜百家，表章《六经》。兴太学、修郊祀、改正朔、定历数、协音律、作诗乐、建封、礼百神、绍周后，号令文章，焕焉可述"[13]。汉代的经学由此开始得到了极大的发扬，到了东汉时期，除了官方所设太学以外，民间义学、私学兴盛，如《后汉书》中所载："宽惠为政，劝课掾史弟子，悉令就学。其有通明经术者，显之右署，或贡之朝，由是义学大兴。"[14]至此书写已经成为社会文化发展的基本需求，书法"六书"也开始逐步出现并发展。在这样的历史文化背景之下，东汉时期造纸技术首先得到了极大的改进，真正意义上的纸张在东汉时期得到了普及。纸的普及彻底改变了东汉之前书写存在的"缣贵而简重"[15]的难题，但同时也对其他文房器具提出了新的要求，而墨自是首当其冲。

三国时期的书法家韦诞（字仲将）也是有记载的最早造墨名家，在南齐王僧虔《论书》中便有"仲将之墨，一点如漆"之说，北朝贾思勰在《齐民要术》中"合墨法"条中详细记载了韦诞的制墨方法，由此推断东汉末期制墨技术已经成熟，而其中胶的加入不仅使墨研成墨汁后短期内不易沉淀更便于在纸上书写，亦是使墨屑得以凝结成块并捏制成型的必要条件。自此制墨技术改进之后，胶也成为后世制墨之必须，宋代晁季一《墨经》中"凡墨，胶为大"便是此意。造墨技术的改进使得墨的形制发生变化，而墨的形制转变也导致研石渐渐失去作用，石研开始逐渐改变形制，墨石直接相研磨从而开始产生对石材性质的需求，真正现代意义上的砚台才由此产生。因此，"砚"字的出现很可能有为了单独命名"对石性有要求的研石"的原因，"砚"的出现也应在东汉时期。从"研"到"砚"的转变，也就开始于此。

三、"砚"的最初形制

从"研"到"砚"的转变，并不是在短时期内完成的，而是经过了较长时间的过渡，这一时期中，石研、研石与砚都有人使用，人们对其命名和称谓也没有完全改变。这无论在考古材料还是文献材料中均有所体现。

"2000 年湖北襄阳马集、李食店东汉墓出土一原始陶砚（马 M3：12），该砚褐红陶胎，圆形，平沿，口微敛，平底。器内施豆青釉，器外及底露胎。口径 10.4cm、底径 9.2cm、高 2.2cm。"[16] 该砚已脱离研石，不再是研磨器的形态，可为东汉时期砚的出现及其最初形制提供直接证据。而石研与研石的组合形制，则在东汉时期也仍然较为普及，这在之前所提考古材料中可明显看出。虽然可以判断最初由"研"字至"砚"字的演变始于东汉时期，并且东汉末年的《说文》与《释名》均对其做了注解，但在东汉时期，"研"字应仍较"砚"字更为普及，明显的证据就是在东汉的历史文献中，"砚"字依然没有出现。东汉班固所作《汉书·薛宣传》中有"下至财用笔研，皆为设方略，利用而省费"[17]，仍用"研"字。南朝范晔《后汉书·班超传》中云："大丈夫无它志略，犹当效傅介子、张骞立功异域，以取封侯，安能久事笔研间乎？"[18] 用的也是"研"。

直至魏晋时期，研之实物就已基本为砚所取代。此时的砚虽还没有砚池、砚堂之分，但已具备砚之初形。在对两晋墓葬的发掘中，曾出土大量砚台，质地多为陶或瓷，其中三足砚可以说是一种非常典型的砚形。"浙江诸暨牌头六朝墓出土一件青瓷三熊足砚（图 4），这一形制的实物曾在南京蛇山西晋墓中出土过。从器物造型看，它与杭州市半山杭州钢铁厂西晋太安二年墓出土的青瓷砚台也几乎完全一样，两者的区别只在于，杭州出土的砚台底部为三个力士足，而诸暨牌头六朝墓出土的砚台底部所置为三个熊足，但时代风格一样。"[19] 该砚砚堂露胎无釉，方便磨墨，是后世瓷砚共同的特点。"1993 年 8 月至 11 月甘肃酒泉西沟村魏晋墓出土一件早期石砚（M7：25）与墨块（M7：24），砚由长方形石片制成，一侧边缘修成斜面，砚面有墨痕。长 13.5cm、宽 6.5cm、厚 0.7cm，墨块呈长方形，黑腻如漆，表面滑润，手感轻而坚致。长 4.2cm、宽 2.9cm、厚 1.7cm。"[20] 此时墨块已方便直接在砚面上研磨，不需研石，该石砚虽然简单粗陋，但从其形制上已可见后世石砚之雏形。此时期的文献中也开始逐渐出现了"砚"字的使用，如陆云《与兄平原书》中便有"笔亦如吴笔，砚亦而"[21]。然而在史籍之中第一次出现"砚"是在唐代房玄龄、褚遂良、令狐德棻所撰《晋书》中，《晋书·陆机传》有"君苗见兄文，辄欲烧其笔砚"[22]，《晋书·隐逸传·范粲传附子乔传》有"因以所用砚与之"[23]。故"砚"字为人广泛接受与使用，应为隋唐之时。而此时之砚虽然一直保持了脱离研石的形制，但无论在材质还是雕刻工艺上都有了较多变化，砚的制作除了对材质有更高要求之外，也开始使其具备观赏性与艺术性。

图 4　浙江诸暨牌头六朝墓出土的青瓷三熊足砚

资料来源：《浙江诸暨牌头六朝墓的发掘》

四、结　束　语

人们对"砚"字的使用经历了"研"—"研砚并用"—"砚"的过程，这一过程并不仅仅只是砚名称的改变，其中也对应了砚台本身形制和使用方式的最初演变过程，同时也体现了砚的形制演变与墨的形制发展之间密切的联系。对这一演变过程的追溯，可以为中国古代砚、墨形制发展史研究提供较为系统的认识。

参 考 文 献

[1] 刘熙．释名（卷六，四库全书·经部·小学类·训诂之属）．上海：上海古籍出版社，1987.

[2] 马永卿．懒真子（卷五，四库全书·子部·杂家类·杂说之属）．上海：上海古籍出版社，1987.

[3] 蔡鸿茹，胡中泰．中国名砚鉴赏．济南：山东教育出版社，1992：2，4.

[4] 湖北孝感地区第二期亦工亦农文物考古训练班．湖北云梦睡虎地十一座秦墓发

掘简报．文物，1976，(9).

　[5] 咸阳市文物考古研究所．陕西咸阳 202 所西汉墓葬发掘简报．考古与文物，2006，(1).

　[6] 郑州市文物考古研究所，巩义市文物保护管理所．河南巩义市新华小区汉墓发掘简报．华夏考古，2001，(4).

　[7] 武汉市文物考古研究所，巫山县文物管理所．重庆巫山水田湾东周、两汉墓发掘简报．文物，2005，(9).

　[8] 广西壮族自治区文物工作队．巴东县西瀼口古墓葬 2000 年发掘简报．江汉考古，2002，(1).

　[9] 大同市考古研究所．山西广灵北关汉墓发掘简报．文物，2001，(7).

　[10] 高似孙．砚笺．明万历四十二年潘膺祉如韦馆刻本．

　[11] 李兴才，等．中华印刷通史．财团法人印刷传播兴才文教基金会，1998：42.

　[12] 班固．汉书 (卷六，武帝纪帝纪第六).

　[13] 范晔．后汉书 (卷七十九下，儒林传下).

　[14] 范晔．后汉书 (卷七十八，宦者传·蔡伦传).

　[15] 湖北省文物考古研究所，襄樊市襄阳区文物管理处．湖北襄阳马集、李食店墓葬发掘简报．江汉考古，2006，(3).

　[16] 班固．汉书 (卷八三，薛宣传).

　[17] 范晔．后汉书 (卷四七，班超传).

　[18] 浙江省文物考古研究所，诸暨市博物馆．浙江诸暨牌头六朝墓的发掘．东南文化，2006，(3).

　[19] 甘肃省文物考古研究所．甘肃酒泉西沟村魏晋墓发掘报告．文物，1996，(7).

　[20] 陆云．陆士龙集，四库全书·集部·别集类·汉至五代．上海：上海古籍出版社，1987.

　[21] 房玄龄，褚遂良，令狐德棻．晋书 (卷五四，陆机传).

　[22] 房玄龄，褚遂良，令狐德棻．晋书 (卷九四，隐逸传·范粲传附子乔传).

略论中国墨文化的建构历程和文化表征[*]

　　人工制墨是我国古代一项重要的技术发明，从商周时代开始萌芽，一直延续至今，对人类社会生产生活产生了深远影响。制墨工艺在发展过程中融合了绘画、书法、雕刻等艺术元素，使墨从制造到鉴赏，从使用到收藏，从工艺发展到诗赋描述等方面与中国社会文化紧密相连，并因其固有的文化符号和文化表征，逐步形成了体系完整的中国墨文化，成为中国传统文化中重要的一支。然而，中国墨文化体系形成于何时、特征和表现是什么、对制墨工艺的发展有何影响，尚没有研究者进行深入讨论[①]。

一、墨文化的形成要素

　　"文化"大体上可以分为广义和狭义两种。广义的文化，又称为"大文

---

　　*　本文作者为王伟、方晓阳、胡凤，原载《江淮论坛》，2010 年第 3 期，第 181～184 页。
　　①　目前关于墨文化的研究，大致可以分为三类：第一类是以制墨工艺发展史为主要研究内容，把墨的出现、种类及后来的收藏、鉴赏都视为墨文化，属于广义文化的范畴；第二类是着眼于广义墨文化体系中的某一具体文化现象，如从古玩鉴定的角度对某一时期、某一墨工的墨进行鉴赏、分析；第三类则与艺术表现形式的关系较为密切，着眼于墨在我国传统书画表现中所起的作用等。相较于第一种研究类型而言，本文所讨论的内容属于狭义的文化范畴，把墨文化定义为在墨同时具备了文化属性和文化氛围这两大元素之后所形成的体系，是一种基于制墨工艺发展而发展起来的，但又有别于制墨工艺体系的文化体系。相较于后两类研究类型，则本文虽讨论的是狭义性质的墨文化，但其涵盖范围又显然广于这两类研究的范围。或者说，这是基于研究视角不同的两种墨文化，前者立足于对某一具体的文化现象进行讨论，而本文则更多的是着眼于整个墨文化体系的建构过程。

化"，是人类在社会历史发展过程中所创造的物质财富和精神财富的总和，即梁漱溟所言："文化，就是吾人生活所依靠之一切。"狭义的文化则被称为"小文化"，是人类精神创造活动及其结果。英国人类学家爱德华·泰勒1871年在所著《原始文化》一书中，提出了狭义文化的早期经典概念，认为文化是包括知识、信仰、艺术、道德等元素的复杂整体。本文所讨论的墨文化专指狭义的墨文化，也就是我国古人在墨的发明、使用、流通过程中，逐步衍生的以墨为载体所表达的价值取向与精神内涵。

墨文化在文化分类上又属专题文化的一个种类。作为一项专题文化，墨文化的形成需要具备两个基本要素，一是墨本身是否具有文化属性，这是形成墨文化的前提条件；二是墨的制造、使用是否能形成一种文化氛围。人工制墨的实践是一种对自然有意识的改造行为，人工制墨的开始即表明墨的文化属性已经具备。具备了文化属性，并不意味着墨文化的形成，还有待于墨文化氛围的形成。文化氛围基于文化本质而产生，并依托文化本质继承和延续，这种体系既要具有文化素质的气氛和外部环境，又能与文化本质相互影响，并且涵盖的内容超过文化本质所包含的内容。

墨最初是作为一种文房用品出现的，它所包含的文化本质即具有使用价值，而墨文化的氛围则指突破使用的范畴，形成了后来的从精心制造到把玩鉴赏，从珍惜收藏到诗赋描述这一相当完备的文化体系。具体说来，在制墨工艺发展到一定的阶段后，开始逐步融入了实用价值以外的表现符号：一匣好墨，墨香宜人、形制独特，兼有书法、绘画、篆刻、雕刻、文学等表现形式，也就具有了精神和社会的功用。当此之时，其书写功能已属次要，收藏者更注重的已经是鉴赏、把玩所带来的精神享受了，这就是我们所说的墨文化。

二、前墨文化时期

同任何一种专题文化一样，墨文化体系也是经过了漫长的建构历程才最终确立的。前墨文化时期，指已经具备了墨文化的某些表象，但尚未最终形成完备的文化体系时期，时间跨度应该始于人工制墨，终于墨文化体系正式建立。

汉代以前，墨仅是作为一种耗材存在，主要是文人自制。这一时期，墨制作工艺的改进、形制的变化，都只是为了更适宜使用。例如，以人工烧制的松烟取代天然的石墨；使用胶作为黏接剂；墨的形制从最初的"枚""丸""螺"改进到"笏""挺"，更便于手持研磨。也因为此时的墨还仅是一种书写耗材，人工制墨在工艺自身发展以外的社会关注度方面并不高，没有一人是因为制墨而见诸文献，也未形成大致统一的制墨工艺标准等。

从汉代始，墨开始成为一种贡品，作为地方土产上贡给朝廷，供官方使用。在贡赋中，墨被列入土产，这就决定了这一时期的墨仍然是以使用功能为主要存在理由，和其他作为贡品的农产品并无区别。因此，虽然古人早在商周时期即已经开始人工制墨的实践，并在秦汉时形成了较为完备的松烟墨制作工艺，但由于没能突破使用这一本质，墨的文化氛围也就尚未形成。

因此，我们认为，从人工制墨开始出现直到汉代都属于前墨文化时期，其特征是在这一时期墨的主要存在理由是实用，实用之外的社会关注程度不高，因之而生发的文化现象还不明显。

三、墨文化体系形成的文化表征

经过了前墨文化时代的长期积累、酝酿，墨终于在唐宋时期突破了单一的使用范畴，具有了收藏、鉴赏价值，成为一种文化载体，这标志着墨文化氛围的形成，也标志着中国墨文化体系的正式建立，主要的文化表征有以下几个方面。

一是墨由"文人自制"的书写用品转化成商品。从唐代开始，政府开始设立专司制墨的机构，由此出现了有文献可考的中国制墨史上最早的制墨专业人员——祖敏。到了唐末，制墨史上最为著名的职业墨工李廷珪也被载入文献。自此，中国传统制墨工艺和墨工开始被社会广泛关注。到了宋代，社会对制墨业的关注力度继续增加，出现了大批专门从事制墨的墨工，墨也不再只是"文人自制"，开始成为一种商品，这既表示了制墨行业的高度社会化，也客观上进一步突出了墨的文化属性。

二是墨工在墨上留名，开始由"匠"而"艺"的转变。汉代以后，出现了墨模，人工制墨进入了模制时代，在墨上模印文字、图案已经成为可能，在从汉至唐的这段时间里，墨上先后出现了图案和文字①。但唐代早期，墨上的模印文字一般只是注明墨的质量特征或使用者名号，很少留下墨工的姓氏里贯。比如成书与北宋的《春渚纪闻》就记载了一笏唐高宗的没有题款的"永徽二年镇库墨"。较早在墨上留下姓名的是唐代墨工祖敏，但仅存姓名，并无其他信息。唐大历年间，李阳冰制墨，在墨上的题款也仅是"臣李阳冰"几个字。考虑到李阳冰的身份，这几个字可能还带有"监制"意。及至唐末，墨工李超（李廷珪之父）在自己所做的墨上留下了"歙州李超造"的题款，除了姓名，还加上了籍贯，信息已较前人丰富。李超的后人李廷珪、李承晏、李文用等延续了乃祖做法，并继续加以扩充，比如李承晏的儿子李文用制墨，就留有"歙州供进李承晏男文用墨"的题款，既交代了姓氏、籍贯，还交代了自己的工艺传承。墨上留名始于唐末，在宋代即成为一种传统。墨工有意识地在墨上留下题款，一方面是因为当时制墨业已经比较发达，墨工有了初步的品牌意识，另一方面也表明墨工已经有了通过制墨而为时人所知、后人所记的愿望。从文化发展的趋势看，有意识的留下题款表明人工制墨已经开始了由"匠"而"艺"的转变，因为当墨工在墨上留下名号时，和一个书画家在自己的作品上落下题款，其文化内涵是一致的。

三是开始更加注重墨的外表，形制不再拘泥于方便使用。秦汉时的墨多为随手捏制，东汉以后才有枚、丸之分，但这时的形制还是为了便于研磨。魏晋以后，墨模开始使用，墨的形制开始变化多端。唐代祖敏制墨，已经有了比较规整的圆形，这说明从工艺发展角度来看，墨工已经开始有意识地注重外表的美观了。到了宋代，这种现象更为普遍，几乎所有的墨工在制墨时都更加注重外形的精致，会为自己的作品起上一些文雅的名称，设计各种新颖的外形。《墨谱法式》一书的"式"篇即留下了李廷珪、柴珣、张遇等15位墨工的共30副墨图，有圆形、椭圆形、长方形等，且大多数饰以龙纹、莲花、如意图案，题款文字则篆、隶、行、楷均有。宋代还出现了后人所谓的"观赏墨"，更注重外形美观夺目，对实际品质的要求倒处于次要地位了。

---

① 现存宁夏博物馆的东汉松塔形墨，墨身的松塔形花纹细腻清晰，显然是使用墨模印制而成；1973年辽宁北票北燕冯素弗墓中出土的两枚墨，表面也有明显的模印横带纹和花瓣纹；在南京江宁南朝中晚期墓中出土的一块墨丸，表面也有清晰的模印莲瓣纹。到了唐代，墨模制作更加精细，模印图案更加清晰，模印文字开始出现。

四是文人在日常使用之余，开始有意识地对墨进行收藏、鉴赏。南唐宰相韩熙载收藏的好墨连亲朋好友都舍不得拿出来一见。宋代，这种赏墨、藏墨之风就更盛了，其中不乏当时的名士、达官贵人。司马光所收藏的墨多达几百斤；苏东坡藏有好墨七十多丸，仍然到处搜求。宋时文人千方百计搜集墨，显然不是为了使用，对于一些好墨，更是"不许人磨"[①]。《墨史》记载北宋王原叔"屡以万钱市一丸"，买来的墨则"持玩不厌"；《新安志》记载，北宋王景源以古墨一笏换了一方价值五万钱的端石砚。动辄以几万钱买一丸墨，而且时时把玩，显然已经突破了墨的使用范畴。

五是墨已经能引起文化联想，产生相应的文学作品。有关墨的文学作品，在前墨文化时代已经出现，但在唐宋时期显著增多，作者不乏达官贵人、文学大家。唐代李峤留下了"长安分石炭，上党结松心"的佳句，说明当时陕西一带墨业之发达；李白有"兰麝凝珍墨，精光乃堪掇"之句，极言松烟墨之光彩；苏东坡以"鱼鳔熟万杵，犀角盘双龙。墨成不敢用，进入蓬莱宫"描述时人工艺之巧、制墨之精。另一个比较重要的文化现象是在唐代开始出现了墨的别称，和后人以"楮"称纸、以"毛颖"呼笔一样，唐代开始以"黑松使者""松烟督护""玄香太守""松滋侯"等作为墨的代称。

这一时期整个行业的社会属性更加明显，制者开始注重与实用无关的外在美观，用者视为藏品，并能引起文化联想。这些都标志着，唐宋之交，墨已经突破了单纯的使用功能，墨文化的氛围已经形成，中国传统的墨文化体系也在唐宋时正式形成了。

四、墨文化的形成和制墨工艺的发展

文化的形成基于社会实践，也会影响社会实践。在制墨工艺发展的基础上形成的墨文化同样也会反过来影响制墨工艺的发展。墨文化形成以后，对制墨工艺发展的影响有以下几个方面的表现。

第一，墨文化的形成促进了适合制墨工艺发展的外部环境形成。当赏墨、藏墨成为一项雅事后，文人与墨工之间以墨会友、因墨相交也就十分自

---

① 见于宋代祝穆所撰《古今事文类聚》别集卷十四：石昌言蓄廷珪墨，不许人磨。

然了，人工制墨也因此由过去的成于匠人之手转化为文房雅事。从宋代开始，文人士大夫一族与墨工相交，乃至亲手制墨，一时蔚然成风，苏东坡就是其中比较著名的一例。《墨史》在记载宋代墨工时，还提到了神宗朝龙图阁学士扬州知府滕元发、真宗景德年间韶州知事王仲达、仁宗朝驸马都尉李公照、枢密使邵兴宗等，称他们"往往做墨"。不仅文人士大夫以制墨为雅事，就连宋徽宗都亲手制墨[①]。明清时期，文人与墨工的关系更为密切了。明代制墨四大家之一的程君房刻印《程氏墨谱》时，有一百多位当时著名的书法家、雕刻家为之作序、作文、绘图、刻模，这其中还包括了远渡重洋到中国传教的利玛窦。清代制墨四大家之一的曹素功，本是文人出身，已经融入当时的仕宦、名流。宋代以后的文人制墨，更多的是一种"雅事"，是为了获得某种精神上的享受，和早期的"文人自制"有本质差别。士大夫阶层对墨的这种偏好，客观上为制墨行业引来更多关注，营造了有利于制墨业发展的外部环境。

第二，墨文化的形成，有利于制墨工艺的传承、延续。从人工制墨开始到宋代的漫长年代里，没有一本与墨有关的专门著作，后人也无法知晓在这个漫长的年代中制墨工艺是如何一步步发展、变化和传承下来的。墨文化形成以后，制墨、记墨、论墨、评墨、墨谱等各类专著开始大量出现。这些著作的出现，不论是在推广、传承制墨工艺，还是供后人研究工艺发展，都有着十分重要的作用。

任何事物都有正反两面，墨文化的形成对制墨工艺的影响也是如此。墨文化的形成推动了制墨工艺的发展，也在一定程度上给墨的工艺进步带来了负面影响。墨文化形成以后，人们对墨的赏玩、收藏蔚然成风，这从客观上刺激了墨工更加注重墨的观赏性和艺术性，而把墨的质量放在了次要位置。这种注重外表之风在明代发展到了极致，明代制墨，力求外观精美，尺寸、规格、形制不以方便研磨为考量，而以出奇制胜为准则。圆形、碑形、八角形、圭形、走兽、人物等样式纷纷面世，墨上图案、文字的内容更是无所不包。明代程君房的《程氏墨苑》、方于鲁的《方氏墨谱》和方瑞生的《墨海》，这三大墨谱共收录各种墨模图案 1000 多种。以《方氏墨谱》为例，该

---

① 明代杨慎在《丹铅余录·续录》卷十二中有记：宋徽宗尝以苏合油搜烟为墨。

书分为国宝、国华、博古、博物、法宝、鸿宝六卷，内有图案 385 式，蔚为大观。清代胡开文的"新安大好山水"十六景和"御制铭园图"六十四景都是花费巨资做成的墨模精品。北京故宫博物院藏有各式墨模五万余件，大部分为明代万历至清末期间的作品。由此可见明清两朝的制墨业发展其实偏离了工艺发展的正常轨道。

五、结　　语

随着科技的进步和光电存储时代的到来，墨的使用范围越来越小，传承千年的中国制墨工艺遭遇发展瓶颈，传统制墨工艺入选"世界非物质文化遗产"保护名单，这本身就说明传统制墨工艺前景堪忧。在这个时候，对墨文化加以探讨和解读，可以让更多的人了解墨文化、喜爱墨文化，进而推动传统制墨工艺的保护、传承和进一步发展。

参 考 文 献

[1] 张秉伦，方晓阳，樊嘉禄．造纸与印刷．郑州：大象出版社，2005：1.

[2] 刘新科．中国文化概论．长春：东北师范大学出版社，2005：7.

[3] 冯贽．云仙杂记．《四库全书》文渊阁本．

[4] 苏易简．墨谱法式．《四库全书》文渊阁本．

[5] 李孝美．墨谱法式．《四库全书》文渊阁本．

[6] 何薳．春渚纪闻．北京：中华书局，1983.

[7] 陆友．墨史．《四库全书》文渊阁本．

[8] 方于鲁．方氏墨谱．济南：山东画报出版社，2004：2.

[9] 程君房．程氏墨苑．上海：上海科技教育出版社，1994：11.

[10] 方瑞生．墨海．上海：上海科技教育出版社，1994：11.

贾湖骨笛的精确复原研究[*]

　　贾湖骨笛是迄今为止我国历史上最早、形态完整、现今仍可演奏的吹管乐器，是9000～7500年前中国古代音乐文明最重要的实物载体之一。1999年，经中国科技大学科技考古研究室和外方专家通力合作，英国科学杂志《自然》以"贾湖新石器遗址发现最古老的可演奏乐器"[1]为题，介绍了贾湖骨笛的基本信息，引起世界各大媒体普遍注重，各大新闻机构纷纷做了转载或报道，在全世界引起了广泛关注，尤其是挂在英国科学杂志《自然》网站上的用骨笛演奏的中国民歌《小白菜》更是令人们耳目一新。

　　由于贾湖骨笛是用大型鸟类翅膀的尺骨制作而成，故骨管的长短、粗细、厚薄与内腔形状都会因鸟类个体的不同而有差异。在没有金属工具与音乐物理知识的9000～7500年前，贾湖先民是如何将这种内腔异形的骨管制作成音阶分明的乐器？这种音阶与后世的音律有何关系？这些值得深入研究的问题曾引起许多专家学者的极大兴趣。

　　1987年11月3日，黄翔鹏、童忠良、萧兴华、徐桃英、顾伯宝诸先生用Stroboconn闪光频谱测音仪对当时出土最完整的M282：20号骨笛进行了

　　* 本文作者为方晓阳、邵琦、夏季、王昌燧、潘伟斌、韩庆元，原载《中国音乐学》，2012年第2期，第100～105页。

音序测试[2]，并对 M341：2 号与 M341：1 号骨笛进行了比较研究[3]；1992年童忠良和武汉音乐学院蒋朗蟾、荣政、李幼平等率先以 M282：20、M282：21、M78：1 三支骨笛为复制对象经精密测量后仿制出五支七孔骨笛[4]。随后中国艺术研究院音乐研究所王子初先生以骨笛 M78：1 为复制对象，手绘图纸后用骨粉加胶混合模制而成若干根骨笛[5]。

1999 年阎福兴委托扬中市的常敦明用鹤骨制作了 2 支骨笛[6]，但与贾湖骨笛的开孔与吹奏模式都存在很大不同。2003 年 5 月中国科技大学考古系，徐飞、夏季、王昌燧在《中国原始音乐声学成就数理分析——贾湖骨笛研究》一文中介绍了使用塑料管仿制的骨笛进行模拟测音的情况[7]。

2005 年泉州师范艺术学院李寄萍采用当地火鸡腿骨对 M282：20，M511：4 两支骨笛进行仿制，并利用斜吹法和指法的实验展开对贾湖先民音律及音乐活动的分析与推测[8]。

2006 年中国艺术研究院研究生孙毅采用鹤尺骨，按照《舞阳贾湖》考古报告中所公布的尺寸，用手工和钻孔设备制作出 M282：20，M253：4 两支骨笛的复制品并进行了测音[9]。

此外，北京联合大学的陈其翔先生[10]、中国科学院声学所的陈通与中国科学院科学史所的戴念祖先生[11]、温州大学音乐学院的陈其射先生[12,13]、天津音乐学院的徐荣坤与郭树群先生[14,15]等也从多个角度对贾湖骨笛进行了研究。然而，鉴于贾湖骨笛珍贵的文物价值，为免再次受到自然和人为损坏，现存骨笛均被收藏入密室，不用说再次吹奏测音，就连见上一面都很困难，这无疑为贾湖骨笛的"律""调"研究带来了很大的困难。如何在不损伤贾湖骨笛实物的原则下继续进行贾湖骨笛的测音与"律""调"研究，也就成了音乐史界必须解决的关键性问题。

笔者非常赞同郑祖襄先生提出的"首先制定一个科学的骨笛修复方案，修复的方法也不一定对原件进行修复；为了保存原件，是否可以考虑运用先进的科技手段进行复制，然后用复制品来测音?"[16]的建议，利用医学影像学、计算机辅助逆向工程设计、mimics 三维重建、激光成型多种技术，制作出一种几何形状与物理尺寸均与贾湖骨笛实物几乎完全相同的复原品并进行了测音实验，草成此文，希冀学界不吝赐教。

一、复原实验

（一）复原对象选择

骨笛标本 M511：4（图 1）是 2001 年春对贾湖遗址进行了第七次发掘时发现的。"该骨笛最长 25.15 厘米，保存基本完整，通体棕色光滑，两端均有骨关节残存，似为照顾一定长度所留，出土时分为两节，并列放置于乱骨中，经缀合为一支，断碴在第三孔中间处，在第二、第三孔之间可见缠裹痕，在骨笛正面钻 7 个音孔，孔较圆，外径略大于内径，外径 0.4～0.5 厘米，内径0.3～0.4 厘米，每个音孔旁均有刻记，在孔最大径处，未见二次刻记，可见为一次刻记即施钻孔，在背面距吹口端 6.89 厘米处有一横刻痕，位于第一孔之上位置，可能也是设计刻记，孔列基本为一直线，但第一孔稍向右偏 1/3 孔位。"[17]

图 1　M511：4 骨笛实物

选择此骨笛的原因，其一是该骨笛出土时虽断为两截，但经清洗缀合，外观形态完整，骨笛内壁也无明显残留物，是现今河南省考古文物研究所保存骨笛中形体最为完整者之一。其二是该骨笛曾由对斜吹法有精深研究的刘正国先生进行试吹[18]，王昌燧、徐飞教授与夏季博士进行了录音与测音，数据公开发表在 2004 年 3 月第 1 期《音乐研究（季刊）》上[19]，其相关数据可与本精确复制骨笛的测音结果进行有效比对。

（二）CT 断层扫描

骨笛精确复原，数据采集是关键的第一步，只有获得精确的测量数据，才能进行三维重建。一般的接触式测量虽然精度较高，可以在测量时根据需要选择有效测量部位，做到有的放矢，避免采集大量冗余数据，但测量速度较慢且只能获得骨笛的外部尺寸，不能立体地全方位地反映骨笛内部髓腔的解剖信息，也不易进行三维重建。激光扫描虽然具有精度较高、测量速度较快、扫描数据易于进行三维重建的特点，但是由于骨笛内部髓腔为其扫描盲区，所以即使进行三维重建，也仍然不能获得反映骨笛内部髓腔的解剖信息。目前随着 CT 扫描精度的不断提高以及功能强大的计算机软件的开发，完全能满足三维重建所需的高精度、立体化、全方位的数据采集，使骨笛的精确复制成为可能。

本实验选用的是飞利浦公司出产的 64 照排的医学 CT。扫描条件：选择骨组织窗扫描，层厚为 0.625 毫米，扫描探头工作电压电流为 120 千伏/246 毫安，骨笛长轴与 CT 扫描线垂直，由骨笛吹口端至尾部进行横断面扫描。总共获取断层影像 823 张，在 CT 工作站中转为医学影像学标准格式 DICOM 格式存储。每张图片大小为 125 毫米×125 毫米，分辨率为 540×540，每个像素占体积 0.23 毫米×0.23 毫米×0.625 毫米。

（三）数据处理及三维重建

首先是将经过 CT 扫描的 DICOM 图像文件输入到 DELL 图形工作站里，对图像像素按灰度进行定限分离，排除游离误差，去除噪声干扰点，然后利用 Materiaise 公司出产的软件 Mimics10.01 进行三维重建。用此方法重建的骨笛立体图（图 2）理论误差为 0.1 毫米。

图 2　在 Mimics10.01 下重构的 M511：4 骨笛立体图

（四）固化成型

紫外激光快速成型是出现较早、技术最成熟和应用最广泛的快速成型技术。笔者选择该技术的原因主要是：其一该技术系统工作稳定，全过程自动运行。其二尺寸精度较高，可确保复制品的尺寸精度在 0.1 毫米以内。其三是表面质量较好，可保证工件表面光滑。其四是系统分辨率较高，能构建复杂结构的工件。本研究中笔者将三维重建后的骨笛用 STL 文件副本格式保存，输入到激光快速成型机上。在计算机的控制下，按照截面轮廓的要求，用紫外激光束照射树脂液槽中的液态光敏树脂，使被扫描区域的液态树脂固化，得到该截面轮廓的固化树脂薄片。然后，进行第二层激光扫描固化，并使新固化的一层牢固地黏结在前一层上，如此重复，直到整个产品成型完毕。取出工件后进行清洗和内外表面光洁处理，就制作出了原贾湖骨笛物理尺寸几乎没有误差的精确复原品。该复原品的材质虽然为紫外固化树脂，但因误差控制在毫米级，故复原的骨笛（图 3 下）内外壁几何形状与物理尺寸与 M511：4 骨笛实物（图 3 上）非常接近，是一根形态完整的 M511：4 骨笛的高精度复原品。

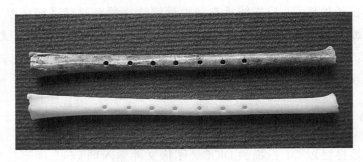

图 3　上为 M511：4 贾湖骨笛实物，下为 M511：4 贾湖骨笛实物的精确复原品

二、测 音 实 验

（一）骨笛实物测音

2001 年王昌燧、徐飞、刘正国、夏季等对 M511：4 骨笛实物进行了测音实验研究，低八度区测音数据如表 1 所示。

表 1　M511：4 号骨笛低八度区测音数据[6]

孔号	筒音	1	2	3	4	5	6	7
筒音到 7 孔　音高	E5＋32	G5＋41	A5＋18	B5＋10	C6＋31	♯D6－43	E6＋46	♯F6＋43
	E5＋35	G5＋41	A5＋19	B5＋4	C6＋32	♯D6－44	E6＋55	♯F6＋43
	E5＋34	G5＋34	A5	B5－5	C6＋30	♯D6－43	E6＋46	♯F6＋43
	E5＋42	G5＋43	A5＋14	B5＋18	C6＋31	♯D6－41	E6＋43	♯F6＋43

孔号		筒音	1	2	3	4	5	6	7
7孔到筒音	音高	E5+54	G5+54	A5+30	B5+12	C6+30	♯D6−40	E6+38	♯F6+44
		E5+34	G5+34	A5−1	B5+1	C6+32	♯D6−65	E6+30	♯F6+42
		E5+30	G5+33	A5+13	B5+13	C6+37	♯D6−40	E6+45	♯F6+40
		E5+38	G5+37	A5+13	B5+19	C6+33	♯D6−41	E6+47	♯F6+39
平均值		E5+37	G5+40	A5+13	B5+9	C6+33	♯D6−45	E6+44	♯F6+43 1517.4
音程差			300	173	196	124	222	189	199
C调音名		$\overset{\cdot}{3}$	$\overset{\cdot}{5}$	$\overset{\cdot}{6}$	$\overset{\cdot}{7}$	1	2	3	♯4
标准音程差			300	200	200	100	200	200	200
音分误差			3	−27	−4	24	225	−11	−1

（二）骨笛精确复原品测音

2009 年 4 月 23 日 21:15，由方晓阳对 M511:4 骨笛精确复原品进行了测音。室温：20℃。录音工具：东芝 2010 笔记本电脑，高灵敏度立体声电容式话筒。录音软件：Cool Edit Pro 2.0。录音采样率为 44.1 千赫兹，声道为立体声，采样精度 16 位。吹奏方法：斜吹法（与刘正国 2001 年测音时的吹奏方法相同），上下行各吹奏 10 遍。测音分析软件：Cool Edit Pro 2.0，取物理音高标记法 A4 = 440 赫兹（即通用第一国际音高 a' = 440 赫兹），共获得 16 组 160 个数据（表 2、表 3），然后计算均值得到精确复原品低八度区音律特征表（表 4）。M511:4 号骨笛实物与精确复原品低八度区发音均值比较如表 5 所示。

表 2　M511:4 骨笛精确复原品低八度区下行测音数据　　　　（单位：Hz）

开孔数	测音数据									
全开	1586.40	1599.80	1580.60	1589.70	1585.80	1580.80	1576.50	1548.30	1592.70	1578.00
开6孔	1362.70	1342.90	1353.20	1369.40	1350.90	1349.50	1358.30	1326.40	1357.50	1361.10
开5孔	1204.00	1187.40	1196.80	1210.00	1191.40	1194.80	1183.60	1178.60	1200.00	1197.40
开4孔	1074.50	1056.30	1073.00	1075.80	1058.60	1057.30	1052.90	1045.50	1067.90	1066.40
开3孔	1018.00	996.89	1019.30	1010.40	1006.10	1005.00	997.04	998.15	1008.50	1012.60
开2孔	896.53	886.82	902.07	896.97	892.35	883.67	892.95	871.32	893.20	888.82
开1孔	805.37	797.45	805.32	801.49	797.50	802.62	790.69	790.42	801.65	795.99
全闭	667.94	657.16	666.60	664.53	662.45	662.43	658.74	653.52	662.47	670.06

表 3　精确复原品低八度区上行测音数据　　　　（单位：Hz）

开孔数	测音数据									
全开	1586.20	1576.70	1586.10	1579.40	1581.80	1575.50	1551.10	1576.50	1589.10	1579.70
开6孔	1350.70	1379.80	1346.10	1336.10	1350.50	1335.70	1314.00	1343.80	1332.10	1349.20
开5孔	1198.80	1201.20	1198.80	1197.50	1193.00	1187.30	1169.60	1197.50	1186.40	1198.90
开4孔	1064.10	1066.10	1068.60	1062.50	1043.40	1049.10	1039.60	1069.60	1050.20	1067.90
开3孔	999.62	999.30	997.73	995.41	988.41	998.11	985.63	997.39	1003.30	1000.50
开2孔	887.54	890.17	891.55	886.17	877.06	890.61	880.82	888.97	889.57	894.24
开1孔	797.17	795.77	797.76	785.10	787.90	792.13	785.12	785.31	789.72	790.42
全闭	671.37	668.75	667.73	660.81	663.90	664.34	662.14	660.27	666.94	664.54

表 4　精确复原品低八度区音律特征表

发音孔位		筒音	1	2	3	4	5	6	7
上行发音均值	频率（Hz）	665.08	790.64	887.67	996.54	1058.1	1192.81	1343.8	1578.21
	音高	E5+15	G5+14	A5+15	B5+15	C6+19	D6+26	E6+32	G6+11
下行发音均值	频率（Hz）	662.59	798.85	890.47	1007.2	1062.82	1194.42	1353.19	1581.86
	音高	E5+8	G5+32	A5+20	B5+33	C6+26	D6+28	E6+44	G6+15
上下行均值	频率（Hz）	663.84	794.75	889.07	1001.87	1060.46	1193.62	1348.50	1580.04
	音高	E5+12	G5+23	A5+18	B5+24	C6+23	D6+27	E6+38	G6+13
音程差（音分）			311.60	194.16	206.79	98.39	204.78	211.21	274.33
C调音名			5	6	7	1	2	3	5
标准音程差（音分）			300	200	200	100	200	200	300
音分误差（音分）			11.6	−5.84	6.79	−1.61	4.78	11.21	−25.67

表 5　M511：4号骨笛实物与精确复原品低八度区发音均值比较

发音孔位		筒音	1	2	3	4	5	6	7
发音均值	骨笛实物	E5+37	G5+40	A5+13	B5+9	C6+33	♯D6−45	E6+44	♯F6+43
	精确复原品	E5+12	G5+23	A5+18	B5+24	C6+23	D6+27	E6+38	G6+13
音分误差绝对值		25	17	5	15	10	14	6	130

三、结果与讨论

前人对贾湖骨笛音律的研究主要集中在对骨笛实物直接吹奏测音[20~25]，以及根据已发表的贾湖骨笛测量数值与测音数据进行讨论与推理[26~33]。由于现存贾湖骨笛实物已经很难再容人们对其进行直接吹奏测音，因此要想深入研究贾湖先民选择音律的规律，当务之急是设法对破损骨笛进行修复，然后对更多的骨笛进行测音研究。利用 CT 扫描、计算机辅助逆向工程设计、Mimics 三维重建、紫外激光快速成型技术对贾湖骨笛进行精确复原，所得到的复原品与原骨笛的误差可控制在毫米级，从而使复原品与原骨笛无论在外观还是内腔的几何形态与物理尺寸上高度相似。利用这种精度复原方法制作贾湖骨笛的高精度复制品，对贾湖骨笛的继续深入研究可能会产生一些重要的影响与推动作用。

通过对贾湖骨笛实物与精确复原品在低八度区发音均值比较（详见表 5），贾湖骨笛实物与精确复原品在发音孔位筒音、1、2、3、4、6 孔的均值的音分误差绝对值分别为 25、17、5、15、10、6 个音分。发音孔位 5 的发音均值，徐飞等测定为 ♯D − 45，而笔者通过对刘正国当年测音录像上截取的相应音频进行测量，其结果却为 D6 + 41，其音分误差绝对值应为 14。对骨笛实物与精确复原品在 7 孔全开时发音均值误差很大的原因，笔者通过骨笛实物与精确复原品的测量比较，以及根据 Mimics 与紫外激光快速成型的理论误差均为 0.1 毫米进行推断，由于精确复原品与贾湖骨笛实物在内外管壁形态、音孔内外孔径、音孔间距等方面的物理尺寸几乎完全相同，因此精确复原品与贾湖骨笛实物在 7 孔全开的音高均值理应高度近似。出现较大误差的原因主要是来自于吹奏者在吹奏此音时对气流控制的不同，因为笔者在对该精确复原品吹奏时发现，如果对气流进行控制，完全可以使该音孔发出 ♯F6 + 43 与 G6 + 13 两种音。

本实验制作的复原品材质为紫外固化树脂，其声学特性尤其是音色上与原骨笛相比具有较大的差异。不过由于边棱类吹奏乐器的音高在口风相同时主要决定于该乐器内腔的物理形态而与材质关系不大，故所获测音数据也应该接近于原骨笛，可以考虑用来代替代贾湖骨笛实物供研究者们进行测音以及其他音律学方面的研究，但不适合于用于音色比较研究。

本实验制作的复原品的测音数据仅为一人吹奏的结果，与其他人吹奏的结果是否存在较大差别还有待进一步检验。为此，笔者殷切期望有更多的音乐研究者对复制骨笛的吹奏方法与"调""律"等进行更加深入的研究。

参 考 文 献

[1] Zang J Z, Harbottle G M, Wang C S, et al. Oldest playable musical instruments found at Jiahu early Neolithic site in China. Nature, 1999, 401: 366-368.

[2] 黄翔鹏. 舞阳贾湖骨笛的测音研究. 文物, 1989, (1): 15-17.

[3] 萧兴华. 中华音乐文化文明九千年——试论河南舞阳贾湖骨笛的发掘及其意义. 音乐研究, 2000, (1): 3-14.

[4] 童忠良. 舞阳贾湖骨笛的音孔设计与宫调特点. 中国音乐学, 1992, (3): 43-51.

[5] 孙毅. 舞阳贾湖骨笛音响复原研究. 中国艺术研究院硕士学位论文, 2006.

[6] 阎福兴. 让鹤骨笛声复活. 葫芦岛晚报, 2007-06-29.

[7] 夏季, 徐飞, 王昌燧. 新石器时期中国先民音乐调音技术水平的乐律数理分析——贾湖骨笛特殊小孔的调音功能与测音结果研究. 音乐研究, 2003, (1): 3-11.

[8] 李寄萍. 骨笛仿古实验及分析推测. 天津音乐学院学报（天籁）, 2005, (2): 13-17.

[9] 孙毅. 舞阳贾湖骨笛音响复原研究. 中国音乐学, 2006, (4): 5-12.

[10] 陈其翔. 舞阳贾湖骨笛研究. 音乐艺术, 1999, (4): 10-15, 22.

[11] 陈通, 戴念祖. 贾湖骨笛的乐音估算. 中国音乐学（季刊）, 2002, (4): 27-31.

[12] 陈其射. 河南舞阳贾湖骨笛音律分析. 天津音乐学院学报（天籁）, 2005, (2): 3-12.

[13] 陈其射. 上古"指宽度律"之假说——贾湖骨笛音律分析. 音乐艺术, 2006, (2): 53-59.

[14] 徐荣坤. 析舞阳骨笛的调高和音阶. 天津音乐学院学报（天籁）, 2006, (1): 19-24.

[15] 郭树群. 上古出土陶埙、骨笛已知测音资料研究述论. 天津音乐学院学报（天籁）, 2006, (3): 32-41.

[16] 郑祖襄. 关于贾湖骨笛滑音数据及相关论证问题的讨论. 中国音乐学（季刊）, 2003, (3): 54.

[17] 中国科学技术大学科技史与科技考古系, 河南省文物考古研究所, 舞阳县博物馆. 河南舞阳贾湖遗址 2001 年春发掘简报. 华夏考古, 2002, (2): 14-30.

[18] 刘正国. 贾湖遗址二批出土的骨龠测音采样吹奏报告. 音乐研究（季刊），

2006，（3）：5-17.

［19］徐飞，夏季，王昌燧．贾湖骨笛音乐声学特性的新探索——最新出土的贾湖骨笛测音研究．音乐研究（季刊），2004，（1）：30-35.

［20］黄翔鹏．舞阳贾湖骨笛的测音研究．文物，1989，（1）：15-17.

［21］萧兴华．中华音乐文化文明九千年——试论河南舞阳贾湖骨笛的发掘及其意义．音乐研究，2000，（1）：3-14.

［22］萧兴华，张居中，王昌燧．七千年前的骨管定音器——河南省汝州市中山寨十孔骨笛测音研究．音乐研究，2001，（2）：37-40.

［23］夏季，徐飞，王昌燧．新石器时期中国先民音乐调音技术水平的乐律数理分析——贾湖骨笛特殊小孔的调音功能与测音结果研究．音乐研究，2003，（1）：3-11.

［24］徐飞，夏季，王昌燧．贾湖骨笛音乐声乐特性的新探索——最新出土的贾湖骨笛测音研究．音乐研究，2004，（1）：30-35.

［25］刘正国．贾湖遗址二批出土的骨龠测音采样吹奏报告．音乐研究，2006，（3）：5-17.

［26］童忠良．舞阳贾湖骨笛的音孔设计与宫调特点．中国音乐学，1992，（3）：43-51.

［27］陈其翔．舞阳贾湖骨笛研究．音乐艺术，1999，（4）：10-15，22.

［28］陈通，戴念祖．贾湖骨笛的乐音估算．中国音乐学，2002，（4）：27-31.

［29］郑祖襄．贾湖骨笛调高音阶再析．音乐研究，2004，（4）：60-67.

［30］陈其射．河南舞阳贾湖骨笛音律分析．天津音乐学院学报（天籁），2005，（2）：3-12.

［31］陈其射．上古"指宽度律"之假说——贾湖骨笛音律分析．音乐艺术，2006，（2）：53-59.

［32］徐荣坤．析舞阳骨笛的调高和音阶．天津音乐学院学报（天籁），2006，（1）：19-24.

［33］郭树群．上古出土陶埙、骨笛已知测音资料研究述论．天津音乐学院学报（天籁），2006，（3）：32-41.

宋应星《天工开物》中的"去松脂"工艺探究 *

人工制墨是我国古代一项十分重要的工艺，松烟墨又是其中最重要的一种墨品。作为松烟墨的主要原料，松烟的质量直接影响到墨的质量，因此，松烟的获取是松烟墨工艺中十分重要的一道工序。作为中国科技史上最著名的科技著作之一，明代宋应星在其所著的《天工开物》在《丹青第十六·墨》篇中，也对松烟墨的制作做了较为详细介绍。尤其值得注意的是该书在关于松烟获取的工艺记载中，"去松脂"的处理工序颇值得讨论，现录原文如下：

> 先将松树流去胶香，然后伐木。凡松香有一毛未净尽，其烟造墨，终有滓结不解之病。凡松树流去香，木根凿一小孔，炷灯缓炙，则通身膏液，就暖倾流而出也。

宋应星的这段记载很详细，先介绍去松脂（注：及文中所指的"松香"）的方法：在松树近根部处钻一小孔，放入一盏点燃的油灯缓缓烧烤，整棵松树的树脂就经过被灯烤暖的孔穴，流出树外。还特别强调了这一过程的重要

---

　　* 本文作者为王伟、方晓阳，原题为《基于宋应星〈天工开物〉中的"去松脂"工艺探究——以"去松脂"工艺为例》，原载《农业考古》，2010年第3期，第32～34页。

性，认为如果松树中的松脂不去除干净就开始烧烟，则用此烟制成的墨在使用时就会有滞结的毛病。显然，宋应星认为以灯烤树，流去松液是烧烟制墨的重要环节，会直接影响到墨的质量高低。

宋应星的这一记载，未见于别书，当属宋应星的一家之言。那么，事实是否果真如此呢？有研究者指出"松香在窑里不完全燃烧后可以转变成炭黑，不一定要事先除去"。也有研究者指出宋应星的这种方法实际上未必可行，认为这种方法不可能除去松脂，而且不含松脂的松木在燃烧时也难以产生大量浓黑的烟炱，然而，认为宋应星记载可能有误这一观点的提出，却多是基于推测，目前尚没有研究者就此进行更深层次的研究。究竟宋应星所记是有独到见解，还是道听途说、实为谬误呢？关于这一问题，笔者试从以下几个方面进行了论证。

一、含有松脂的松树是否适合烧烟制墨

成书于宋代的我国第一本制墨专著《墨谱法式》被公认为是一部集松烟墨法大全的著作，该书在"采松"一章很明确地提出"松选肥腻"，所谓的"肥腻"应当是指含有松脂较多。同是成书于宋的《墨经》则进而把适于烧烟制墨的松树分为上上、上中直至下下等9个品级：

> 松根生茯苓穿山石而出者，透脂松，岁所得不过二三株，品惟上上。根干肥大、脂出若珠者曰脂松，品惟上中。可而起，视之而明者，曰揭明松，品惟上下。明不足而紫者曰紫松，品惟中上。矿而挺直者曰簥松，品惟中中。明不足而黄者，曰黄明松，品惟中下。无膏油而漫若糖茸然者，曰糖松，品惟下上。无膏油而类杏者曰杏松，品惟下中。其出沥青之余者曰脂片松，品惟下下。其降此外不足品第。

为便于比较，把《墨经》所记的这段文字以表格的形式表现，如表1所示。

表 1   松材分级标准

等级	松名	评断标准
上上	透脂松	松根生茯苓、穿山石而出者
上中	脂松	根干肥大、脂出若珠者
上下	揭明松	可揭而起，视之而明者
中上	紫松	明不足而紫者
中中	簸松	矿而挺直者
中下	黄明松	明不足而黄者
下上	糖松	无膏油而漫若糖苴然者
下中	杏松	无膏油者而类杏者
下下	脂片松	其出沥青之余者

从表 1 可见：古人对适于烧烟的松材进行评判，含有松脂的多少几乎是唯一的标准，含松脂越多，用来烧烟的品质就越好。

2008 年 10 月，我们在江西省资溪县聚良窑对现代松烟烧制工艺进行实地调查时，该窑技术人员介绍：判断用于烧烟的松材优良的主要标准是松材中含松脂的多少，松脂越多，越适于烧烟。山中古松死亡后，树皮经风雨侵蚀后很快烂去，脱去树皮、细枝的松心表面较为光滑，这样的松材俗称"松光"。松心因为含有松脂，不易腐烂，甚至屹立上百年不倒，这样的松材往往就是烧窑取烟的上好原料，这正是古人极为推崇的所谓"三百年松心"。

图 1   松材的优（左）劣（右）对比

判断松材品质的简易方法有四种：一是看松材表面，含松脂较多的树干往往不易霉变，若表面发霉严重则品质不高。二是拿在手中感受重量，较重的松材则含有较多的松脂，品质也就较好。三是根据截面颜色判断，截面颜色越红、越类似角质的松材品质就约好（图 1）。四是点燃后看飘出的烟色，上好的松材在燃烧时应当发出黑烟，而含松脂较少的松材或其他杂树燃烧时发出的烟多位青烟或白烟。

综上所述，文献考证和实地调研都表明松材含有的松脂越多，越适于烧烟制墨。

二、松脂烧烟的尝试

宋应星认为松材含有松脂则不能烧烟，但实际上早在清代就有人专门以松脂烧烟制墨。清代同治年间的谢崧岱在《南学制墨札记》一书中记载了以纯松脂烧烟制墨的工艺：

> 把松香堆在一起，把棉条数根用油浸透（不论何油）后放在松香上，然后点火，松香燃烧后自然熔化，烟往上冲，这时在上方用盛水的大瓦缸盖在上方，没有瓦缸的话铜缸、铁缸也可以代替。缸不能盖得太紧，太紧火就会灭，也不能太松，太松烟就会飘走飞失，大约在火苗上方三四寸，使火不灭为最佳。也不必刻意追求所有的烟都不飘散，如果火灭了还可以再点。等到火点不着时，松香就已经烧完了，这时候将缸取下，等缸冷了，用小刷子把烟扫下来。一斤松香大概能得到三四钱烟。

谢崧岱进而总结了松脂烧烟制成的墨品质，认为松脂烧烟制成的墨品质属于上乘，仅次于桐油烟墨，而强于猪油烟、麻油烟等墨品。

三、松脂烟与松烟的理化分析对比

为了进一步讨论松脂烧烟是否适于制墨，笔者还将松脂烟与松烟进行了理化分析对比，松烟样品系采自江西聚良窑的成品，松脂烟样品系使用从市面上购买的松香，以谢崧岱记载的烧制方法自制而成。采用的分析方法包括三种：

一是通过 X 射线衍射（X-ray diffraction，XRD），对两种烟进行 X 射线衍射，分析其衍射光谱，获得材料的物质成分、内部原子或分子的结构或形态等信息：

图 2 即为两种烟的 XRD 分析图，其中 a 为松脂烟光谱，b 为松烟光谱。从两条曲线可知，松脂烟与松烟在成分组成和内部分子结构方面，并没有明显区别。

二是通过扫描电子显微镜（SEM）扫描两种烟（图 3，图 4），分析其颗粒度大小的差别：

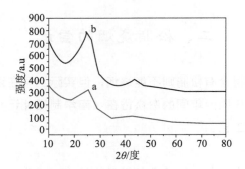

图 2　松脂烟与松烟 XRD 分析光谱

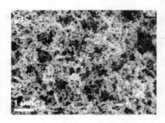

图 3　松脂烟 SEM 扫描图案　　　图 4　松烟 SEM 扫描图案

对松脂烟和松烟的 SEM 扫描图案进行比较可见，松脂烟的颗粒度小于松烟的颗粒度，且粒度分布也更均匀。根据传统制墨工艺所提倡的"烟细"可知，松脂烟制墨，应当优于松烟制墨，而不是如宋应星所言，可能会使制成的墨有"滓结不解之病"。

三是采用拉曼光谱分析，确定两种烟的性质等信息。

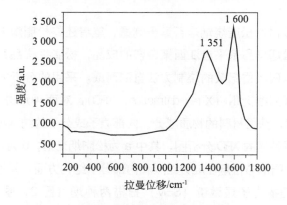

图 5　松脂烟拉曼光谱图

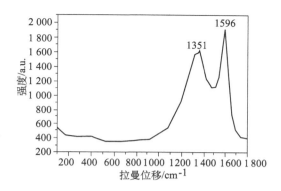

图 6　松烟拉曼光谱图

对松脂烟和松烟的拉曼光谱进行比较可见两种烟的拉曼光谱峰位相同，应当属同一种物质，松脂烟的拉曼光谱峰位略强于松烟，表明松脂烟形态分布更均匀，这与前面的扫描电子显微镜扫描结果是相吻合的。

上述实验可知，松烟与松脂烟的组成成分、性状表现应当基本一致，且松脂烟的颗粒更细，分布更均匀，用于制墨，应当优于松烟。

四　、　结　　论

从文献解读、实地调查和理化分析等几方面可见，宋应星在《天工开物》一书中记载的烧烟制墨前需要"流去松液"的记载并无科学依据，在江西聚良窑实地调研松烟烧制工艺期间，笔者也曾经按照宋应星所记载的方法，挑选了一枝含松脂较多的松材，试以蜡烛炙烤，结果发现若火苗距松材太远，则松脂流出，若离得太近，则会引燃松材，根本无法实现宋应星所记载的"通身膏液倾流而出"的效果。

综上所述，我们认为宋应星记载的流去松液方法，既不可取，也不可行。至于他所认为的松脂烧烟可能会使制成的墨有"滓结不解之病"，很有可能是因为烧烟时火候控制得不好，有未及燃着的松脂随烟飘入的原因，而并非松脂烟的性状原因。

参考文献

[1] 张秉伦，方晓阳，樊嘉禄. 造纸与印刷. 郑州：大象出版社，2005.

[2] 潘吉星. 造纸与印刷. 北京：科学出版社，1998.

[3] 宋应星. 天工开物. 长沙：岳麓书社，2004.

[4] 李孝美. 墨谱法式.《四库全书》文渊阁本.

[5] 晁寂一. 墨经. 上海：上海科技教育出版社，1994.

[6] 谢崧岱. 南学制墨札记. 上海：上海科技教育出版社，1994.

第四部
传统与现代

清末农工商部农事试验场的汇集活动 *

农工商部农事试验场是近代中国第一个由中央政府创办并掌控的集试验、研究、教育、生产、销售、推广和博览于一身的综合性农事专业机构，其成立的目的是"研究农业中一切新理旧法"，"以期全国农业日有进步"[1]。农业研究和改良需要一定的物质和技术基础，作为定位于促进全国农业进步的农事试验场，试验研究所需的物种、技术必然不能只局限于在农事试验场所在地域取得，还要将范围扩展国内各地甚至境外，由于农工商部农事试验场并没有足够的人力和物力来自行搜集不同地方的物种和耕作技术，它必须依靠农工商部和地方及境外人员机构。于是，农工商部农事试验场向各地各方的物种和耕作技术征集与各地各方相应的汇解活动就形成了清末一场规模颇大的物种和耕作技术的汇集。这样一场大汇集之所以能够进行，原因在于其背后拥有一个行政支撑系统。农工商部农事试验场作为这场汇集活动具体行为执行者，它代表的中央政府行为在其所主导活动中，通过与不同人员和机构的相互作用实际地构建了以农工商部和农事试验场中心的行政支撑系统。

----

　　* 本文作者为黄小茹，原题为《清末农事活动的行政支撑和社会参与——以农工商部农事试验场的汇集活动为例》，原载《山西大学学报（哲学社会科学版）》，2008 年第 31 卷第 1 期，第11～17页。

一、汇集活动的行政支撑和社会参与

作为农工商部的直属机构，农事试验场虽然对征集物品的具体内容有一定的决定权，但是它并不能直接对外进行征集活动，而是全部由农工商部代为对外行文征集。此外，农工商部在未接收到农事试验场征集请示的情况下，也曾多次主动为其征集物种和耕作技术。从第一历史档案馆所藏的农工商部全宗内有关农事试验场的案卷[2]中可以看到，农工商部征集公文的行文对象是各省督抚和各出使大臣，以及光绪三十四年(1908年)后各省陆续设置的劝业道，但是从汇解的实际情况来看，汇解者涉及出使大臣、督抚等各级地方政府官员、劝业道、农工商矿等局、各类试验场、各类学堂、农会、商会（国内/外）、公司(国内/外)及个人及其他团体(国内/外)。在解读历史实际活动的基础上，可将这一系统的结构和运作模式展示于图1。

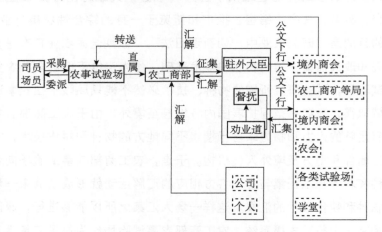

图1 汇集活动的行政支撑和社会参与

征集对象和汇解者出现差异可以从两方面来解释：第一，机构的从属与联系。各省督抚等各级地方政府官员、劝业道、农工商矿等局、各类试验场、各类学堂、农会、商会之间，驻外大臣与境外华人商会之间，或有一定的从属关系，或有密切的相互联系，当农工商部的行文到驻外大臣和各省督抚时，各种相互关系就会通过各种途径发挥出来，作用到未在农工商部行文对象范围内的人员和机构身上。第二，农事试验场创办之后，经过示范、宣传等，还是产生了一定的影响的，于是仍有一些个人和团体主动解送动植物品到场。于是，在这个行政支撑系统中农工商部农事试验场就利用了现成的建制途径（图 1 中以实线表示）：驻外大臣、各省督抚等，并在实际的汇集活动上拓展了新的作用途径（图 1 中以虚线表示）：农工商局、劝业道、商会、农会。

但是可以从图 1 中看到的是，农事试验场试验所需物品经由农工商部发文从各地、各方汇解再转送试验场，农事试验场并不与外界发生直接的关系；但是从图 1 中可以看到的是，各方通过汇解与农工商部农事试验场发生直接或间接关系，在这一系统中形成循环关系的均为与政府有或强或弱关系的个人和机构，活动仍绝大部分停留在政府圈子内部，绝少扩展到外部，显示了系统的封闭性。

二、物种和耕作技术的汇集活动

物种和耕作技术的汇集活动是上述这一行政支撑和社会参与的具体运作，通过对它的考察，可以清楚地看到不同的行政支撑元素和社会参与者的实际表现。

作为农工商部的直属机构，农事试验场虽然对征集物品的具体内容有一定的决定权，但是它并不能直接对外进行征集活动，而是全部由农工商部代为对外行文征集。此外，农工商部在未接收到农事试验场征集请示的情况下，也曾多次主动为其征集物种和耕作技术。第一历史档案馆藏农工商部全宗内遗存的有关农事试验场的案卷显示，农工商部曾多次行知各省督抚、各驻外使臣、劝业道等采选谷蔬、果瓜、花草、蚕桑及禽兽、水族各种物品，填列表式，汇寄农工商部转交农事试验场。根据对现存这批原始资料的统计[2]，从光绪三十二年（1906 年）至宣统三年（1911 年），征集活动共有 26 次。

农工商部的征集公文迭次发出后，各地、各方相应的汇解活动也逐步展开。现存资料所载的第一次汇解到最后一次，时间跨度从光绪三十三年三月到宣统三年六月为止，一直伴随着农工商部农事试验场的开始到结束。资料记载的汇解活动共有 85 次[2]，表 1 将其按照地区的不同进行了分类整理。

表 1　各地各方汇解活动统计表

汇解地区	次数	汇解者	汇解时间	汇解物品
新疆	1	巡抚	宣统元年七月	五谷、果瓜、花木、桑麻、药材
甘肃	2	兰州农务总会咨请甘省总督	宣统三年二月	良谷、甜瓜、菸子种
		兰州农工商矿局咨请甘陕总督（含甘肃省垣农业试验场、甘肃各属）	光绪三十四年六月	谷菽、果瓜、蔬菜、花木、桑麻、染料、菸茶、药材、鸟兽
湖北	2	湖北农业学堂咨请湖广总督	光绪三十四年三月	谷菽、蔬菜、桑麻、杂类、菸茶、蚕、花木、药材
		已无记录	已无记录	谷菽、蔬菜、蚕
湖南	2	湖南农工商务局咨请湖南巡抚	光绪三十三年十月	谷菽、花木、桑麻、染料、药材、菸茶、杂类
		湖南劝业道咨请湖南巡抚	宣统三年六月	调查益害虫鸟及植物病症、农具图说
直隶	2	直隶劝业道	宣统二年十二月	土产子种
		直隶劝业道	宣统三年正月	直隶农务官报一本
山东	4	山东农林试验场咨请山东商务总局咨请山东巡抚	光绪三十三年六月	谷菽、蔬菜
		山东高等农业学堂、渔业公司及调查委员会同各州县咨请山东商务议员	光绪三十三年八月	布绸、丝茧、籽种
		山东劝业道	宣统三年三月	椿树（种）、椿茧种、甜梨、青州春椿蚕新法说
		山东商矿务议员、劝业道	宣统三年五月	谷菽、蔬菜、桑麻、花木
山西	3	山西农工商局	光绪三十三年十一月	谷菽、果瓜、蔬菜、药材、染料、蚕、桑麻、花木、杂类
		山西农工商局	光绪三十四年正月	百合、核桃、野党参、黄芪、野山羊皮、农品
		山西农务总会	宣统三年三月	谷菽、果瓜、蔬菜、桑麻
浙江	2	浙江农工商矿局	光绪三十四年正月	谷菽、果瓜、蔬菜、花木、桑麻、菸茶、药材、染料、杂类、蚕类、鸟兽、鳞介、昆虫
		浙江劝业道	宣统二年五月	柞蚕汇誌册

汇解地区	次数	汇解者	汇解时间	汇解物品
福建	3	福建农工商局咨请闽浙总督	光绪三十四年五月	花木、果瓜、兽禽、鳞介、昆虫、丝蚕、谷麦、蔬菜
		厦门商务总会	光绪三十四年四月	制造农品及动植各物标本383件（其中309送农事试验场）
		福州等农会咨请福建劝业道	宣统三年五月	瓜果、蔬菜、荈茶、药材、谷菽
江苏	4	松江府南汇县周浦镇咨请江苏商务分会	光绪三十三年七月	蔬菜
		江苏布政使	光绪三十四年三月	谷菽、果瓜、蔬菜、花木、桑麻、荈茶、染料、药材、杂类、布帛、蚕类、鳞介、昆虫
		驻苏商务局	光绪三十四年五月	白棉花
		江南蚕桑学堂咨请两江总督	光绪三十四年十月	丝茧
广东	2	广东农工商局咨请两广总督	光绪三十四年四月	各属物产及秧苗籽种
		广东农事试验场咨请劝业道	宣统二年十二月	谷菽、蔬菜、果瓜
广西	1	广西劝业道	宣统三年三月	有益无益虫鸟暨职务病虫害调查表册
四川	3	四川农政总局咨请四川总督	光绪三十三年十月	谷菽、果瓜、蔬菜、桑麻、花木、药材、染料、荈茶、杂类、蚕
		成都府成都县令咨请农政总局布政使咨请四川总督	光绪三十三年十一月	谷菽、果瓜、蔬菜、花木、染料、药材、杂类、蚕、鳞介、昆虫、鸟兽
		四川蚕桑公社	光绪三十四年三月	蚕茧、蚕种、丝棉
贵州	1	贵州各属及农工商务总局咨请贵州巡抚	光绪三十四年五月	谷菽、蔬菜、花木、鸟兽、杂类
云南	1	云南劝业道	宣统三年六月	调查益虫害虫图说一本
河南	1	河南商务农工局咨请河南巡抚	光绪三十四年正月	谷菽、果瓜、蔬菜、花木、桑麻、染料、药材、荈茶、杂类、蚕、鳞介
奉天	18	奉天铁岭商务分会	光绪三十三年四月	谷菽、蔬菜、荈、麻、果瓜
		奉天新民商会	光绪三十三年五月	谷菽、果瓜、蔬菜、花木、桑麻、染料、药材、杂类

汇解地区	次数	汇解者	汇解时间	汇解物品
奉天	18	奉天奉化商务分会	光绪三十三年八月	谷菽、桑麻、染料
		奉天劝业道咨请东三省总督、奉天巡抚	光绪三十四年四月	谷菽、蔬菜、果瓜、桑麻、菸茶、染料、药材、杂类
		承德、海城两县咨请劝业道咨请东三省总督、巡抚	光绪三十四年六月	谷菽、蔬菜、花木、果瓜、药材、桑麻、染料、蚕、鸟兽、鳞介
		昌图大窊商务分会咨请东三省总督	光绪三十四年七月	棉花籽种
		盖平、兴仁两县及辽阳州咨请劝业道咨请东三省总督、奉天巡抚	光绪三十四年七月	谷菽、蔬菜、蚕、果瓜、花木、染料、药材
		奉天劝业道	光绪三十四年十月	小虎
		东边道咨请东三省总督、奉天巡抚	光绪三十四年九月	土煤、蚕茧、茨榆、芋头
		凤凰厅咨请东三省总督、奉天巡抚	光绪三十四年九月	蚕茧、谷菽、动物标本绘图
		奉天劝业道	光绪三十四年九月	桑蚕山蚕、丝样茧样
		盖平县知县咨请东三省总督、奉天巡抚	光绪三十四年十月	药材
		辽中县咨请东三省总督、奉天巡抚	光绪三十四年十月	谷菽、果瓜、蔬菜共35种
		开原县知县咨请东三省总督、奉天巡抚	光绪三十四年十一月	谷菽、蔬菜、果瓜、花木、蚕、昆虫、鳞介、鸟兽
		抚顺县知县咨请东三省总督、奉天巡抚	光绪三十四年十一月	柞子、榛子、榛蘑、山茧
		铁岭县咨请东三省总督、奉天巡抚	光绪三十四年十二月	鸟兽、昆虫、鳞介、谷菽、蔬菜、果瓜、杂类
		锦州府绥中县知县咨请东三省总督、奉天巡抚	宣统元年二月	药材、绒毡
		各属及奉天农事试验场咨请奉天劝业道	宣统三年二月	谷菽、果瓜、鸟兽
黑龙江	1	黑龙江各属咨请提学使司兼办劝业事务咨请黑龙江督抚	宣统元年闰二月	兽、杂类、谷菽、蔬菜、桑麻
吉林	2	吉林农事试验场咨请劝业道	宣统二年十月	土产子种
		吉林山蚕局咨请东三省总督、吉林巡抚	宣统二年十二月	药材、花木

汇解地区	次数	汇解者	汇解时间	汇解物品
日本	5	长崎商务总会	光绪三十三年三月	果瓜、花木、蔬菜、杂类
		留日学生杜用咨请驻日李大臣	光绪三十四年四月	日本蚕丝总会规则及条议选译
		长崎华商商务总会	光绪三十三年四月	谷菽、蔬菜、果瓜、蚕、桑麻、杂类、药材
		驻日杨大臣	光绪三十三年四月	谷菽、果瓜、蔬菜、鸟兽、昆虫
		驻日李大臣	光绪三十四年七月	棉种、植棉图说
德国	1	代理驻德吴领事	光绪三十三年六月	谷菽、果瓜、蔬菜、药材、花木、桑麻、荈茶、燃料、杂类、蚕、鸟兽、鳞介、昆虫
法国	2	法国农部赠送，由出使法国大臣寄送	光绪三十三年十一月	谷菽、蔬菜、荈茶
		驻法国刘大臣	宣统二年十二月	花木、蔬菜
荷兰	4	驻和（荷）钱大臣	光绪三十四年正月	蔬菜、蒢草
		驻和钱大臣	光绪三十四年正月	麦
		驻和钱大臣	光绪三十四年正月	硝酸肥料比较图
		驻和钱大臣	光绪三十四年二月	耕具附洋文图一册
奥地利	1	驻奥代办公使吴道宗濂	光绪三十三年七月	谷菽
俄罗斯	4	出使俄国大臣胡	光绪三十三年九月	谷菽、蔬菜、药材、果瓜、花木
		出使俄国大臣	光绪三十四年二月	农品籽种
		商务随员恒晋咨请出使俄国大臣萨	光绪三十四年六月	棉种及棉业译书
		出使俄国大臣萨	宣统二年十月	谷菽、蔬菜、荈茶、桑麻、花木
比利时	2	出使比国李大臣	光绪三十四年四月	谷菽、果瓜、花木等的图样、标本、籽种，家禽、犬马图册
		出使比国李大臣	宣统元年四月	纺织销货情形说帖、进出口表、机器图样9件
意大利	3	驻义（意）黄大臣	光绪三十三年三月	谷米种子
		驻义黄大臣	光绪三十三年四月	德国渔竿钓具
		驻义吴大臣	宣统三年正月	蔬麦花木

汇解地区	次数	汇解者	汇解时间	汇解物品
英国	3	英国著名花草果蔬籽种行代办，出使英国李大臣寄送	光绪三十四年四月	花草、果蔬籽种与说帖图说
		英国著名花草果蔬籽种行代办，出使英国李大臣寄送	光绪三十四年四月	英人详论种棉纺织书籍两种
		出使英国李大臣	宣统元年闰二月	新刻籽种样本三册
美国	5	美国农部转驻美周代办	光绪三十三年十二月	棉花、烟草、谷蔬、花果百数十种
		美国农田科	光绪三十三年十二月	金山苹果43箱（后变腐6箱，净存37箱）
		代理出使美国大臣周	光绪三十四年三月	果树根枝各一箱
		驻美周代办	光绪三十四年四月	树木四箱
		出使美墨秘古等国大臣张	宣统三年二月	花草、菜蔬籽种

资料来源：根据第一历史档案馆藏农工商部全宗20，第203～228页整理

从汇解活动的具体情况来看，它表现出如下的特征。

（一）不同汇解者的积极性差异明显

将表1中不同汇解者的汇解次数作一统计，可见表2。

表2 汇解者统计表

序号	汇解者	次数	比例/%
1	自办	10	10
2	出使大臣	21	21
3	督抚等各级地方政府官员	18	18
4	劝业道	10	10
5	农工商矿等局	12	12
6	各类试验场	4	4
7	学堂	3	3
8	农会	4	4
9	商会（内/外）	7（5/2）	7
10	公司（内/外）	1	1
11	个人及其他团体（内/外）	10（5/5）	10
	总计	100	100

注：这里统计的汇解者为最初物品收集整理者，不计最后报部者。一次汇解如有多个汇解者，则做分别统计

资料来源：根据表1整理

从表2来看，出使大臣和各省督抚作为直接的征集行文对象，结果他们的汇解次数也是相对来说最多的。来自出使大臣的汇解为21次，占总汇解

数的 21%；督抚等各级地方政府的汇解次于出使大臣，为 18%；农工商矿等局和劝业道虽非农工商部的完全隶属机构，但是作为职能行使机构，它们的汇解合计也占到了 22%；各类试验场、学堂、商会、农会是与政府附属关系更弱的群体，它们的汇解合计占 18%；除去以上汇解者外，公司还有个人及其他团体，它们是征集公文下行不到的群体，其汇解次数合计占 11%。

再结合表 1 来看，国内除了奉天外，其他省份的汇解次数都在 1 次至 4 次之间，相对于农工商部和农事试验场的针对国内 11 次集中征集次数来说，各省的反应显得冷淡，只有奉天的 18 次显得突出。国外有汇解的一共有 9 个国家，其中 1 次的为 2 个，2 次的为 2 个，3 次的为 1 个，4 次的为 2 个，5 次的为 2 个，相对于农工商部和农事试验场的针对境外的 3 次集中征集来说，有一半以上的都达到或超过了征集次数。从次数来看，境外汇解积极性高于国内。所以，驻外出使大臣、商务随员等人的积极程度相对来说要高于国内督抚等各级地方政府官员。各省劝业道和农工商矿等局，以及农会和商会，它们是农工商部向全国伸展政策的媒介组织，是功能专业化的职能机构，在这场汇解活动中，它们的表现却并不突出；农会作为专事农业的机构，它的次数反而比不上商会，劝业道作为后期农工商部设立的下属机构，其表现甚至还不如农工商矿等局。

（二）汇解者的汇解水平参差不齐

在这 85 次汇解当中，不同汇解者、汇解地区、汇解批次在汇解水平上表现出很大的差异性。由于汇解的批次很多，物品纷繁复杂，难以一一进行水平界定和分析，所以这里主要依据与民生和农业改造的关系，着重考察稻、麦的物种和耕作技术情况。

从原始档案来看，大多数的稻、麦类的汇解物品单子只有笼统的种类罗列，如"各种春麦种、稻种"[3] 等，并没有详细的品种列表，一些汇解甚至没有附上种类列表或者列表已经遗失，这都对考察所汇解物种的水平造成了很大的困难，但是可以根据农作物亩产历史资料和研究来衡量其物种水平；随物种汇解而来的说明书，大多按农工商部要求注明了"土宜、肥料、播种、收获、价值、数量、产地"等项内容，将其综合比较并对比当时世界的耕作技术，可以看出农事试验场所得到的作物耕作技术水平。总的来说，农工商部农事试验场在稻麦栽培技术知识的来源上，从汇解渠道所获得的信息主要还是来自国内的山西、奉天二省；从汇解者类别来看，信息来源最主要是国家行政机构与人员，其次是政府从属机构，而在具有现代农业元素的说明书则主要是由来自与国外有接触的或者从事新式农业活动的人员与机构，如出使和（荷）国大臣曾从荷兰寄回磷酸肥料比较图，并详述名称和功效[4]。

在汇解的问题上，还需要说明的一个问题是，不同的汇解者和汇解机构对农工商部发文征集要求的反应和态度。由于农业极具地域性、时效性，所以汇解者在进行汇解活动时，应该考虑到所解物种的属性和耕作技术的适用性。但是从原始档案材料中可以发现，考虑到这些问题的只有驻外大臣和驻外机构，如驻和（荷）大臣提出："必当选与中国北方土性、气候相宜之品，以期一品得一品之用，若不加审察，贸然广购，不但不能施种，并且不堪陈列，则所费虚耗无裨试验，殊非慎重农学之道。"[5]而相比之下国内解送者明显没有这方面的慎重考虑，显得盲目和敷衍了事。

三、结　语

这一场物种和耕作技术的汇集活动是农工商部农事试验场所代表的中央政府改良传统农业的一个尝试，在客观上对当时物种和耕作技术的调查、引入、汇总、比较产生了重要的作用，对各相关人员和机构参与农事活动起到了积极作用，对拓展新的和实际有效的农业发展途径产生了重要影响。

这个汇集活动的背后存在和运作着一个行政支撑和社会参与，它保障了这场汇集的开展。这一行政支撑和社会参与的各元素的整合显示了 20 世纪早期的清朝在运用中央政府权力资源发展农业方面，做得要好于通常被认识到的程度。

但是系统内部不同途径的作用力是不同的，这在汇集活动的实际效果中清楚地表现出来，职属和功能上与农工商部关系密切的途径如劝业道、农会并不好于关系较弱的途径如地方各局，通常拥有新的知识和价值观的群体如驻外大臣、地方试验场等要好于普遍持有旧的知识和价值观的群体如督抚等各级地方政府官员。这与大的政治局势和新旧知识、价值观的变化不无关系。但农工商部农事试验场的这场物种和耕作技术的汇集活动仍然是近代中国历史上第一次规模宏大的农业物种和知识技术的汇总，为进一步的农业试验活动奠定了基础。

参 考 文 献

[1] 叶基桢. 农工商部农事试验场第一期报告. 北京：农工商部印刷科，1909.

[2] 农工商部全宗（203～228）. 北京：中国第一历史档案馆藏.

[3] 农工商部全宗（220）. 札山西农工商局解到农品收讫，仍补送百合、核桃由. 北京：中国第一历史档案馆藏.

[4] 农工商部全宗（210）. 奉咨嘱购子种、秧苗俟八月间自海牙购齐，拟由美洲转运到京，谨请察核，馀语有函敬复由. 北京：中国第一历史档案馆藏.

[5] 农工商部全宗（210）. 咨送硝酸肥料比较图由. 北京：中国第一历史档案馆藏.

民国前期地质学体制化之特征*

科学体制化是科学史的一项重要研究内容，是科学体制社会学的研究主题。近现代科学在中国的出现和发展，就是地域性的中国传统文化接纳产生于欧洲的科学文化并进而汇入其进一步发展主流的过程[1]。关于中国科学体制化，已有一些有意义的研究。虽然这些研究采取的审视角度不同，但大多是从整体上宏观地把握中国的科学体制化。西方科学体制化是源发性的。在中国，作为科学移植的结果，率先体制化的是各门分支科学。因此，研究中国分支科学的体制化，有助于从微观取向上理解中国科学体制化的特征。

地质学是中国各门科学中移植最早、发展较快、成果较多的学科。地质学家和地质史学家从内史、外史角度研究中国地质学的工作已很多，纪念性文章更是不胜枚举。但是，目前关于地质学体制化的研究，不仅缺乏整体上的系统研究，而且一些学者往往是把科学体制的概念局限在科学教育机构、科学研究机构，甚至仅仅在后者上，与国际学术界所使用的科学体制概念相比差别较大。并且，对地质学这样一门移植最早的学科，与国外相比，其体制化进程呈现出哪些特征还未见到任何工作。

---

* 本文作者为李磊，原题为《民国前期地质学体制化之特征分析》，原载《自然辩证法研究》，2006 年第 22 卷第 4 期，第 99～103 页。

一、科学体制化概念内涵

在国际学术界，经过科学体制社会学和科学知识社会学几十年来对科学体制化各方面的研究，在其概念内涵方面已经取得了非常丰硕的成果[2]。在科学体制化这个研究领域中，默顿（R. K. Merton，1910—2003）和本-戴维（J. Ben-David，1920—1985）是"最活跃的两位科学社会学家"。

科学社会学之父默顿分析了科学作为一个社会体制，在17世纪英格兰的出现，以及与其他体制领域（诸如宗教和周围的经济）之间的互动方式，从而开创了科学体制化研究的新领域[3]。本-戴维提出科学体制化包括三个方面的内容：①社会把科学接受下来作为一种重要的社会功能；②存在着一套行为规范使科学实现自己的目标和有别于其他活动的自主性；③其他活动领域中的规范要与科学规范相适应[4]。

这些研究表明，学科的体制化是指处于零散状态且缺乏独立性的一个研究领域转变为一门独立的、组织化了的学科的过程。一般说来，在一门准学科发生体制化的过程中，其研究者需为之提供辩护以促成认知认同（cognitive identity）与职业认同（professional identity）。认知认同过程在时间上先于职业认同过程，但两者之间并不存在明显的界际。认知认同的实现，以学术界承认该类研究具有其独立的认知价值并给予一定的支持为起码条件，此时，这类研究开始形成专业性的研究领域；而职业认同的实现，指学术界及社会认同该学科作为一项一体化了的、独立的职业而存在的权利，是以吸引大批新人进入该领域为起码条件[5]。

地质学在中国的认知认同可以上溯到19世纪中叶，首先是从认识地质学在器物层次上的价值开始的。鸦片战争之后，洋务派把西方"以矿学为本图"而"富强遂甲天下"的治国经验移植到中国，试图自办地矿产业。在兴办实业过程中，洋务派初步意识到地质学的重要性，开始自设学堂，讲求矿学化学，练习人才，并要求外国经办矿务时须自办矿路学堂。与此同时，一批国外地质学书籍被译介到国内。英国传教士慕维廉（W. Muirhead，1822—1900）的《地理全志》，美国玛高温（D. Macgowan，1814—1893）口译，华衡芳（1833—1902）笔述的《金石识别》和《地学浅释》都出现在这段时期。后来，留日学潮的兴起使留日学生成为翻译、引进地质学知识的中坚力量。虞和钦、索子和顾琅都翻译、整理过一批地质学文献。翻译书籍、引进知识是落后国家发展科学的必由之路，这个过程同样也是地质学的价值逐步得到社会承认的过程。

中国地质学的职业认同的萌芽出现在清朝末期。1902 年、1904 年清政府分别颁布《钦定学堂章程》和《奏定学堂章程》，统一学制。《奏定学堂章程》将京师大学堂分为 8 科 46 门，其中格致科大学门中有地质学门。可是，地质学门直到 1909 年才招收学生三人：邬有能、裘杰和王烈。王烈中途赴德留学。邬有能、裘杰 1913 年毕业后，未从事地质学工作。北京大学地质学门也因难以招到学生而随之停办。

从体制化的层面看，北京大学地质学门的设立无疑具有十分重要的意义。它即便是因难以招到学生而中途停办，也仍然是中国地质学职业认同的一个重要标志。但是，北京大学地质学门毕竟没有起到吸引大批新人进入该领域的作用，这也影响到北大地质学门在体制化中的地位。

辛亥革命的成功是地质学体制化的一个重要转机，1912 年 1 月 "中华民国" 南京临时政府实业部矿务司下设地质科。在一个 "官本位" 为核心的价值理念的社会中，在政府机构中设置地质科这样一个行政单位，不仅对于地质学，就是从整个中国科学的角度看，也是 "开天辟地" 的事情。地质科的设立无疑充分体现了当时社会对地质学的重视，并且，在章鸿钊（1877—1951）、丁文江（1887—1936）等的奔走呼吁下，次年成立的地质研究所，为中国地质学界吸引、培养了一批地质学人才。正如翁文灏（1889—1971）所言，"以中国之人，入中国之校，从中国之师，以研究中国之地质者，实自兹始"。

可以说，民国前期是中国地质学体制化最为关键的时期，同时，由于民国前期复杂多变的政治局势，使得地质学体制化呈现出曲折迂回的发展路径。从当时的社会文化背景来看，科学已经获得了一个相当尊崇的地位，更为重要的是，一些沐浴过欧风美雨的地质学留学生归来了，成为地质学体制化建设的重要力量。本文所要探讨的，就是在这种情境下，以民国前期地质科的机构演变为主线，中国地质学体制化呈现出哪些特征，对地质学的发展产生了何种影响。

二、中国地质学体制化的特征

欧美是科学体制化的源发性国家，以科学家和学者作为体制化的主体，体制化的启动期较长，体制化进程较为一致。中国是后发性国家，科学体制化是西方科学体系移植、重建的过程，在某种意义上政府、官员起着主导性作用，地质科的设立就是一个非常典型的例子。虽然在政府的推动下，体制化进程可以很短，但其自身内在机制的完善程度，与欧美相比仍然存在较大的差距。

研究中国地质学体制化的特征，就是与欧美的一般进程相比，中国地质学在体制化进程上有何不同，以及这种不同对中国地质学的发展带来了何种影响。中国地质学体制化最初主要是以政府的推动来进行的，这与西方地质学从业余传统到官方承认的体制化进程存在很大的差异。我们以地质科及其后的机构演变作为考察的对象，首先，由于这种体制化进程的异演①，使地质研究所不得不以"研究"之名行"教育"之实。其次，地质科作为行政单位，是要服务于经济目标，而体制化是以学术研究为基础，在这二元价值中寻找平衡就贯穿于体制化的整个进程。最后，地质科的设立，在某种程度上结束了中国地质学由外国学者"包办"的历史，标志着以中国人为主体，外国人士协助的"合理化"时期的到来。

（一）体制化进程的异演

1936 年，章鸿钊回顾中国地质学发展史时说："在欧洲各国，最初往往由学会调查入手，及卓有成效，政府乃专设机关详订计划，以利进行。这种办法在中国缓不济急，势难采用。"[6]显示出在当时的社会条件下，中国地质学只能走自己的体制化道路。

西方地质学体制化走的是一条从业余传统到科学职业化的道路，以近代

①　中国是沿着地质科——教育、研究机构——地质学会的路径完成体制化进程，既不同于西方的进程，也不是完全意义上的反演，而是一种看似"异常"的独特演变的过程。笔者将其简称为"异演"。

地质学首先发轫的英国最为典型。早在 18 世纪 30 年代，剑桥大学就设立了"伍德沃德地质讲座"，以 1807 年伦敦地质学会和 1835 年大不列颠地质调查所成立为标志，英国地质学逐步完成了自然哲学向科学学科转化的专业化过程和业余方式向职业化衍变的"职业认同"过程[7]。

德国、法国、美国与英国基本一致，都是沿着教育机构、地质学会、研究机构的路径完成地质学体制化进程①，可以说这是西方国家地质学体制化的一般模式（表 1）。

表 1　几个国家地质机构成立时间表

国家	阶段一	阶段二	阶段三
英国	英国剑桥大学伍德沃德地质讲座（1730 年）	伦敦地质学会（1807 年）	大不列颠地质调查所（1835 年）
德国	德国弗莱堡矿业学校（1765 年）	德国地质学会（1848 年）	普鲁士地质调查所（1873 年）
法国	法国巴黎矿业学校（1790 年）	法国地质学会（1830 年）	—
美国	—	美国地质学会（1840 年）	美国地质调查所（1879 年）
日本	地质人员培训班（1878 年）	日本地质调查所（1882 年）	东京地质学会（1893 年）
中国	中国地质科（1912 年）	中国地质研究、调查二所（1913 年）	中国地质学会（1922 年）

中国和日本的地质学都是由西方国家引进的，其体制化进程不仅与西方不同，两者相比也各具特点。西方国家地质学会的成立不仅是地质学教育发展到一定阶段的必然产物，而且，通过"学会调查入手，卓有成效"才促使政府"专设机关"，在体制化进程中发挥着承前启后的作用。中国和日本的地质学会都是在体制化的后期才成立，并且，中国与日本相比，是首先成立行政机构——地质科，随后才促成地质教育，这种"缓不济急"的形势比日本更为严峻。

从地质学机构成立的间隔时间来看，西方国家体制化达到比较成熟一般

---

①　由于相关资料的缺乏，笔者没有看到法国研究机构和美国教育机构最初成立的准确时间，不过，这对于已有资料显示的西方地质学进程而言影响不大。理由如下：第一，大不列颠地质调查所是西方最早成立的地质调查机构，所以法国的地质调查机构只能位于进程的第三阶段；第二，教育机构的设立是学术共同体形成的前提和基础，因此，美国的体制化进程也遵循西方的一般模式。

需要几十年，乃至上百年的时间，而且往往需要较多的时间形成学术共同体，在此之后的体制化进程则明显加快。而后发展国家在政府的强力推动下，完成这个过程日本用了 15 年，中国仅用 10 年，虽然从表面看时间大为缩短，但在体制化的完善程度上与西方仍然差距较大，这一点在中国表现得更为突出。

（二）研究机构与教育机构的角色移位

西方地质学体制化的一般模式，是在以科学家和学者为主体的业余传统的基础上，成立教育机构培育人才，循序渐进形成学术共同体，然后再成立地质调查机关。日本也是从教育入手，唯有中国，是通过地质科的设立才真正实现了地质学教育和研究这两项最基本的功能。

民国二十年，在地质调查所成立 15 周年纪念刊中，有这样一段话："顾调查地质虽归行政系统，实属专门科学，非有专精研究人才，以严格的科学方法行之，则调查云者势必徒有空名。故自地质科设立以来即深感专材缺乏，非特别养成不为功，而当时各大学无一地质功课，乃于民国二年由工商部自设地质研究所，为造就人才之计，以章鸿钊君为所长，嗣以翁君文灏为专任教员。"[8]

这清楚地表明：第一，地质研究所可谓"名不副实"，是一所培养地质学专门人才的教育机构，并非地质研究机构；第二，这种研究与教育的角色移位是形势所迫，势不得已。但是，这也使地质研究所非常明确自己的目标，那就是章鸿钊所言："今日之研究，正为他日之调查。"因而，地质研究所对学生的要求非常严格，为中国地质学事业造就了一批"领袖人才"。

1916 年 7 月 14 日，地质研究所举行了毕业典礼。虽然地质研究所只开办一届，却非常出色地完成了中国地质学体制化初期教育与研究之间的衔接。正式进入地质调查所的 15 名地质研究所毕业生有 7 人先后出国留学[①]，归国后多成为中国地质学界的领军人物。例如，叶良辅、谢家荣 20 世纪 30 年代即为中央研究院评议员，谢家荣还是中央研究院首届院士。新中国成立

---

① 出国留学的是谢家荣、王竹泉、谭锡畴、朱庭祜、叶良辅、周赞衡、李学清。

后，谢家荣、王竹泉先后当选中国科学院地学部学部委员。虽然由于角色移位，地质研究所承担的是教育功能，但在仅仅一届学生中，竟出现如此之多的地质学栋梁之材，足以使其在地质学史上留下浓重的一笔。

（三）维系体制化的二元价值选择

地质科"虽归行政系统，实属专门科学"，尤其在当时贫弱的中国，服务经济目标是地质学的主要任务，同时，地质学作为民国前期科学界中的显学，还承担着为中国科学赢得国际名声的重任。因此，中国地质学一方面必须充分利用其不可替代的经济功能，获得社会各界的支持，从而为其体制化开创一片发展空间；另一方面，要在世界学术界占有一席之地，就必须在理论研究上有所突破，才有可能融入国际学术共同体之中。在这二元价值中选择最佳的平衡点就成为维系地质学体制化的关键。

1913 年，工商部将地质科改造为地质调查所，通过聘请梭尔格(F. Solgar)、安特生（J. G. Andersson，1874—1960）、丁格兰（F. R. Tegengren）、新常富（E. T. Nyström）等外国专家，吸纳翁文灏、顾琅、王烈、曹树声等早期留学生，随即开展地质调查工作。1913 年冬，丁文江会同梭尔格、王锡宾调查正太铁路沿线地质矿产，填绘分幅地质图。1914 年，农商部顾问安特生赴直隶龙门县勘查矿产；1915 年，章鸿钊、张景澄往浙江、安徽调查地质矿产；翁文灏、曹树声赴土默特调查矿产地质；技师丁格兰、技士赖继光往山西晋城调查铁矿等[9~12]。可以说，在地质学体制化初期，正是依靠这些卓有成效的地质调查工作，才赢得了政府对地质学的人员、资金等各方面的支持，从而为地质学的发展奠定了坚实基础；同时，地质学凭借其不可替代的经济功能，为其学术研究提供了相当程度的自主性，其学术成就在中国乃至世界都享有盛誉。

1936 年，《科学》杂志主编刘咸回顾了中国 20 年的科学史，分析了各主要学术研究团体，指出："我国国立研究机关成立之最早者，当首推北平实业部地质调查所。……以北平地质调查所为中心之地质学研究，得中央研究院，两广及各省地质调查所之作合，于测制全国地质图，调查矿产岩石，研究古生物，土壤，燃料，地震诸般工作，于学理上，应用上，均卓著成绩，……说者谓我国地质学之研究成绩，突过日本，甚或赶上世界之进步，或非虚语。"[13]

"学理和应用"两方面的卓著成就不仅使中国地质学在世界地质学界占有重要的一席之地，而且，两者之间的价值叠合对于体制化的重要性，可以从地质调查所先后创办的几种地质学术刊物及机构设置中清晰地体现出来。

在地质调查所出版物中，既有纯粹的学术性刊物《中国古生物志》，又有专门研究矿业状况及统计的《中国矿业纪要》，还有兼顾学理与实用的《地质汇报》和《地质专报》。1928 年地质调查所设立古生物研究室，次年成立新生代研究室，为理论研究奠定了坚实基础；1930 年又成立土壤研究室、沁园燃料研究室、地震研究室，这又充分体现了地质学的实用价值。并且，这些研究室不定期出版《土壤专报》《燃料研究专报》和《地震专报》，并与国际学术机关进行交换，影响日益广泛。

（四）交流与奖励系统中的本土化与国际化

在众多纯粹科学中，地质学是最具有区域性的一门科学。黄汲清在《三十年来之中国地质学》一文中，写道："我们不能说'中国的物理学'，我们也很难说'中国的化学'，但是我们如说'中国的地质学'，那是名正言顺的"，文章的最后，他深有感触地说："中国的科学事业如得适当之外国人士参加协助，定能收事半功倍之效。以地质言，若非安特生先生努力提倡于前，葛利普（A. W. Grabau，1870—1964）先生训练人才于后，中国地质学上之成就恐怕不能如今日我们所见到者。"[14]

诚如斯言，本土化与国际化的有机结合不仅是中国地质学率先体制化的重要因素，也是中国地质学体制化的显著特征。

1. 交流系统

地质学具有本土化特征，作为一门科学，它又必须遵循国际化的学术规范。交流系统无疑是两者有机结合的纽带，在学术刊物上表现得尤为突出。通过对民国前期创办的两份地质学期刊《地质汇报》和《中国地质学会志》在体制化初期的论文数目及作者群体的统计分析，可以对中国地质学本土化与国际化相结合的特征有更为直观的认识（表2）。

表 2　《地质汇报》和《中国地质学会志》论文数及作者数一览表（1919～1928 年）

论文数区间	作者数/人（国外作者数/人）	论文数/篇（国外作者论文数/篇）
0.5～1	33（19）	30（18）
1～2	10（4）	18.33（8）
2～3	8（4）	22.84（11.34）
3～4	4（1）	14.66（31.6）
4～5	0	0
5～6	1	5.5
6～7	3	20.5
7～8	2（1）	15.34（7.34）
8～9	2（1）	16.5（8.16）
9～10	1（1）	10（10）
10～11	2	21.33
11～12	1	12
总计	67（31）	187（66）

注：统计数字为 1928 年（含）之前《地质汇报》和《中国地质学会志》发表的论文数。合作发表的论文，统计时除以作者数

在发表论文的 67 位学者中，55 位学者（82.1%）发表的论文数量还不到一半（45.9%），占总数 1/6 的作者（17.9%）发表了 1/2 以上的论文，科学家群体的宝塔形分层非常明显：一端是发表论文很少的大多数人，另一端则是发表论文较多的极少数人。值得注意的是，国外学者占到将近一半（46.3%），发表论文超过 1/3（35.3%），显示出中外学者以学术刊物为载体进行学术交流的密切程度。

发表论文较多的作者主要分三类：一是中国地质学权威，如章鸿钊（7篇）、翁文灏（12 篇）、李四光（8 篇）；二是外国地质学专家，如葛利普（10篇）、德日进（P. T. de Chardin, 1881—1955）（8.16 篇）、巴尔博（G. B. Barbour）（7.33 篇）；三是国内优秀毕业生，如谭锡畴（11 篇）、王竹泉（10.33 篇）、赵亚曾（8.33 篇）、李学清（7 篇）、谢家荣（6.5 篇）。

章鸿钊、翁文灏、李四光是留学回国的中国地质学的创始人，谭锡畴（1926 年赴美留学）、王竹泉（1929 年赴美留学）、赵亚曾（1929 年英年遇害）、李学清（1922 年赴美留学）、谢家荣（1917 年赴美留学）先后赴国外留学，成为后来中国地质学界的学术带头人。通过交流系统，一方面使中国学者，尤其是上层精英人物，与国际地质学界保持畅通的联系；另一方面，

使一批优秀人才得到更高的"知名度"脱颖而出，成为中外地质学术交流的使者。

2. 奖励系统

授予荣誉奖励是学术共同体"承认"的最高形式，奖励系统对体制化建设的重要意义是不用多说的。但是，中国地质学界奖励系统的最先形成却充分体现了本土化与国际化相结合的典型特征。

1925 年，地质学会第三届年会期间，新任会长王宠佑（1878—1958）为纪念其师葛利普教授，捐资设立金质"葛氏奖章"，由"中国地质学会就对于中国地质学或古生物学有重要研究或对地质学全体有特大贡献者授给之"，并规定"每两年授给一次"。

王宠佑设立葛氏奖章的初衷是纪念恩师，体现了中国尊师重教的优良传统，但是，作为中国早期地质学留学生，王宠佑的恩师葛利普教授是美国地质学家，所以，葛氏奖章本身就象征着中外地质学，乃至中外文化传统的交融。

葛氏奖章是中国地质学会的最高奖赏，"得奖之人无国籍限制"。从获奖者名单来看，从 1925 年设立到 1948 年共有 9 位地质学家荣膺该奖，除中国地质学奠基人丁文江、章鸿钊、翁文灏、李四光、杨钟健、朱家骅外，葛利普（美国）、步达生（D. Black，1884—1934，加拿大）、德日进（法国）三位外国学者名列其中。作为民国时期地质学界的最高奖励，国外学者的获奖比例高达 1/3，充分显示出中国地质学体制化的国际化特征。

再从三位国外学者的获奖缘由来看，葛利普在古生物方面的贡献是中国地质学界公认的，孙云铸、赵亚曾、杨钟健、黄汲清等一批学者皆出自他的门下；步达生对"北京猿人"的研究，使地质调查所新生代研究室成为当时世界学术界瞩目的焦点；德日进曾任法国地质学会主席，1923 年来华后，在古生物学、地文学、构造地质学、岩石学、史前考古学等多个领域对中国地质学的发展做出重要贡献。

国外地质学家不仅以自己的学术成就得到了中国地质学界的承认和尊重，而且，在某种程度上，他们本身已经成为中外地质学友好的象征。1946年葛利普逝世后，遵其遗言葬于北京大学地质馆，但在"文化大革命"期间，墓葬被毁。1982 年，北京大学和中国地质学会将其墓葬迁于北京大学未名湖畔，种树立石，碑阴刻有葛氏生平，以供凭吊。

三、结　语

地质学是民国前期科学中的显学，取得了令世人瞩目的学术成就，这在当时的社会条件下是极为不易的，成功的原因当然也是复杂多样的，但地质学所采取的体制化模式无疑是一个非常重要的原因。一般地讲，学科体制化的动力机制可以区分为权威系统与权力系统两类理想化的驱动模式。欧美是科学体制化的源发性国家，体制化发端于学术权威结构，是以科学家和学者作为体制化的主体；而后发性国家的科学体制化则多以学术权力结构乃至于社会权力结构为发端，政府和官员是体制化的主体。当然，实际的学科体制化过程往往既需要有权威系统的行动，也需要有权力部门的介入。

通过对民国前期地质学体制化的特征分析，可以更为清晰地展示出中国地质学体制化的独特路径。中国作为科学体制化的后发性国家，在西方科学体系移植、重建的过程中，政府、官员无疑起着非常重要的作用，这从政府机构中设立地质科这件事上可以充分地体现出来。但是，中国地质学体制化的独特之处就在于，虽然地质学凭其强大的经济功能，获得了政府、社会的广泛支持，然而，在学术范式的建立、交流奖励系统的形成、人才的教育培养制度，以及通过展现学术魅力与社会功能吸引新学人进入该学术领域等诸方面，外界因素没有起到主导性的作用，在学术领域几乎见不到政府的意志，从而充分保障了地质学体制化的自主性和自辖性。这也是地质学能够成为民国时期国人为之骄傲的科学上的第一次光彩的深层次原因。

民国前期地质学的体制化模式，对于我们今天的科学体制创新，应该说仍有借鉴的意义。

参 考 文 献

[1] 任定成. 在科学与社会之间（对 1915—1949 年中国思想潮流的一种考察）. 武汉：武汉出版社，1997：3.

[2] Hess D J. Science Studies：An Advanced Introduction. New York：New York University Press，1997：52-111.

［3］默顿 R K. 十七世纪英格兰的科学、技术与社会. 范岱年，等译. 北京：商务印书馆，2000：2，3.

［4］本-戴维 J. 科学家在社会中的角色. 赵佳苓译. 成都：四川人民出版社，1988：147.

［5］袁江洋，刘钝. 科学史在中国的再体制化问题之探讨（上）. 自然辩证法研究，2000，16（2）：58-62.

［6］章鸿钊. 中国地质学发展小史. 上海：商务印书馆，1955：17.

［7］王蒲生. 英国地质调查局的创建与德拉贝奇学派. 武汉：武汉出版社，2002：1-19.

［8］地质调查所. 中国地质调查所概况. 北平：中国地质调查所，1931：1.

［9］农商部. 本部纪事. 农商公报，1914，1（3）：8.

［10］农商部. 本部纪事. 农商公报，1915，1（11）：43.

［11］农商部. 本部纪事. 农商公报，1915，2（1）：34.

［12］农商部. 本部纪事. 农商公报，1915，2（2）：41.

［13］刘咸. 科学史上的最近二十年. 科学，1936，20（1）：10，11.

［14］黄汲清. 三十年来之中国地质学. 科学，1946，28（6）：249-264.

世界社与辛亥革命[*]

1941年，珍珠港事件爆发前两天，赴美途经檀香山的李石曾给杨家骆写信，谈到世界社组织："我提议创设了世界社……这个世界社即是我所希望的立体与动作的百科全书……我组织世界社——欲其成为立体与动作的百科全书——因而无事不举，由出版而至于学术教育；由理论而至于应用与经济；由戏曲的舞台而至政治社会的舞台，无所不为。"[1]世界社是1906年吴稚晖、张静江和李石曾等深受无政府主义影响的革命者在巴黎成立的组织。世界社以张静江的通运公司、李石曾的豆腐公司等为资金来源，出版报纸、杂志和图书以宣传革命，并给孙中山以重要支持。

一、世界社的肇创

"世界社"名称源于李石曾与张静江1901年在北京初识时定下的"世界之游"计划[2]，反映了在义和团运动和八国联军侵华后，中国上层知识分子到国外寻求救国强国之道的社会潮流。李石曾、张静江等1902年以驻法公使孙宝琦的随员身份留法。同行20余人，除了3个满人外，其余思想均不保守。孙宝琦同情革命，参赞刘紫生更是"倡导排满革命甚烈"。在船上，

   * 本文作者为刘晓、李斌，原载《自然辩证法通讯》，2011年第33卷第5期，第31～35页。

张静江与李石曾秘结为"心证之盟"[3]。吴稚晖在祝张静江 70 大寿时写道："静江先生真诚古来稀，惟先生真信石曾先生为世界之种种企图，莫不力赞之。"[3]

李石曾在巴黎南方小城蒙达尔纪（Montargis）学习期间了解到启蒙思想家、百科全书派、拉马克的进化观以及孔德和普鲁东的法国社会主义[4]。他自述，其中一位博物学教员傅朗肃（François）教授，向他介绍了无政府主义者埃利赛·邵可侣（Elisé Reclus，1830—1905）的名著《人与地》，以及拉马克和达尔文的进化论学说。农校毕业后，李石曾结识地理学家、记者和社会活动家保罗·邵可侣（Paul Reclus，1858—1941），即埃利赛·邵可侣的侄子。埃利赛·邵可侣指引他接触无政府主义思想，研读巴枯宁与克鲁泡特金的著作，并介绍他加入巴黎的政治和文化生活圈。自此李石曾经常参加各种沙龙，与无政府主义者、工团主义者和激进社会主义者交往，诸如托马斯（Albert Thomas，1878—1932）、班乐卫（Paul Painleve，1863—1933）、穆岱（Marius Moutet，1876—1968）、赫里欧（Édouard Herriot，1872—1957）、欧乐（Aulard，1849—1928）等[4]。李石曾认为："由邵氏而及于克氏，为吾生思想中坚。"[5]加上自己的体验，李石曾形成了自己的思想和做事风格，即在世界视野下，以互助联合的方式推动社会革命。

张静江一到巴黎也脱离使馆，从事商业，经过一年的考察，次年在巴黎设立通运公司，经营古玩、丝绸、茶叶等。由于接触到法国知识分子，张静江从一些无政府主义信徒那里了解到普鲁东、巴枯宁、克鲁泡特金等的思想和宣传品。因此思想锐进，言论解放，在留学生间颇有名声。与其他革命者不同的是，世代经商的张静江看到了革命必须以经济为后盾，中法间通商的成功，为张静江积累了较为丰厚的经济资本，这是后来世界社活动得以开展的基础。张静江曾发表《经济革命》一文，表明自己从事的商业活动是以国民革命社会建设为目的。

1903 年，常在报纸上撰文反对清朝的吴稚晖为躲避清政府抓捕，留学英国，在伦敦工艺学校学习"写真铜版"技术。吴稚晖是李石曾父亲李鸿藻的门生，李石曾出国前曾在上海拜见。1903 年，《苏报》案发生，吴稚晖被迫流亡欧洲。吴本欲赴法找李石曾，其友人陆士炜惧法国为革命策源地，强迫吴稚晖赴英国[6]。1905 年 7 月，张静江到伦敦，与吴稚晖相识，两人豪迈不羁的性格相近，一见如故。随后张静江约吴稚晖到法国，与李石曾等三人商谈筹备成立"世界社"，创办中文刊物，以沟通中西文化，宣传革命。吴稚晖一到法国，与张、李相交甚密，不久也成了无政府主义的俘虏。

世界社的成立是与其出版事业同步进行的，"几专以刊物为务，后则推广而至于文化经济社会诸端"[7]。早在 1903 年，张静江和李石曾二人即有筹备刊物的打算。张静江还与李石曾相约，将来各认筹 100 万元，经营各种事业，赞助革命，推动建设，发展文化，改进社会[3]。吴稚晖的加入，则为出版提供了编辑和排版的条件。张静江在与吴稚晖、李石曾等商定后，于 1906 年 3 月回国，购买印刷器材及招聘排字工人，11 月运抵巴黎[8]。9 月，李石曾到伦敦访吴稚晖，商讨世界社和出版刊物的事宜，12 月，张静江又到伦敦，约吴稚晖到巴黎，于是，三人正式在巴黎成立世界社。社址设于巴黎达卢街 25 号（25，Rue Dareau）。同时筹备中华印书局，最终设在健康街 83 号（83，Rue Santé），上为编辑部，下为印刷厂。张静江返法时同乡褚民谊也随行留学，遂参与筹备印刷所等事宜。

张、李、吴的世界社出版的《新世纪》周报在很大程度上是模仿格拉佛（Jean Grave）创刊于 1895 年的《新时代》（Les Temps Nouveaux）周报。《新时代》是无政府主义刊物，邵可侣叔侄均是非常活跃的撰稿人。起初，《新世纪》外文名称直接采用后者的世界语形式"La Novaj Tempoj"，直到 1909 年才改为法语的"Le Nouveau Siècle"（新世纪）。它们的内容也是极为相似的，都以介绍无政府主义名家思想和报道世界各地的革命活动为主，主张社会革命和政治革命。甚至两个《新世纪》的出版发行是在同一座楼上，据格拉佛称当年是与李、吴等一起办的《新世纪》[9]。1907 年 6 月 22 日《新世纪》第 1 号创刊，至 1910 年 5 月 21 日因政治压力和经费困难而停办，共出版 121 期。《新世纪》与稍后日本出版的《民报》相互辉映，是辛亥革命前最著名的海外革命期刊之一。

早期世界社事业主要以出版为主，张静江负责筹款，吴稚晖负责编辑兼撰稿，李石曾、汪精卫、褚民谊、蔡元培等负责撰稿。除《新世纪》外，还出版著名的《世界》画报与新世纪丛刊。其中，《世界》画报更多体现了世界社的旨趣。

二、《世界》画报

《世界》画报（*L´Illustré Mondia*）第一期于 1907 年秋刊行（图 1），是目前已知中国近代第一本印制精美的彩色画报。世界社"以介绍文明为目的，以装印宏丽为普及之方术"。吴稚晖所用的印刷方法是当年十分先进的凸版印刷，用此法印刷的照片画面非常清晰，在当时亚洲具有领先水平，他被誉为"东亚画报中的鼻祖"。《世界》所有插图，均为铜版五色印刷，各项费用，按 1 万册计，成本即达 2 万法郎。广告中称《世界》"为东方第一次美术画大杂志……有彩墨全景之画，在东半球印刷品中实为从来所未有，而售价仅索 1 元 6 角，其价值之低廉亦于东半球印刷品中为从来所未有"[10]。张静江为《世界》的刊行投入甚巨，不仅担负筹款一项，还由夫人姚蕙女士担任总编辑，同乡褚民谊担任经理刊行。吴稚晖、李石曾等则担任印刷和选注译述，法 32 国医学博士、巴黎大学教授南迮为鉴定者。

图 1　《世界》第一期封面及扉页

画报的封面，为埃利赛·邵可侣的世界文明产生图，用不同颜色表示文明产生时间的差异，而不同文明之间均存在联系。南迮在序言中称："诸君子欲以西方之政俗科学美术哲理介绍于支那……吾辈笃好进化之学理者，倾其心以欢爱我黄种之同胞，吾愿我黄种之同胞，亦速来与吾辈握手，此即世界大同之始兆，而博爱平等之基础，确然而定也。"[11]

画报内容包括"世界各殊之景物"、"世界真理之科学"、"世界最近之现象"、"世界纪念之历史"和"世界进化之略迹"五大板块。画报在各个板块都集中介绍能代表西方民主和科学的一些事物，如"景物"板块介绍了美国、英国、法国的议会政治；"科学"板块介绍了达尔文、赫智尔的进化学说；"现象"板块介绍欧陆社会风潮、法国政教分离；"历史"板块突出君民权利的消长，介绍了华盛顿、拿破仑、路易十六等重大历史影响人物。值得注意的是，画报内页一般采用单色印刷，但查理一世赴刑场和路易十六行刑的两张图片用了全彩色，清晰凸显了画报的革命主张；"略迹"板块则展示比较了世界各国的交通情况。与中国有关的新闻在画报中也有一定报道，如反映中国宪政改革的"出洋调查专使团"、反映租界斗争的"上海权利之竞争"、反映妇女解放的"上海妇女天足会大会"等。从内容可见，这是深受狄德罗百科全书影响的一份刊物。《世界》第一期，出1万册，遍寄欧美、南洋、日本各处华侨销售。

1908年1月《世界》第二期分为四个板块，比第一期减少了"历史"部分。"景物"介绍法国、英国、德国的大学和欧洲的山水、古迹；"科学"部分介绍巴斯德的微生物学、X射线、照相和电话技术等；"现象"部分介绍美洲地震、肺病研究会、海牙和平会，以及中国的鸦片问题和淮北饥荒等；"略迹"部分则介绍教育、体育和戏剧等。

在第二期末尾，登载了第三期的内容预告，将介绍世界主要大博物院和公园、地质学、万国博览会、高丽灭亡等，并用中国近年来的进步、美国黑人的进步和欧美女权的发达来说明世界的进化。预计全册图画达400余幅。

吴稚晖在回忆中写道："我编《世界》画报时所担任的工作，特别注重印刷方面。我自己慎重研究摄制铜版的方法，如怎样垫版，选用怎样性质的纸张，可以使版图平均地纤毫毕露。在编辑方面，也颇注意到文字和插图的排列和支配，怎样可以合乎读者兴味，使人一目了然。好在排字都是自己动手，文字的长短，都可以自由伸缩。有时我做文章，最先并不动笔写稿子，我只打好了一个腹稿，就到铅字架上去检寻铅字，像外国人用打字机器一般地做稿子。这样对文字编排方面，倒反而要觉得省力方便得多。"[12]张静江、吴稚晖和李石曾三人均专注于世界社的事业，李石曾称"张静江每日必住，稚晖先生住颇久，吾亦于初创时住其处"[3]。褚民谊也在书中写道："犹忆千九百零七年，中国印书局草创之际，印字机尚未布置就绪，石曾先生为急于出版其所译之《告少年》《思审自由》《一革命者之言》等刊物，不惜亲自缮写，焚膏继晷，宵分不寐，制成锌板，付之石印。时巴黎正值隆冬，寒气极重，石曾先生之手指，全生冻疮，肿大如莱菔，而曾不少惜。一方复须从事化验，运用科学方法，制成豆腐，务使臻于精美，其治事之精神，与耐劳之习性，诚非尽人所能及。"[8]当年狄德罗编辑百科全书，就是亲自在印刷厂负责督印，从检查机器一直到排版印刷，都亲身参与。世界社出版者的精神风貌，恰与狄德罗神似。

为在国内发行《世界》，张静江回国进行活动，物色到同乡周伯年，让他主持在上海的发行工作，成立所谓"世界社上海分社"。上海图书馆珍藏有齐全的两期《世界》画报，第一期扉页上盖有一枚蓝色印章，印文为"上海老闸桥南厚德里世界画报总发行所，电话 2890"。这应当是《世界》画报最初设在上海的发行所的地址[13]。不久，发行所迁到上海新闻界大本营四马路望平街 204 号。上海世界社除发行《世界》画报外，还暗中销售《新世纪》，供给留学者参考材料。

《世界》定价 5 法郎（约 2 元银币），代理者取 7 折，且付款不及时，导致周转困难。而由于刊物包含革命内容，在国内迫于专制压力销售不畅，常常赠阅或贬价发行[14]。而 1908 年前后正值张静江资助孙中山大笔款项，资金困难，甚至卖掉了经营不久的开元茶庄。因此《世界》第三期虽已编辑，还是被迫停刊。上海世界社也亏损严重，前后耗本 2 万余法郎。因赔累太多，将其改为"新世界"文房店，与世界社脱离了联系。

三、世界社对革命事业的支持

1906 年前后，孙中山访问欧洲之时，曾向留欧学生宣传反清革命并发起组织欧洲同盟会，入会者达数十人[15]。一向主张排满的吴稚晖、张静江和李石曾先后加入孙中山的革命事业，但三人已经是无政府主义的信仰者，在他们的心目中，"国民革命"不过是将来"世界革命"的一个中间过程①，因此他们在加入同盟会的程序上都做了一定的保留②。从此直接投身革命事业。

世界社编译出版了一些革命书籍。1907 年，世界社出版了《新世纪丛书》第一集[16]，收录六篇文章，包括李石曾撰写的《革命》一文以及翻译的蒲鲁东、巴枯宁和克鲁泡特金等的学说。在《革命》一文中，李石曾在开篇提出"以政治革命为权舆，社会革命为究竟"，可谓世界社的纲领。革命的大义是"曰自由，故去强权；曰平等，故共利益；曰博爱，故爱众人；曰大同，故无国界；曰公道，故不求己利；曰真理，故不畏人言；曰改良，故不拘成式；曰进化，故更革无穷"。在革命的方法上，他列举五种，而以书报演说为首："曰书说（书报、演说）以感人；曰抵抗（抗税、抗役、罢工、罢市）以警戒；曰结会以合群施画；曰暗杀（炸丸、手枪）去暴以伸公理；曰众人起事革命以图大改革。"[17]因此，世界社将"书说之传达"当做首要的工作，此外，辛亥革命前后，蔡元培、汪精卫、李石曾都曾投身政治暗杀活动。

孙中山常到世界社暂住，世界社对国内革命事业非常关注，出版了"新世纪杂刊"。新世纪杂刊发行五种单行本，分别是《萍乡革命军与马福益》《中国炸裂弹与吴樾》《上海国事犯与邹容》《广东抚台衙门与史坚如》《湖南学生与禹之谟》，记载了辛亥革命前夕发生在中国的五件重大革命事件，以唤醒民众，鼓吹革命[18]。

此后，世界社不仅在舆论宣传上给孙中山及其革命事业以支持，其主要成员张静江在经济上更是直接资助孙中山甚巨。因此，孙中山对世界社同仁极为尊重。他在自述中称："自同盟会成立后，始有向外筹资之举，当时出资最勇而名者，张静江也，顷其巴黎之店所得六七万元，尽以助饷。"[19]正因如此，孙中山称张静江为"民国奇人""革命圣人"，并手书"丹心侠骨"四字相赠。世界社成立印字局，孙中山介绍同盟会会员曾子襄做排字工人。

---

① 如吴稚晖认为，最理想的社会形态是无政府主义，但现阶段与中国国情最适合的是三民主义。共产主义的实行，要等 1000 年，无政府主义的实行，还要等 5000 年。见蒋梦麟，一个富有意义的人生，《传记文学》（台北），1963，4（3）：32。

② 如吴稚晖看到盟书中"当天发誓"之语，纵声大笑。张静江看到"当天发誓"，立即说道："余为无政府党，不信有天"。

1908 年，张静江的通运公司因负担世界社出版费用，以及资助孙中山在国内的革命活动，资金周转发生困难。张静江考虑与巴黎的法国友人成立"通义银行"，召集股本 100 万法郎，法人占 25%，并联络巴黎四大银行代为发售债票 1000 万法郎，所得现款在上海专营地契押款。1909 年春，张静江回国组织，但这一想法未获得中国股东的赞成，最终未果[19]。这是世界社初次在银行业方面的尝试，这次融资失败，加之国内高压的政治氛围，导致了《世界》画报和《新世纪》的先后停刊。

《世界》画报停刊后，为世界出版事业，李石曾回国招股，1909 年李石曾的巴黎豆腐公司开工后，孙中山前往参观，并在《建国方略》中提及："吾友李石曾留学法国……以研究农学而注意大豆，以与开'万国乳会'而主张豆乳，由豆乳代牛乳之推广而主张以豆食代肉食，远引化学诸家之理，近应素食卫生之需。" 1910 年 12 月，孙中山还在巴黎世界社小住度岁。

1911 年辛亥革命成功后世界社回到上海，不久又因国内政局不稳而返回巴黎。1917 年，蔡元培、李石曾等到北京，世界社得以迅速发展，1928 年南京国民政府成立，世界社的工作重心又到上海，并于 30 年代达到顶峰。抗战期间，世界社因致力于国际和平与合作，工作推广到瑞士、纽约等地，战后在上海曾有短暂的复兴。世界社后来成为李石曾的终生事业，一直持续到 20 世纪 70 年代。辛亥革命前后的世界社，是指导思想的成熟期及各项事业的奠基期，也是这一群体在政治方面极为活跃的一个时期。

参 考 文 献

[1] 杨家骆. 狄岱麓与李石曾. 上海：世界书局，1946：24.

[2] 李石曾. 谈世界社. 见：李石曾文集·下. 台北：国民党党史委员会，1980：37.

[3] 静江先生传记之一. 见：李石曾文集·上. 台北：国民党党史委员会，1980.

[4] 巴斯蒂. 李石曾与中法文化关系. 陈三井译. 台北：近代中国，1998，（126）：171.

[5] 李石曾. 六十自述. 李石曾在 1908 年 1～6 月在《新世纪》连载翻译克鲁泡特金的《互助论》前 4 章.

[6] 李书华. 吴稚晖先生从维新派成为革命党的经过（下）. 传记文学，1964，4

（4）：41.

　　[7] 李石曾．重刊世界六十名人引言．见：世界社．近世界六十名人．上海：世界书局，1937.

　　[8] 褚民谊．欧游追忆录．北京：中国旅行社印行，1932.

　　[9] 毕修勺．我信仰无政府主义的前前后后．见：葛懋春．无政府主义思想资料选．北京：北京大学出版社，1984：1026.

　　[10] 汤绖译．旅顺双杰传．上海：世界书局出版，1909.

　　[11] 南迻．《世界》序．姚蕙译．第一期．

　　[12] 张光宇．吴稚晖先生谈世界画报．万象，1935，（3）.

　　[13] 张伟．从巴黎到上海的"世界"．新民晚报，2006-03-26.

　　[14] 杨恺龄．民国李石曾先生煜瀛年谱．台北：台湾商务印书馆，1970：23.

　　[15] 王晓秋．留学生与辛亥革命．欧美同学会会刊，2001.

　　[16] 李石曾．新世纪丛书（第一集）．巴黎新世纪书报局，1907.

　　[17] 真民（李石曾）．革命．见：葛懋春．无政府主义思想资料选．北京：北京大学出版社，1984：171.

　　[18] 张建智．张静江传．武汉：湖北人民出版社，2004：73.

　　[19] 吴相湘．疏财仗义的张人杰．传记文学，1965，6（2）：32.

化学元素名称汉译史研究述评 *

    被誉为近代化学之父的拉瓦锡（Antoine Laurent Lavoisier，1743—1794）在 18 世纪末所领导的化学革命被认为是一切科学革命中最急剧、最自觉的革命[1]。这场革命的一个重要组成部分是对化学语言进行重大改革，由此诞生了系统的化学命名法。在拉瓦锡看来，一门科学的语言对该门科学起着至关重要的作用。因为科学的语言若不恰当，就会在交流中给人以假象，这会有碍科学的进步[2]。更一般地，化学史学家克罗斯兰（Maurice P. Crosland）认为，化学语言的研究有助于阐明科学中的问题以及科学的发展[3]。

    西方化学传入中国，需要一整套崭新的化学语言。中国人学习西方化学，不仅要用自己的语言表达西方化学语言的意蕴，还要把它根植于中国文化的土壤之中。对中文化学语言的研究，有助于我们理解西方化学在中国的传播和接受过程、科学与不同文化的相互作用等问题。由于元素名称是化学语言中最基本的词汇，因此对其汉译史的研究似乎更具重要性。同时，由于在 19 世纪末的相当长一段时期内，从事科学知识引进的中国人大都不通晓西方语言，最初的译介工作往往是由通晓汉语的西方人与中国人共同完成的，这又使得化学元素汉译史的研究具有一定的独特性。

    化学元素名称的汉译始自 19 世纪中叶，但关于其汉译史的研究则要晚

---

  * 本文作者为何涓，原载《自然科学史研究》，2004 年第 23 卷第 2 期，第 155～167 页。

得多，大致始于 20 世纪 30 年代。近 70 年来，这些研究的重心主要集中于化学元素名称的汉译方法和方案、化学元素名称音译原则的创始、化学元素汉译名的统一、中日元素译名的比较、元素汉译名称的竞争和译名氧氢氮涉及的相关问题等几个方面。最近 10 多年来，化学元素名称的汉译史引起了海内外学术界的重视，研究成果不断问世。因此，对已有的研究[4~52]进行总结和评述是必要的。本文试就上述几个方面做一梳理和评述，并就今后的研究略陈管见，以就教于读者。

一、化学元素名称的汉译方法和方案

化学元素的中文名称，是根据西方的元素名称翻译过来的。西方命名元素的常见方法，是根据人名、地名、国名、天体名或神名等来命名[53~55]。化学元素名称的汉译方法则与此不同。

最早的几个元素名称的汉译方案出现于 1870 年前后，见于丁韪良（Wil-liama A. P. Martin，1827—1916）的《格物入门》（1868 年）、玛高温（Daniel Jerome Macgowan，1814—1893）和华蘅芳（1833—1902）合作翻译的《金石识别》（1871 年），嘉约翰（John Glasgow Kerr，1824—1901）和何瞭然的《化学初阶》（1871 年），博兰雅（John Fryer，1839—1928）和徐寿（1818—1884）的《化学鉴原》（1871 年），毕利干（Anatole Adrien Billequin，1837—1894）的《化学指南》（1873 年）等。20 多年之后，益智书会成立术语委员会，在狄考文（Calvin W. Mateer，1836—1908）的主持下，先后发表了《修订化学元素表》（*The Revised List of Chemical Elements*，1898）[56]和《化学名目与命名法》（*Chemical Terms and Nomenclature*，1901）等。

《格物入门》是清末最早的官办新式学堂京师同文馆出版的第一本中文自然科学教科书。此书第 6 卷为《化学入门》，其中有 30 多个元素名称。这些元素名称通常是在相应的中文物质名称上加后缀"精"字，如礬精（Al）、石精（Ca）、硼精（B）、灰精（K）等，以表明西方化学与中国炼丹术的某种联系。《金石识别》译于 1868 年，1871 年由江南制造局出版。它是中国近代矿物学的第一部译著，首次尝试对当时所有已知的化学元素给出中文名称。其元素译名的特点是除了少部分元素采用中国已有的传统物质名称外，其余则采用音译。如安的摩尼（Sb）、贝而以恩（Ba）、孟葛尼斯（Mn）、目力别迭能（Mo）等。《化学初阶》和《化学鉴原》最早提出了系统的元素名称汉译方案。二书根据同一原著翻译而成，前者稍早于后者出版，且都列有64种元素译名，相同者达一半之多。前者由广州博济医局出版，其元素译名的一个显著特点是所有的元素译名无一例外的都用一个字表示，甚至是把当时广为流行的养气、轻气、淡气这些译名也改为养、轻、淡。其译名还借鉴了《化学入门》的部分译名，如《化学初阶》中的译名鈹和鉐分别是由《化学入门》中的译名灰精和石精而来。后者由江南制造局出版，书中明确提出元素名称的音译原则。其元素音译的声旁往往取自《金石识别》所译元素名称的第一个汉字。《化学指南》由同文馆出版。该书的元素译名往往都是由两个或两个以上的汉字拼凑意译而成，因此显得极为笨拙繁冗。这些译名都没有发音。至此，元素名称的主要汉译方案基本成形，但同时也由于各译名方案的并存以及缺乏统一的标准，元素译名极为混乱。益智书会出版的《修订化学元素表》和《化学名目与命名法》，试图统一元素译名，但未得到广泛的认同。其方案主要以意译为主。稍后学部出版的《化学语汇》（1908年）在元素名称的翻译上毫无创见，基本上全部采用了《化学鉴原》中的译名，只有少数几个不相一致。

进入民国以后，教育部颁布了《无机化学命名草案》（1915年）、科学名词审查会审定中文元素名称。同时，随着一批留学生的成长，关于元素译名问题的讨论也日渐增多。当时，任鸿隽（1886—1961）、郑贞文（1891—1969）、梁国常、吴承洛（1892—1955）、陆贯一等都纷纷发表看法和意见，但他们的译名多是对此前元素汉译方案的取舍和综合，并没有多大创见（陆贯一除外）。译名混乱的现象仍未得到解决。直至1932年教育部颁布《化学命名原则》，提出了系统的命名原则，重新确立了元素名称的音译原则，译名的混乱方始结束。

任鸿隽最先对化学元素名称的汉译方法做出概括[4,5]。后来，梁国常为讨论元素译名的方便，也对之进行了概括[6]。二者都认为化学元素名称的汉译方法不外乎三种：沿用中国古代已有的名称、根据元素的性质造字、取西文元素名称的发音造字。所不同的是任鸿隽把根据元素性质造字区分为物理性质（如元素轻、淡）和化学性质（如元素养）两种，取西文元素名称的发音造字区分为根据元素的发音和符号的发音两种，梁国常则强调无论是根据元素性质还是发音造字，都需要加上能表明元素状态的偏旁或字头。1927年，吴承洛认为无机化学的译名有江南制造局、益智书会、博医会等 10 个版本[7]。这些都是在当时统一译名之风极盛时发表的。在此需要指出的是，由于他们的概括是出于统一译名的需要，不能算是有意识的对化学元素名称的汉译史进行思考，所以不宜被视为是对化学元素名称汉译史的最早或较早研究。1963 年，苏特（Rufus Suter）根据《辞源》续编本（上海商务印书馆，1932 年）后的附表把化学元素名称的汉译方法概括为四种：利用中国古代已有的名称、根据元素的性质用单字或双字造字、根据元素符号的发音或部分音节的发音造字、完全音译。容易看出，苏特的概括跟任鸿隽比较类似，只不过多了一个完全音译的方法。苏特指出，完全音译的方法，是一种已被淘汰的方法[14]。1995 年，王宝主要从造字角度对现今中文元素名称的特点进行了总结[30]，如使用固有汉字、形声造字、会意造字、借用古字等。他还谈到避免元素同音字的问题，指出海峡两岸的化学元素译名的不同，并列出了部分不相一致的元素译名[30]。1998 年，赖特（David Wright）概括了科学书籍的汉译过程中外国术语的 7 种处理方法：直接照搬外国术语，不加任何翻译；完全音译；使用现存术语；用两个或多个现存术语或汉字组成新术语，如轻气、淡气；复古字；造新字；借用日本名词[35]。这也适用于元素名称。赖特所概括的方法除了包含以上各位所提到的方法外，还指出借用日本名词的方法。2000 年，赖特又将之缩减为五种方法[36]，但基本上没有什么变化。

如果说任鸿隽、梁国常是作为确定化学元素汉译名的"局中人"而对自己所倾向采取的元素名称的汉译方法加以评论，那么王宝则是从一个化学名词工作者的角度对现今的中文元素名称的用字特点进行反思，其目的是服务于将来的化学名词的制定。苏特似乎更可能是出于对元素汉译方法的独特性的兴趣以及资料的便利而选取《辞源》续编本后附表中的元素译名对汉译方法做出概括。他们的概括似乎是一种"辉格史"式的概括，他们对化学元素名称的汉译历史和方案不大了解。相比之下，赖特的概括就比较全面。因为他是在清末化学书籍的翻译、化学术语的传播的历史背景下总结出处理外国术语的方法的。但是，这些概括都比较笼统，且未涉及对具体的元素汉译方案的分析。

1958 年，郦堃厚认为徐寿和傅兰雅翻译的元素名称具有以下 5 个特点：用汉字偏旁定性、单字、用旧名、采用古汉字但更改发音、所造新字保持汉字形态[12]。其实，徐寿和傅兰雅所译的元素名称并不都是采用单字。对于气态元素，他们用双字表示，如养气、轻气、淡气等，只是在表示化合物时，"气"字才被去掉，而用单字表示化合物中的某一元素。1983 年，坂出祥伸对《化学鉴原》和《化学指南》中的元素名称汉译方案、任鸿隽提出的元素译名、《化学命名原则》（1932 年）中的元素汉译名称作了比较[18]。近年来，赖特对清末时期不同的元素汉译方案也给予了关注[36]。如前所述，是他论证了《化学鉴原》中元素名称的声旁往往取自《金石识别》中元素名称的第一个汉字。张澔探讨了徐寿和傅兰雅的元素译名特点，指出其以西音冠偏旁的元素名称不同于中国的传统形声字，因为他们的形声字的"声"无任何意义[42]。张澔还特别考察了陆贯一[40]、毕利干[46]等提出的被淘汰的元素译名方法。他指出，陆贯一提出以元素的英文化学符号冠上中文偏旁来表示元素的方法多出于语言方面的考虑而少顾虑到元素的化学性质。张澔对陆贯一的元素名称为何未被接受未做出解释。他还对傅兰雅翻译化学术语的原则和理念进行了较深入的探讨[41]。他指出，傅兰雅在翻译化学名词时极力避免使用来自中国自然哲学或古典文学中的词汇，以防当时有"西学中源"心态的中国人"误解"西方的科学理论和定理是来自中国。所以，在当时的译者基本上都利用传统的物质名词或意译方法来命名元素时，傅兰雅却采用了译西文首音或次音再冠以偏旁的音译方式。这虽避免了"误解"，却又会使中国人感到"陌生"，有可能给他们造成无法理解的困难。傅兰雅的化学翻译就是在这种"误解"和"陌生"的两难中进行的。在此，张澔似乎过分强调了傅兰雅在翻译化学术语时的考虑，而忽视了徐寿所起的作用。

这些对元素名称汉译方案的研究大多就事论事，局限于方案本身之中，而较少考虑到方案的具体使用情况以及方案在当时的影响。毋庸置疑，如果把元素名称的汉译方案置于更宽广的背景之下加以研究，我们对汉译方案的认识就会丰富得多。

此外，张子高（1886—1976）和杨根还简要介绍了杜亚泉（1873—1933）对化学元素汉译名称的贡献[21]。不过这一贡献是以《化学原质新表》[57]（1900 年）中的元素译名来计算的，而杜亚泉在他编译的化学教科书中，对部分同一西文元素名称，曾采用过不同于《化学原质新表》中的译名。如《化学原质新表》中被视作译名贡献的元素译名铍、氩、铥、镱在《化学新教科书》[58]（1906 年）中则被译成镕、氝、鎝、鈰，因此他们的结论似乎有商榷的必要。在前不久刚刚出版的《中国化学史·近现代卷》中，王扬宗在论述近代化学传入之始、清末化学书籍的翻译、近代化学教育的开端和发展、化学术语的翻译和统一时，介绍了一些化学教科书和学术辞典以及杜亚泉的无机物命名方案等，整理和挖掘出部分前人未注意到的史料[52]。

二、化学元素名称音译原则的创始

如上所述，最早提出系统的元素名称汉译方案的《化学鉴原》（以下简称《鉴原》）和《化学初阶》（以下简称《初阶》）二书是根据同一原著翻译，出版时间相差不大，书中有相当多数的元素译名是根据西文元素名称的首音或次音来翻译的，相同的元素译名占 64 种元素名称的一半之多，且绝大部分为现在沿用。因此，人们对化学元素名称音译原则的创始产生了争论。

20 世纪 30 年代，吴鲁强（1904—1935）表达了对二书成书时间的困惑，并认为《初阶》因袭《鉴原》的可能性较大[9]。曾昭抡（1899—1967）则避开二书成书时间的问题，直接认为江南制造局所用的化学名词是中国最初所用的化学译名[10]。50 年代，袁翰青（1905—1994）也避开讨论二书的出版时间，并继承了曾昭抡的看法，认为"从徐寿所译的书开始，我们有了一套系统的元素名称。今天通用的元素名称基本上就是采用了那时决定下来的原则。……首先印出的中文的化学元素表是出现在《化学鉴原》一书上。"[11]郦堃厚[12]、李乔苹（1895—1981)[16]也持相同观点。曾昭抡、袁翰青等采取回避讨论《初阶》和《鉴原》的出版时间的态度终究令人不大满意。60 年代，张子高提出异议[13]。他先是论证《鉴原》的开译（1870 年）和出版（1872 年）都在《初阶》之后，继而便据此认为《鉴原》因袭了《初阶》，并在此基础之上，计算出何瞭然对元素译名的贡献比徐寿大，从而认为何瞭然先于徐寿确定了当时所知的 64 种元素的全部中文名称。事实上，张子高的推理是不够严密的，仅据《鉴原》的开译和出版都在《初阶》之后还不足以断定

《鉴原》因袭《初阶》。因为，只要《鉴原》的开译在《初阶》出版之前，就有《初阶》因袭《鉴原》并抢先出版的可能。至 1982 年，张子高和杨根仍然持该种观点[17]。1985 年，张青莲在默认《鉴原》因袭《初阶》的前提下，以当时的中文元素名称为标尺，重新计算了徐寿和何瞭然对元素译名的贡献，认为二者"大约各占其半，平分秋色"[19]。20 世纪 80 年代后期某些论著并未注意到张青莲的这一工作，仍然坚持张子高的看法[20]。以上论著都仅就两个译本讨论有关问题，而很少利用相关的历史文献，其结论因而难以令人信服。

20 世纪 90 年代初以来，职业科学史学者开始介入这一问题的讨论，他们利用的史料范围更广、研究视野逐步拓展。里尔登-安德森（James Reardon-Anderson）为中国历史学家未曾给予嘉约翰、傅兰雅或任何一个外国人以应有的荣誉正名，提出傅兰雅和徐寿是近代中国化学命名原则的奠基者[26]。王扬宗查考有关资料，重新论证了《初阶》和《鉴原》都是在 1871 年出版的，前者略早于后者，徐寿和傅兰雅在翻译《鉴原》时第一次提出了元素名称的汉译原则，而何瞭然和嘉约翰在翻译《初阶》时则借鉴了《鉴原》中拟订的部分化学元素译名[23,33]。张澔认为，赖特利用与王扬宗相同的史料，却得出了不同的结论，即《鉴原》受了《初阶》的影响，不过赖特对傅兰雅提出单一形声字作为化学元素名称的汉译原则的论点未予以反驳[42]。张澔本人则从中文化学元素名称变化的历史角度论证了傅兰雅和徐寿是化学元素名称音译原则的创始人[42]。但他对以一个形声字来表示元素名称的想法究竟是出于徐寿还是傅兰雅提出了三种可能性[41]。在最近的论著中，有些直接采纳了王扬宗的观点[39]，有些则仍然沿从张子高的看法[29,48]。但以后者未曾关注到这一新动向的可能性较大。

可以看出，《鉴原》和《初阶》之间的争论主要涉及三个方面：一是二书的开译和出版时间，二是二书中相同的元素译名究竟由谁制订，三是谁建立了元素汉译名的基础。三者紧密相连，其中任何一个问题的解决都有助于其他问题的解决。这些问题是化学元素名称汉译史上的重大问题，它们自 20 世纪 30 年代以来，一直为史学家们在不同程度上所关注。现在基本上确定了徐寿和傅兰雅是化学元素名称音译原则的创始人。不过，在争论的早期，中国化学史学家在论及化学元素名称音译原则的创始人时都不曾提及傅兰雅，这种状况在 20 世纪 90 年代以后已经改变，同时海外学者似乎有突出傅兰雅等的趋势。由于口译与笔述相结合的翻译方法的特殊性，在不同的场合口译者和笔述者的作用是不同的，因而，关于《鉴原》中的元素译名原则的创制，究竟是徐寿还是傅兰雅起到了更重要的作用，也许是难以断言的。

三、化学元素汉译名的统一

总体说来，已有的研究能让我们大致勾勒出自清朝末年至 1949 年之前关于元素汉译名统一的主要工作，但是，元素译名统一的细节还不是很清楚。至于元素译名在清末呈何状态，又是怎样演变成如今的状态，仍有待深入探讨。

1935 年，为纪念《科学》杂志创刊 20 周年，曾昭抢撰文回顾了 1915～1935 年这 20 年间中国化学的进展情况[8]。文中较为详细地叙述了 20 年来中国在统一化学名词方面所做的工作，其中尤有见地的是谈到了为何 20 年代教育部颁布的化学命名原则未得到普遍推行，而 30 年代却得到迅速推行的原因。他认为其原因有：政府的威信加强、商务印书馆于 1932 年 "一·二八" 战役被焚后不再反对新名词、国内化学家的兴趣已转向专门研究等。这一观点随后基本上被某些论著[26,49]采纳。时隔数十年，台湾化学史家李乔苹从厘订化学命名原则的角度对学者和政府在民国成立之后所做的化学名词统一工作做了介绍[16]，并对 1949 年后台湾统一化学名词的工作也有所述及，但只叙述到 50 年代[16]。中国内地学者则未见对台湾统一化学名词的工作进行研究。医学史学者张大庆专门考查了科学名词审查会（其前身是医学名词审查会）这一非官方的科学社团在 1915～1927 年所做的科学名词审查活动，并对其取得的成绩做出了评价，其工作旁及化学名词[31,37]。张澔在简单回顾了清末的化学名词统一工作之后，以科学名词审查会和编译馆化学名词审查委员会为对象，梳理了 1912～1945 年这段时间内中国统一化学名词的工作[50]。他指出科学名词审查会的化学名词由于受到时局动乱的影响而成为政治的牺牲品。这些研究涉及的都是民国成立之后 1949 年之前的情况。

1969 年，王树槐分别论述了清末传教士组织（主要谈到益智书会和博医会）和中国人自己统一名词的工作，并分析了清末统一名词失败的原因[15]。

1991 年，王扬宗重点评介了益智书会统一科技术语的工作与成就，介绍了该会的两项主要成果《化学名目与命名法》（*Chemical Terms and Nomenclature*，1901 年）和《术语词汇》（*Technical Terms*，1904 年），并简要地分析了益智书会统一科技术语的工作不大理想的原因[24]。针对王扬宗认为益智书会是清末从事科技术语译名统一的唯一一组织这一观点，张大庆指出博医会在统一科技术语译名上也起了一定作用，并非只关心医学名词[28]。这主要是针对清末的情形而言。

坂出祥伸先整体叙述了科学术语的形成和确定过程[18]，后以清末民初中国翻译化学书籍的情况为主线，特别勾勒了清末至 1932 年《化学命名原则》的颁布这段时期内化学元素的汉译名称被最终确定的过程[18]。此外，张藜对建国初期的化学名词统一工作也作了一些扼要介绍[32]。教育部颁布的《化学命名原则》和后来的全国自然科学名词审定委员会公布的《化学名词》等书的序言中也会提到以往的化学名词统一工作。王夔等总结了 101～109 号元素的中文名称的审定经过[34,38]。

不难看出，专门论述化学元素汉译名统一的研究还不多见，它们往往是附着在化学名词或科技术语的统一的研究中。已有的研究虽然对各个时期（清末、民国成立之后至 1949 年之前、1949 年之后）的元素汉译名统一工作都有涉及，但是研究的深度和广度还远远不够，对于 1949 年以后中国内地和台湾地区进行的化学名词统一工作更是未见专门研究。

四、化学元素名称汉译史研究的深化

最近 10 余年以来，化学元素名称汉译史的研究引起了海内外学者的广泛关注。这些研究主要涉及中日元素译名的比较、元素汉译名称的竞争和译名氧氢氮涉及的相关问题等。

20 世纪 90 年代初开始的中日化学元素译名的比较研究，分散在中日科技术语的比较研究中。研究者主要是日本学者，中国学者还未见参与。岛尾永康在分析中日科技词汇的交流时指出，田川榕庵（1798—1846）在翻译《舍密开宗》（1837 年）时是根据拉瓦锡的元素观来翻译的（如把 oxygen 和 hydrogen 翻译为"酸素"和"水素"）；日译元素名称中的新字比中国要少得多（因为日本采用片假名音译的缘故）[22]。岛尾永康的研究涉及元素名称的较少。中山茂（Shigeru Nakayama）把自中国耶稣会士时期至现代分为 6 个阶段，分别讨论了各个阶段中日两国在翻译、交流、统一科学术语方面的特点[25,27]。若把其中涉及化学元素名称之处剥离出来并加以分析，可得出以下几点：①中国开始翻译元素名称的时间滞后于日本。日本在 19 世纪初就已翻译完毕当时的元素名称，中国则迟至 1871 年的《化学初阶》和《化学鉴原》才有系统的元素汉译名。②中国在刚开始翻译元素名称时，丝毫未参考日文元素名称。这不同于日本在翻译兰学时极尽利用中国已译书籍。③日本翻译西方科学术语多用假名音译，中文由于缺少语音表达，翻译西方科学术语就必须颇费一番心思。这使得日本对西学的反应快而中国对西学的反应慢。

近代日本引进和学习西学的进程跟中国有几分相似，如果开展中日元素译名的比较研究，思考诸如为何中日的元素译名走上了不同的道路（前者新字多，后者新字少等）、元素译名的不同对中日化学的现代化产生了怎样的影响等问题，未尝不可以使我们对中国化学发展中存在的问题获得某些新的认识。

赖特对中文科学术语的竞争表现出极大的关注。这是以往的研究中很少专门论述过的。他把术语的竞争类比生物界的竞争，认为术语的竞争同样遵循"适者生存"的自然选择定律。赖特的这种认识，我国学者杜亚泉也曾提及过。他说："文字的进化，也适用'适者生存'的定例，和生物的进化相同。"[59]但值得注意的是，赖特对术语竞争的讨论并不仅仅限于同生物界的竞争做一对比，他还在解释术语的竞争时借用了新概念[36]。这就是著名的动物行为学家道金斯（Richard Dawkins）于《自私的基因》[60]（*The Selfish Gene*）中提出的一种新型复制基因觅母（meme）①。赖特引入了这一概念，认为术语也是一种觅母，术语是觅母的产物。他还充分吸取了其他学者关于觅母的看法，并用之解释术语的竞争。概言之，利用觅母这一概念，我们可

---

① "meme"这一术语由道金斯仿造"gene"所创。关于这一术语的汉译名有"觅母"、"谜母"、"谜米"、"拟子"等。这里采用译名"觅母"。觅母是一种文化传播的单位，音乐曲调、思想观念、谚语、服装样式等都可以是觅母，觅母能通过模仿过程从一个人的脑子转到另一个人的脑子并得以繁殖。

以这样理解术语的竞争：由于觅母储存于人脑之中，是通过听、说、读、写和出版著作之类的人类活动来传播的，那么可以推论，觅母被复制得越多，即在听、说、读、写和出版著作之类的人类活动中术语被使用得越多，术语被接受的可能性（存活率）就越大。然而，遗憾的是，赖特并未对化学元素的汉译名（至少是在出版著作中）的使用情况进行考察，因此他关于术语竞争的讨论就难免流于空泛，而缺乏事实支撑。如果结合考察一些出版著作（如化学教科书）中元素汉译名的使用情况，将更有助于我们理解元素汉译名的竞争。

关于化学术语竞争中出现的现象，赖特提到5点：会意字和形声字的竞争、术语的对立使用（指同一中文术语被用于指称不同的西文术语）、中文术语和日本汉字术语的竞争、音译和意译、当代著作中的术语竞争[36]。这里的第5点是指采用了科学术语的著作的专业程度跟术语的"适应度"成反比。著作越不专业，其所采用的术语名称似乎越能代表该术语被普遍使用。这提示我们可以选取一些非专业的著作（如通俗科学小说、文艺期刊或作品等）去考察元素汉译名的使用情况，并与专业著作中的使用情况进行比较。

术语的竞争虽然是"物竞天择，适者生存"，结果难以预期，但是我们仍然能找到一些有利于术语生存的因素。赖特认为在19世纪的中国以下17个因素有利于术语的生存：意义的匹配、语义熵（semantic entropy）[①] 的匹配、在语音上与通常语言周围的基质（matrix）一致、在视觉上与通常语言周围的基质一致、与国际术语一致、与现存术语一致、视觉美、紧凑性、避免误导性的类比、避免语音上的混淆、雅、产生衍生术语的能力、易学和易记、避免忌讳字、已确立术语的惰性、术语创造者的声望和影响、官方的或制度上的支持[36]。赖特据此对部分元素汉译方案的摈弃做出解释。譬如，他认为，毕利干的元素译名没有发音（违背3）是其译名不被采用的致命原因，而陆贯一提出的元素译名未被采用不仅因为其元素名称不具可读性（违背3），而且还因为其元素名称采用中文偏旁和英文字母的杂交（违背4），并妨碍视觉美（违背7）。赖特的论点无疑有助于我们理解元素名称的汉译方案以

---

① 一般说来，术语的语义熵越大，表明该术语所能表示的各种含义越不相近。参见参考文献 [36] 第 194～195 页。

及元素汉译名的竞争。但是可以看出，他大多强调的是术语的内在特质对其存活的影响（前15种因素都谈的是术语的内在特质），而对一些外在的因素似乎不够重视。诚然，术语的内在特质越优良，术语觅母也越优良，术语存活的可能性越大，但是觅母所赖以生存的社会环境应该也不容忽视。除了官方的或制度上的支持这一显见的外在因素外，有必要探究其他外在因素（文化、政治等）的影响。前面所提到的曾昭抡解释20世纪20年代教育部颁布的命名原则未得到普遍推行但在30年代却得到迅速推行的原因，以及张澔认为科学名词审查会的化学名词是时局动乱的牺牲品可视为从外在的社会因素对术语的竞争做出解释。另外，术语的竞争也有必要从术语被使用的历史来加以分析，而赖特很少提供具体的案例。

张澔最近几年着重探讨了19世纪的中国人对oxygen、hydrogen、nitrogen这三种元素汉译名称含义的理解[43]，分析了造成这种理解的原因[44]，并从考察三者中文译名的历史[45]论证，中国人在学习西方化学时的一些问题[43~45,47]。他认为，自从合信（Benjamin Hobson，1816—1873）于1855年把oxygen、hydrogen、nitrogen翻译为养气、轻气、淡气后，19世纪的中国人就完全从其字面含义再配以中国自然观来理解。这些理解停留在西方的燃素理论时代，而完全没有把握其西文名称的真实含义。1890年，李鸿章（1823—1901）在格致书院出了一道关于化学元素性质的考题，获奖学生的答案就是佐证。张澔分析，造成这种结果的原因之一是中国当时的自然观滞后于西方的自然观。此外，考察在oxygen、hydrogen、nitrogen的汉译过程中出现的译名，也发现：译者在翻译oxygen、hydrogen、nitrogen的名称时，不是以传达西文名称的原始含义为标准，而是常常顾及所翻译的名称能否让中国人理解，是否跟中国的传统自然观发生冲突。在这当中，即便是出现过与西文原意相符合的译名，也因其易招致误解等因素而被淘汰了。

如果说造成这一现象的原因是受中国传统自然观的限制，那么笔者以为，赖特关于中国人的翻译理念的看法可以提供更深层的原因。赖特把中国人的翻译理念追溯到印度佛教文化传入中国时中国人在翻译佛学经典著作时所形成的理念。这种理念认为翻译必然意味着改变（change），即把陌生的外国语言重构成符合中国传统的思维模式[36]。于是，可以理解为何在oxygen、hydrogen、nitrogen的汉译过程中，译名往往不是如实的反映了西文元素名称的含义，而是带上了中国传统自然观的印迹。然而，我们也应当注意到，上述见解仅仅是就 oxygen、hydrogen、nitrogen 的汉译而言的，现今中文元素名称中的相当多数是遵循徐寿、傅兰雅所创立的音译原则汉译的结果，这些译名并不强调转述西文元素名称的内在意蕴，也不带有自然观的意义。

此外，王巍提出借助语言的创生性可以克服两种不同语言之间的"不可通约"问题，并以徐寿的化学元素译名取得成功而毕利干等人的元素译名遭到淘汰这一现象作为例证[51]。就徐寿的元素译名而言，创生性实际上是指这些译名既保守（符合中国固有的语言规则）又创新（引进新词但又保持中国语言的原有结构）。徐寿的元素译名更符合中国的语言习惯一说当然不是自王巍始有，但是他站在"语言的创生性"这一高度来审视，不能说不具启发意义。

五、结　　语

概言之，已有的研究基本上确认了徐寿和傅兰雅是化学元素名称音译原则的创始人，能让我们大致勾勒出化学元素名称汉译方案的演进脉络以及人们对化学元素汉译名的统一所做的主要工作。赖特对化学术语竞争的见解更是可以作为我们认识元素汉译方案之间的竞争的参考。日本学者对中日元素译名的比较和张澔新近的研究也给我们提供了研究的新视角。这些都为化学元素名称的汉译史研究打下了很好的基础。但是，应该看到的是，这还仅仅是开始。

首先，研究内容有待拓展。不难看出，已有的研究探讨澄清和梳理了化学元素名称汉译史上的一些最基本的问题，但是还有很多基础问题未涉猎。如我们至今甚至还无法列出一张完整的元素汉译名（无论是成功的元素译名还是被淘汰的元素译名）年表，也无法列出元素名称的各种汉译方案表。有些元素汉译方案还未被详细探讨过，元素汉译名演进的具体脉络还很不清楚，1949 年后中国内地和台湾地区对新发现的元素是如何分别给出汉译名的也没见到开展任何研究等。伪元素的汉译名问题几乎未被关注，而这理应在化学元素汉译史的研究范围之内。此外，文化研究出现的三个新动向也只是刚刚起步，中日元素译名的比较研究还很薄弱；赖特对科学术语竞争的研究偏重于理论探讨方面，与具体的历史史实和案例联系不多；张澔仅仅分析了oxygen、hydrogen、nitrogen 这三种在西方近代化学中占据中心地位的元素的汉译名的历史演变脉络及其相关问题，对于其他不占中心地位的元素的汉译名则未见研究。

其次，资料还未被深入和充分挖掘。在笔者看来，已有的多数研究在资料的利用上陈陈相因，许多科学期刊和化学教科书究竟是如何使用元素汉译名的基本无人问津，而这势必限制了我们研究的深度和视野。进一步的研究无疑要在资料上下大工夫。

最后，研究方法和手段比较传统。我们可以尝试着采用一些新方法和新视角。比如，科学计量学手段、诠释学的基本概念、科学知识社会学的某些合理观念，都有可能在化学元素汉译史的研究中得到有效的应用或者借鉴。同一种元素的所有不同汉译名称的使用频率、不同的元素汉译方法用于元素名称的比例的大小及变化、元素汉译时间与其发现时间之差的变化，相同元素的不同译名的引用率和引用的学者圈子等，原则上都是可以计量的。诠释学把作品理解为由作者、文本和读者组成的整体，而不仅仅是文本本身。我们可以借用这样的概念，把元素的发现者、不同语言和文化中的元素名称以及元素名称的翻译者和解读者联系起来，考察化学元素这部博大精深的作品的变化，及其超出了语言意义和化学意义的文化蕴义。传统的科学观认为科学知识本身是公共知识，不具有地方性；科学知识社会学认为科学知识是社会建构的，具有地方性。实际上，我们可以克服二者的偏颇，在任定成强调的"科学文化的全球性与社会文化的地域性"[61]之间，通过化学元素名称的汉译史，来考虑化学元素知识在西方形成之后，传入中国所发生的文化功能、文化含义等变化。譬如，oxygen、hydrogen、nitrogen 这三种英文元素名称的原始含义分别指成酸、成水、从硝石中得来，但被译成中文时，却成了养气（有养人之功能）、轻气（比空气轻）、淡气（能冲淡养气），在此基础之上，则演变成今天的氧、氢、氮。这种情况启发我们考虑到，化学元素的汉译过程，似乎还滤掉了元素名称原创地的一些文化蕴义，同时又反映了接受地的文化偏好和文化选择，甚至注入了新的文化内容。此外，元素的不同汉译方案的竞争，是不是也反映出译者的修辞学手段的竞争？总之，从新的方法和新的思路考虑，我们会有许多工作可做。不过，既然是史学研究，这些新方法和新思路都必须落实到严格的史料考证的基础之上，才有意义。

参 考 文 献

［1］Siegfried R. Lavoisier and the phlogistic connection. Ambix，1989，36（Part 1）：38.

［2］拉瓦锡．化学基础论．任定成译．武汉：武汉出版社，1993：xx.

［3］Crosland M P. Historical Studies in the Language of Chemistry. New York：Dover Publications，1978：xiii.

［4］任鸿隽．化学元素命名说．科学，1915，1（1）：157.

［5］任鸿隽．无机化学命名商榷．科学，1920，5（4）：347.

［6］梁国常．无机化学命名商榷．学艺，1921，3（6）：1-5.

［7］吴承洛．无机化学命名法平议．科学，1927，12（10）：1449.

［8］曾昭抡．二十年来中国化学之进展．科学，1935，19（10）：1514-1554.

［9］曾昭抡．追悼吴鲁强先生．化学，1936，3（1）：149-152.

［10］曾昭抡．江南制造局时代编辑之化学书籍及其所用之化学名词．化学，1936，3（5）：746-762.

［11］袁翰青．徐寿——我国近代化学的启蒙者．见：袁翰青．中国化学史论文集．北京：生活·读书·新知三联书店，1956：270-282.

［12］郖堃厚．江南制造局和中国现代化学．见：林致平，等．中国科学史论集．第1册．台北：中华文化出版事业委员会，1958.

［13］张子高．何瞭然的《化学初阶》在化学元素译名上的历史意义．清华大学学报，1962，9（6）：41-47.

［14］Suter R. Naming chemical elements in Chinese. Journal of Chemical Education，1963，40（1）：44-46.

［15］王树槐．清末翻译名词的统一问题．中央研究院近代史研究所集刊，1969，1（1）：47-82.

［16］李乔苹．中国化学史．中册．台北：台湾商务印书馆，1978.

［17］张子高，杨根．从《化学初阶》和《化学鉴原》看我国早期翻译的化学书籍和化学名词．自然科学史研究，1982，1（4）：352-353.

［18］坂出祥伸．中国近代の思想と科学．京都：同朋舍，1983.

［19］张青莲．徐寿与《化学鉴原》．中国科技史料，1985，6（4）：55.

[20] 杨根. 徐寿和中国近代化学史. 北京：科学技术文献出版社，1986：114.

[21] 张子高，杨根. 介绍有关中国近代化学史的一项参考资料——《亚泉杂志》. 见：杨根. 徐寿和中国近代化学史. 北京：科学技术文献出版社，1986：219-235.

[22] 岛尾永康. 汉语科技词汇的中日交流与比较. 见：杜石然. 第三届国际中国科学史讨论会论文集. 北京：科学出版社，1990：311-313.

[23] 王扬宗. 关于《化学鉴原》和《化学初阶》. 中国科技史料，1990，11（1）：84-88.

[24] 王扬宗. 清末益智书会统一科技术语工作述评. 中国科技史料，1991，12（2）：9-19.

[25] Nakayama S. Translation of modern scientific terms into Chinese characters-the Chinese and Japanese behavior in comparision. 见：杨翠华，黄一农. 近代中国科技史论集. 台北：台湾研究院近代史研究所与台湾清华大学历史研究所，1991：295-305.

[26] Reardon-Anderson J. The Study of Change：Chemistry in China，1840-1949. New York：Cambridge Universi-ty Press，1991.

[27] Nakayama S. Translation of modern scientific terms into Chinese characters-the Chinese and Japanese approach in comparision. 科学史研究，1992，31（181）：1-8.

[28] 张大庆. 早期医学名词统一工作：博医会的努力和影响. 中华医史杂志，1994，24（1）：17.

[29] 陈耀祖. 化学文献的起源和发展——我国化学文献. 兰州大学学报（社会科学版），1994，22（2）：48.

[30] 王宝. 化学术语的汉语命名. 化学通报，1995，58（8）.

[31] 张大庆. 中国近代的科学名词审查活动：1915-1927. 自然辩证法通讯，1996，18（5）：47-52.

[32] 张藜.（化学）名词术语的审定. 见：董光璧. 中国近现代科学技术史. 长沙：湖南教育出版社，1997：772-778.

[33] 王扬宗. 关于《化学鉴原》和《化学初阶》的翻译与元素译名问题. 见：汪广仁. 中国近代科学先驱徐寿父子研究. 北京：清华大学出版社，1998.

[34] 化学名词审定委员会. 关于 101-109 号元素中文定名的说明. 科技术语研究，1998，1（1）：17，18.

[35] Wright D. The translation of modern western science in nineteenth-century China，1840-1895. Isis. 1998，89（4）：667-671.

[36] Wright D. Translating Science：the Transmission of Western Chemistry into Late

Imperial China，1840-1900. Leiden：Brill，2000.

　　[37] 张大庆．医学名词统一活动．见：邓铁涛，程之范．中国医学通史·近代卷．北京：人民卫生出版社，2000.

　　[38] 王夔．101-109 号元素中文名称的审定经过．科技术语研究，2000，2（3）：32，33.

　　[39] 汪广仁，徐振亚．海国撷珠的徐寿父子．北京：科学出版社，2000；53-56.

　　[40] 张澔．漫谈中文化学元素名词的演进及陆贯一的创解．葡学，2000，58（4）：81-89.

　　[41] 张澔．傅兰雅的化学翻译的原则和理念．中国科技史料，2000，21（4）：297-306.

　　[42] 张澔．在传统与创新之间：十九世纪的中文化学元素名词．化学，2001，59（1）：51-59.

　　[43] 张澔．中国人对西方现代化学的第一次接触：以对 oxygen，hydrogen 和 nitrogen 化学意义的理解为例．见：吴嘉丽，周湘华．世界华人科学史学术研讨会论文集．台北：淡江大学出版社，2001：119-130.

　　[44] 张澔．从西方现代化学的观点谈氧氢氮的翻译．化学，2002，60（2）：289-297.

　　[45] 张澔．氧氢氮的翻译：1896-1944 年．自然科学史研究，2002，21（2）：123-134.

　　[46] 张澔．毕利干的中文元素名词．中华科技史同好会会刊，2002，3（6）：18-22.

　　[47] Chang H. Lavoisier's nomenklatur in späten Qing-Dynsatie. In：Astrid Schürmann und Burghard Weiss. Chemie-Kultur-Geschichte. Berlin und Diepholz：GNT-Verlag，2002：71-78.

　　[48] 黎难秋．中国口译史．青岛：青岛出版社，2002；227.

　　[49] 钱益民．郑贞文与我国化学名词统一工作．科技术语研究，2002，4（3）：40-43.

　　[50] 张澔．中文化学术语的统一：1912-1945 年．中国科技史料，2003，24（2）：123-131.

　　[51] 王巍．从语言的观点看相对主义——论"不可通约"的克服．自然辩证法通讯，2003，25（3）：46，47.

　　[52] 王扬宗．近代化学的传入．见：赵匡华．中国化学史·近现代卷．南宁：广西教育出版社，2003：1-94.

［53］Weeks M E（revised by Leicester H M）. Discovery of the Elements. 7th ed. Easton, Pa：the Journal of Chemical Education，1968：269，375，643，671，673，678.

［54］Ball D W. Elemental Etymology：what's in a name? J Chem Edu，1985，62 (7)：787，788.

［55］Ringnes V. Origin of the names of chemical elements. J Chem Edu，1989，66 (9)：731-738.

［56］Mateer C M. The revised list of chemical elements. The Chinese Recorder and Missionary Journal，1898，XXIX（2）：87-94.

［57］杜亚泉. 化学原质新表. 亚泉杂志，1900，第1册：1-6.

［58］杜亚泉. 化学新教科书. 第4版. 上海：商务印书馆，1906：42-48.

［59］杜亚泉. 说明科学名词审查会审定氩、氰、氮三元素名称不能适用的理由. 自然界，1926，1（1）：8.

［60］道金斯. 自私的基因. 卢允中，张岱云译. 北京：科学出版社，1981：267-268.

［61］任定成. 中国近现代科学的社会文化轨迹. 科学技术与辩证法，1997，14 (2)：36.

"永久"团体的《海王》旬刊及其科技文章[*]

在中国近现代史上，由永利化学工业公司、久大精盐公司、永裕盐业公司和黄海化学工业研究社（简称"黄海社"）组成的工业集团在建立和发展民族工业方面起过十分重要的作用。当时称这个集团为"永久"团体或者"永久黄"团体。该集团是我国近现代化学工业发展史上的一个成功范例。它的发起者范旭东倡导"科学救国"和"实业救国"，并努力培植民族工业精神。《海王》是这个团体主办的刊物，它以自己的风格和方式记载并反映了这种精神及其实践活动。同时，《海王》也是中国最早的企业期刊之一。研究《海王》，对于进一步研究"永久"团体，乃至深入研究中国近现代实业界的科学救国思想及其实践，都是有意义的。鉴于迄今尚无对《海王》的系统研究，本文在查阅原始文献的基础上，对该刊的概况及其科技内容做一初步的统计分析。

一、《海王》概况

《海王》1928 年 9 月 20 日创刊于天津。因"永久"团体中创立最早的久大精盐公司采用海王星做商标（图 1），故名。迄 1949 年止，该刊历 21

---

* 本文作者为叶青，原载《中国科技史杂志》，2006 年第 27 卷第 4 期，第 305～317 页。

年，出刊 20 卷，共 600 期左右。目前可查阅到该刊 1932～1949 年的出刊共 496 期（表 1）。发行量最多时有 6 000 多份。这在企业发展史上是难能可贵的。

图 1　久大精盐公司的海王星商标

资料来源：《海王》1934 年第 6 卷新年特刊

表 1　《海王》历年出刊情况

时期/年	卷	期	实际期数	出版地	目前收藏地
1928～1932	1～4	未能查到	不详	天津	
1932～1933	5	1～36 期	36	塘沽	天津碱厂
1933～1934	6	1～36 期，加 1 期新年特刊	37	塘沽	北大图书馆
1934～1935	7	1～36 期	36	塘沽	国家图书馆
1935～1936	8	1～36 期	36	塘沽	国家图书馆
1936～1937	9	1～32 期	32	塘沽	国家图书馆
1937～1938		停刊	0		
1938～1939	11	1～36 期，13～20、34～35 是合期	28	长沙、乐山	国家图书馆、天津碱厂
1939～1940	12	1～36 期，13～14、26～27 是合期	34	乐山	国家图书馆
1940～1941	13	1～36 期，有 13 期是合期	23	乐山	国家图书馆
1941～1942	14	1～36 期，有 17 期是合期	19	乐山	国家图书馆
1942～1943	15	1～36 期，有 4 期是合期	32	乐山	国家图书馆、北京大学图书馆、中科院文献情报中心
1943～1944	16	1～36 期	36	乐山	国家图书馆

时期/年	卷	期	实际期数	出版地	目前收藏地
1944～1945	17	1～36 期	36	乐山	国家图书馆
1945～1946	18	1～36 期，有 11 期是合期	25	乐山、重庆	国家图书馆、北京大学图书馆、天津碱厂
1946～1947	19	1～36 期，有 5 期是合期	31	重庆、南京	国家图书馆、天津碱厂
1947～1948	20	1～36 期	36	南京	国家图书馆
1948～1949	21	1～19 期	19	南京	国家图书馆
合　计			496		

注：就笔者所查，目前中国国家图书馆、北京大学图书馆、中国科学院文献情报中心和天津碱厂档案室等处都只能见到《海王》第 5～21 卷，其中缺第 11 卷第 1～12 期、第 13 卷第 5～18 期，这两年的实际期数根据其后刊物的提示和缺页计算得出。《海王》每卷首期出版于当年 9 月 20 日，末期出版于翌年 9 月 10 日，此为一个出版年，即 1 卷

范旭东解释办刊的初衷是"互通消息，联络感情"。初期是 1 张 4 开的小报，号称 10 天 1 期，但由于缺乏专人管理，发行很不及时。

1932 年 9 月（发行第 5 年），阎幼甫任主编，"永久"团体联合办事处下专门设立了《海王》编辑社，石上渠等人任专职编辑。阎幼甫原名阎鸿飞，同盟会会员，孙中山的拥护者，早年留学德国，历任浙江省政府秘书长、公安局长、民政厅长等职。他诙谐善谈，文学、文字功底很深。石上渠幼时受过旧式教育，后毕业于湖南省第一师范学校。他自《海王》单张刊第 40 期开始任专职编辑至 1949 年《海王》停刊。阎氏任主编后，《海王》开始改为 16 开的杂志（图 2），版面多数为 8 版或 16 版，发刊周期还是 10 天 1 期。

这时正式拟出的办刊宗旨是：①学术研究的公开讨论；②本团体消息的传递；③同仁精诚团结策进。因此它的文章主要围绕这三项使命刊载，但也不完全局限于此。编者力图使它成为一个综合性刊物，可读性强，科学性强。自此，出版变得规范，影响力也

图 2　第 7 年（卷）第 1 期
《海王》旬刊首页

逐渐增大。《海王》的办刊经费由"永久"团体的几家公司和黄海社按比例分摊，《海王》编辑社负责旬刊的出版发行。《海王》的作者多为"永久"团体内成员，义务写稿。

"永久"团体把自己的企业精神概括为四大信条：①在原则上绝对地相信科学；②在事业上积极地发展实业；③在行动上宁愿牺牲个人顾全团体；④在精神上以能服务社会为最大光荣。这四大信条于 1934 年 9 月 20 日在《海王》第 7 年（卷）第 1 期上首次正式刊出。从 1935 年 1 月 1 日起，《海王》每期首页的醒目位置上均出现（图3）。"四大信条"的公开发表，在社会上造成很大影响，许多学术界、教育界和新闻界的人士都开始关注"永久"团体，也开始关注《海王》。

1937 年，抗日战争爆发后，《海王》编辑社历经多次迁移，先后到长沙、乐山、重庆和南京等地，除 1937 年迁移中短暂停刊外，《海王》一直坚持发刊，直到 1949 年 3 月 20 日，南京解放后终告结束。

图3　《海王》第 8 年（卷）第 1 期封首上的四大信条

二、全部文章类别

《海王》旬刊基本上没有明确系统的栏目划分。不过，"家常琐事"是一个固定的版块，放在刊物的最后。它是《海王》的特色，专门传达团体内部消息，大到企业的决策，小到团体成员的家庭消息和逸闻趣事等，或枯燥或琐碎的内容，用生动有趣的文字夸张地表达出来，读来津津有味。还有一些短时期内存在的栏目："明星园地"是专门刊登"永久"团体的子弟小学——明星小学学生的优秀作文，鼓励小作者们的创作热情；“儿童常识讲话”也是针对小读者，刊登各种科普知识。这些是该刊明确标明的栏目。前4卷根据内容大体分为3类：工程/管理类文章、工作报告、家常琐事[1]。第5卷起改版后，内容大为充实，但也没有明确的栏目区分。只是到了第20～21卷的时候，偶尔会有些栏目名称出现，如“数学游戏”、“通俗科学讲座”、“新诗粹选”等，也不是稳定的栏目。所以，总体说来，《海王》21卷都没有明确的栏目设置。不过编者在排版上有一定的顺序，大致是：时政—科技—文艺—团体消息。按时间顺序，取3个不同时期的《海王》目录页为例（图4，图5，图6）。

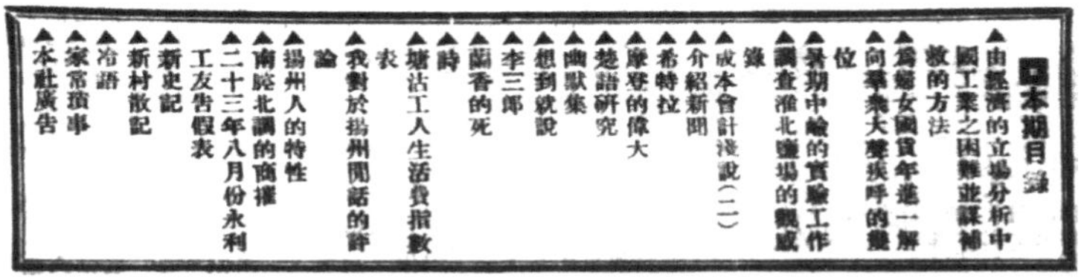
本期目錄
▲由經濟的立場分析中國工業之困難並謀補救的方法
▲爲婦女國貨年進一解
▲向羣衆大聲疾呼的幾位
▲暑期中檢的實驗工作
▲調查淮北鹽場的觀感錄
▲成本會計淺說（二）
▲介紹新聞
▲希特拉
▲摩登的偉大
▲楚語研究
▲幽默集
▲想到就說
▲李三郎
▲薔香的死
▲詩
▲塘沽工人生活費指數表
▲我對於揚州閒話的辭論
▲揚州人的特性
▲南腔北調的商榷
▲二十三年八月份永利工友告假表
▲新史記
▲新村散記
▲冷語
▲家常瑣事
▲本社廣告

图4 《海王》第7卷第2期目录页书影

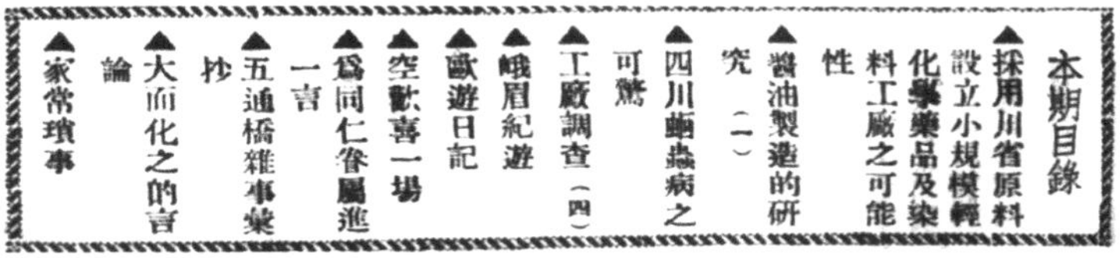
本期目錄
▲採用川省原料設立小規模輕化學藥品及染料工廠之可能性
▲醬油製造的研究（二）
▲四川蛔蟲病之可驚
▲工廠調查（四）
▲峨眉紀遊
▲歐遊日記
▲空歡喜一場
▲爲同仁眷屬進一言
▲五通橋雜事彙抄
▲大而化之的言論
▲家常瑣事

图5 《海王》第11卷第26期目录页书影

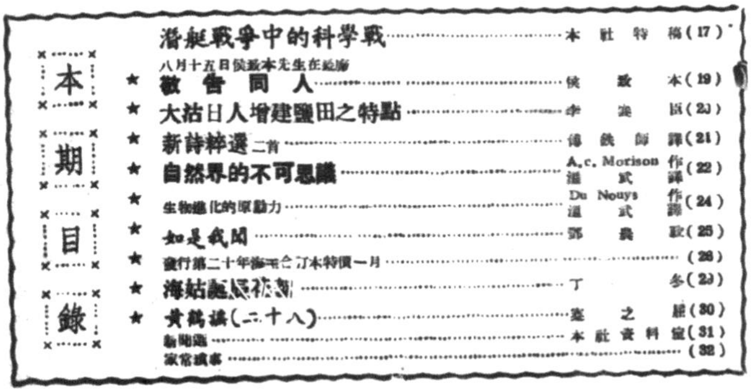
本期目錄
潛艇戰爭中的科學戰……本社特稿（17）
八月十五日侯致本先生在塘廠
★敬告同人……侯致本（19）
★大沽日人增建鹽田之特點……（20）
★新詩粹選二首……（21）
★自然界的不可思議……A. c. Morison 作 溫武 譯（22）
★生物進化的原動力……Du Nouys 作 溫武 譯（24）
★如是我聞……（25）
★發行第二十年海王合订本特價一月……（28）
★……丁 多（29）
★黄鶴謠（二十八）……塞之（30）
新聞選……本社資料室（31）
家常瑣事……（32）

图6 《海王》第21卷第2期目录页书影

根据出版地的不同，可以把《海王》的发展分为 4 个阶段，各个阶段的文章类别略有不同。针对文章的类型，按版面分布的顺序，统计如表 2 所示。

表 2　《海王》各阶段的主要文章类型

序号	阶段划分	出版地	文章类型
1	1928～1932 年 第 1～4 卷	天津	工程/管理类、工作报告、家常琐事
2	1932～1937 年 第 5～9 卷	塘沽	董事会报告/时政、科技类、游记观感、生活类、明星园地、益智游戏、文艺类、家常琐事
3	1939～1945 年 第 11～18 卷	长沙、乐山	时事消息/时政、科技类、游记观感、文艺类、生活类、家常琐事
4	1946～1949 年 第 18～21 卷	重庆、南京	时政/局势、科技类、游记观感、文艺类、生活类、家常琐事

由表 2 可以看出，第 2 阶段的文章类型最多，内容最丰富。这个阶段（1932～1937 年）时局比较稳定，是"永久"团体事业发展的黄金阶段，各项工作都得以充分展开，包括《海王》旬刊的出版发行。相对稳定的社会才会出现相对稳定、繁荣的事业。

对各个阶段不做区分，根据《海王》发表文章的总体情况和版面分布的顺序，该刊刊载的文章类别可分为 6 种类型：①政治时事/董事会报告/总经理的发言；②科技/管理方法；③游记观感；④文化艺术（散文、新旧诗等）；⑤生活小常识；⑥团体内动态（家常琐事）。

从版面分布的顺序来看，科技类文章是处于第二类的位置，仅次于政治时事类或董事会报告。时政或报告是间断地刊载，篇幅也很有限。科技类文章则期期不断，是《海王》始终不变的内容。它包括科技论文、科技消息、调查报告等，使得旬刊具有一定的学术性。"《海王》旬刊出版后，对于团体内部互通消息，加强团结，起了很大的作用。它所倡导的以'四大信条'为核心的企业精神也受到社会各界的广泛欢迎，而且因为常常刊登科学消息，介绍新知识，也受到科学界的重视。"[2] 1945 年，张克忠[①]在分析中国的化工研究状况时就提到《海王》，认为它载有许多化工论文和有价值的调查报告，"对于化工研究之记录，予以不少便利。"[3]甚至把它和当时的《科学》《自然

---

① 张克忠，南开大学教授，工学院院长、化工系主任、应用化学研究所所长，著名的化学工程学家、教育家。抗战期间曾在黄海社任职。

科学》等学术期刊相提并论[3]。

从《海王》中各类文章的篇数和篇幅来看，科技类文章最多。笔者翻阅了可查的所有《海王》旬刊，统计每期的总篇数和科技文章的篇数；再把每个版面的篇幅计作1，以此为标准统计科技文章所占的大致篇幅，得到图7。

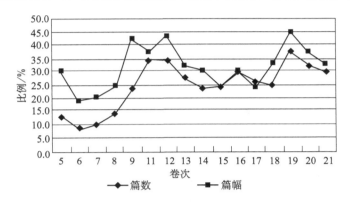

图7　《海王》中科技文章的篇数和篇幅占全部文章的比例

在有资料可查的16卷《海王》中，科技类文章的总平均篇数占24.7%，总平均篇幅占31.9%。篇数、篇幅的最大值都出现在第19卷（1946～1947年），分别是37.7%和45.3%。除此之外，比值较大的分别是第9卷（1936～1937年）和第12卷（1939～1940年）。有趣的是，第9卷所处的时间是抗战前夕，也是"永久"团体事业发展的高峰——永利铔厂成功创建的时候。而第12卷和第19卷所处的时间又恰是"永久"团体事业发展处于低谷的时期。1939～1940年，因为抗战爆发，工厂内迁，《海王》社也跟着迁到内地，团体事业受到重创。1946～1947年则是抗战结束，百废待兴，"永久"团体的事业发展几乎处于停滞状态，能做的就是收回工厂，逐步恢复生产。这说明相对于其他类型的文章而言，科技类文章的绝对数量受环境变化的影响不太大；也反映出"永久"团体事业在发展的高峰和低谷时一样强调科学，它"实业救国"和"科学救国"的宗旨始终不变。

三、科技类文章的类型与作者

科技类文章按内容可进一步分为以下几个类型。

1) 科技理论类，包括科学和工程技术理论。这类文章多数是国外科学理论的介绍或者翻译。有对现代化学研究的总体介绍[4]，也有专门论及化学某个领域的新观念[5]和最新学说①，还有讨论化学与工业的关系[7]等。这些文章涉及化学理论的最多，作者都是该领域的专家学者。

2) 科技应用类，包括各类工业和技术应用、工厂安全（工人操作规程)[8~10]等。这部分文章很多是"永久"团体成员在工作实践中得出的结论，属于原创性的研究论文。有关于产品制造方面的研究[11,12]，有技术选择和改进[13~15]，还有技术的经济问题研究[16]等。这些反映了"永久"团体在技术引进中不断探索的奋斗历程。此外，还有对国外技术，主要是化工技术的翻译和介绍[17~19]等。

3) 科学观念及科技与社会类，包括介绍科技人物，倡导科学方法和科学精神，探讨科学、工业与中国问题等。此类科技文章中，有些是译文，讨论科学与从事科学工作的人[20~22]及科学精神[23]等，但更多是中国学人的作品，探讨科学的地位、科研态度和才能 [24,25]及国外的科研机构[26]等问题。科学—技术—工业—社会是很受重视的主题，《求中国工业化之几个基本问题》[27]《请庚款管理机关选派技术人才赴欧美刍议》[28]《对于工业专科一个提议》[29]《促进工业建设之三要素》[30]等，就是这个主题的力作。撰写这类主题文章的作者中，也有一些当时有影响的社会科学家，经济学家马寅初、南开大学经济研究所所长何廉、北京大学政治系教授杨人等，都就这个主题在《海王》上发表了文章[31~33]。

4) 科技动态类。国外最新研究进展一直是《海王》密切关注的内容。侯德榜经常以笔名"本"撰文介绍国外的化学工业进展，仅在"世界基本化学工业消息"的题下，就发表了多篇文章[34]；还就美国的化学工业情况做了系列的报道[35,36]。范旭东也以笔名"镜"介绍国外的化工情况[37~39]。除具体的科技进展外，也有分析国外化学发展主流的文章，比如《从 200 个化学专家看今日美国化学的重心》[40]，等等。

从《海王》刊载的科技文章的类别可以看出，该刊一方面比较重视理解

---

① 1940 年鲍林用量子力学证明了氢键的存在，于是氢键学说成为化学领域中重要学说之一。1948 年《海王》就专门介绍这一学说[6]。

科学、倡导科学，但更突出的是它偏重于科学的应用，关注科学如何在中国实现工业化的问题。

《海王》刊登的科学和工程技术方面的研究论文和介绍科技进展的论文在当时究竟处于怎样的一个学术水平，这可以从论文作者做一个简单分析。

《海王》前 4 卷没有作者署名，无法统计。从第 5 卷开始文章署名，但不是所有文章都有署名。由于种种原因，有些文章的作者不愿署名，《海王》编辑社尊重作者的意见，在刊出文章时匿名。笔者统计的 1000 多篇科技文章中，匿名作者的有 118 篇，署名的作者有 335 人（包括无法考证的同一作者的不同署名），发表文章数量排在前 10 位的作者分别是：玉（64 篇）、本（51 篇）、陈调甫（40 篇）、凝（39 篇）、李烛尘（39 篇）、东郊（34 篇）、张燕刚（32 篇）、郭保国（30 篇）、让（24 篇）、朱先栽（21 篇）。此外，发表文章数量在 10 篇以上的还有谢光蘧、方心芳、王善政、瑾、镜、三好、周寰轩、木圭、结西、郭淦群、李祉川、敏、范维等人。除了"永久"团体成员的创作外，《海王》也邀请当时学术界的知名人士写稿，这主要集中在第 9 卷和第 20 卷中，按在《海王》发表文章的篇数计：胡先骕 3 篇、秉志 2 篇、章鸿钊 2 篇、马祖圣 2 篇、何廉 2 篇，其他都是 1 篇。对这些团体内作者和团体外特邀作者的学术背景进行考察，详见表 3。

表 3　《海王》科技文章部分作者情况表

姓名	笔名	留学国别	学校	最后学位	学术地位与影响
刘嘉树	玉	无	河北工学院	学士	"永久"团体的主要技术骨干之一，1951 年任大连碱厂总工程师，对"侯氏碱法"的实际应用做出过重要贡献
侯德榜（侯致本）	本	美国	哥伦比亚大学	博士	"侯氏碱法"的创始人，英国化工学会、美国机械工程学会名誉会员，1948 年中央研究院院士，1955 年当选为中国科学院技术学部委员
陈调甫	调、调甫	无	东吴大学	硕士	永利碱厂的发起人之一，曾任永利厂长，后又独自创办永明油漆厂，1956 年担任天津化工学院副院长
李烛尘		日本	东京工业大学	学士	擅长企业经营管理，"永久"团体的大管家，1946 年任天津工业会理事长
张燕刚	燕刚	无	南开大学	学士	"永久"团体的主要技术骨干之一，我国铝镁工业的奠基人，"侯氏碱法"主要的研究人员之一，新中国成立后为我国铝镁工业的发展做出了重大贡献

姓名	笔名	留学国别	学校	最后学位	学术地位与影响
谢光蕖	蕖	日本	大阪帝国大学	学士	"永久"团体的技术骨干,黄海社研究员,新中国成立后任全国化工学会理事等职
方心芳	心芳	比利时 法国	鲁汶大学 巴黎大学	学士	黄海发酵和菌学研究室主任,我国工业微生物学的开拓者之一,1980 年当选为中国科学院学部委员
李祉川	祉川、祉	美国	普渡大学	硕士	"永久"团体的主要技术骨干之一,新中国成立后主持大连化工厂"侯氏碱法"的生产工作
范旭东	镜	日本	京都帝国大学	学士	"永久"团体的总经理,中华化学工业会副会长
孙学悟 (孙颖川)		美国	哈佛大学	博士	黄海化学工业研究社社长,开创了我国无机应用化学、有机应用化学及细菌化学的研究,1952 年任中国科学院工业化学研究所所长
鲁波		美国	密歇根大学	博士候补	"永久"团体的主要技术骨干之一,20 世纪 60 年代任上海化工研究院总工程师和副院长
谢为杰		美国	俄亥俄州立大学	博士	"永久"团体的主要技术骨干之一,"侯氏碱法"主要的研究人员之一
余啸秋	啸	美国	芝加哥大学	学士	经济学家,主管永利的经营、财务、外交,是极优秀的管理人才
傅冰芝	江声阁	日本 美国	东京帝国大学 哈佛大学	硕士	20 世纪 20 年代美国最大航空母舰的设计绘图人之一,回国后主管永利的土木工程和技术教育
郭锡彤		美国	普渡大学	硕士	曾任黄海社副社长,"侯氏碱法"主要的研究人员之一
胡先骕		美国	加利福尼亚大学、哈佛大学	博士	1948 年中央研究院院士,中国近代植物分类学奠基人之一,植物学家、教育家
秉志		美国	康奈尔大学	博士	1948 年中央研究院院士、动物学家,中国近代生物学的主要奠基人、教育家
马祖圣		美国	芝加哥大学	博士	北京大学教授,有机化学家,1961 年纽约州科学院院士,1964 年当选为国际纯粹与应用化学联合会分析试剂及反应委员会委员
章鸿钊		日本	东京帝国大学	学士	地质学家、地质教育家、地质学史专家,中国近代地质学奠基人之一
何廉		美国	耶鲁大学	博士	南开大学经济学院院长,1948 年出任南开大学代理校长,著名的经济学家、教育家
董时进		美国	康奈尔大学	博士	北京农业大学教授兼农艺系主任,1935 年任江西省农业院院长,农业经济学家、农业教育家

姓名	笔名	留学国别	学校	最后学位	学术地位与影响
蒋明谦		美国	马里兰大学 伊利诺伊大学	博士	北平研究院化学研究所研究员；新中国成立后，被聘为北京大学化学系、北京医学院药学系教授，1980年当选为中国科学院学部委员
马寅初		美国	耶鲁大学 哥伦比亚大学	博士	北京大学教授、教务长，1949年任浙江大学校长 1952～1960年任北京大学校长，经济学家、教育家
袁翰青		美国	加州理工学院 伊利诺伊大学	博士	北京大学教授、化工系主任，1955年当选为中国科学院学部委员，有机化学家、化学史家和化学教育家
曾昭抡		美国	麻省理工学院	博士	1948年中央研究院院士，1955年当选为中国科学院学部委员，中国科学院化学研究所所长，化学家、教育家
张龙翔		加拿大 美国	多伦多大学 耶鲁大学	博士	1946年北京大学教授，1981～1984年北京大学校长，生物化学家
陈聘丞		英国	爱丁堡大学 伯明翰大学	学士	化工专家，中华化学工业会理事长，1950年被聘为轻工业部顾问，并出任轻工业部上海工业试验所所长

资料来源：《天津碱厂七十年》[41]、中国科学技术协会主办的中国科学技术专家传略网站（ht-tp://www.cpst.net.cn/kxj/zgkxjszj/kxzjzl.htm）及其他相关检索得到的资料

从表3可以看出，《海王》科技类文章的这部分作者学历都在本科以上，多数留学过欧美或日本，都有一定的学术地位和影响。在考察他们的学术地位时也发现，当时"永久"团体的技术队伍解放后都成为化工或其他工业技术领域的骨干。永利和黄海社聚集了一批高学历、高水平的科技工作者，他们形成了一个学术圈，其科学活动有严格的组织制度[42]。《海王》的特邀作者在当时和后来也都是知名学者。

四、科技文章的重要内容

《海王》所载的科技论文与化工关系最密切，而化工论文中，关于制碱的最多。当时3种主要制碱方法的介绍和论述，在《海王》中都有涉及。早在1934年，《海王》中就有关于德国察安法制碱专利的介绍[43]，这是后来侯氏碱法的基础。1943年，张燕刚和刘嘉树写了《氨碱法之化工研究》[44]，分14期连载，这是国内关于氨碱法（也就是苏尔维碱法）制碱最详细、最系统的论述。同年，在中国化学会第十一届年会召开之际，郭锡彤在《海王》上

首次发表了关于侯氏碱法的文章[45]，不过由于知识产权的原因，介绍得非常简略，没有涉及具体的技术内容。这些文章的刊载说明当时"永久"团体密切关注国际最新的制碱工艺和动态，并且有自己的研究成果。因为"永久"团体本来就是一个以生产精盐、纯碱为主的化工企业团体，其研究方向也主要集中在粗盐提纯和制碱方面，粗盐提纯工艺比较简单，制碱则复杂得多，也就更受关注。

按照表2的分期，我们还可以分析《海王》在4个时期刊载的科技类文章的重点内容。

第一阶段，《海王》的科技文章多数是关于工程和管理方面，内容比较单薄。

第二阶段，《海王》的栏目最多，载文最丰富，但是这一时期科技文章的刊载重点并不突出，五花八门，涉及很多学科和技术领域。

第三阶段，由于抗战形势所趋，《海王》的载文明显偏重于实用，结合实际，因地制宜地考察一些生产项目。突出的部分有两个。①关于盐的讨论。入川后作为工业重要原料的盐在质量、数量上与塘沽时相比都相差很远，使制碱的成本大大提高，为了久大、永利的生存和发展，研究盐的问题是一个非常重要而紧迫的问题。以第12卷为例，各期中专门讨论盐的就有18篇，举凡盐灶改良、枝条架晒盐、食盐含钡、制盐工程以及盐区调查等[46~48]，多方面都已论及。尤其是塔炉试验，通过详细的试验得出了试验报告，这是川盐煎制上的重大进步。②关于痹病的讨论。痹病是四川当地常见的一种肌肉、关节酸痛及麻木的病症。自《海王》刊登了五通桥盐区痹病问题的两篇文章[49,50]后，引起了医学界的重视，各地读者也大量来信联系，后来又登载了相关的探讨和深入研究的多篇文章[51~53]，使痹病的讨论热闹一时。最后，痹病的病源终于被发现：原来这是由于当地食盐中氯化钡的含量严重超标所致。痹病这一医学难题的解决，一方面要归功于"永久"团体中研究人员的细致探索；另一方面，《海王》发出的呼声也不容忽视，它引起了社会的关注，推动了这一实际问题的深入研究。此外，《欧游日记》等是这一时期侯德榜从国外寄回的调查报告和考察感想，后来成为研究侯德榜的重要资料。

第四阶段，《海王》刊载的科技类文章显示了译文多、科普作品多的特点。从具体内容上看，首先是抗战胜利后，战争遗留下来的问题很多，比如民众的心理状况、营养、医疗卫生等。针对当时情况，《海王》刊载了大量关于食品营养和医疗卫生（包括心理和生理）方面的文章，多是国外新近论文的译作。其次，《海王》还注意介绍有关苏联的情况，从苏联人、苏联科学家、苏联空军和苏联的工业企业管理等多个角度进行报道[54~56]，并专门翻译一些苏联的作品[57,58]。再次，第二次世界大战后关于原子能的讨论也是一个热点。《海王》中此类介绍也不少，笔名为"求真"的作者就有此类文章3篇[59~61]，其他从不同视角帮助公众了解原子能的文章也有多篇[62~68]。

五、结　　语

倡导科学是创办《海王》的宗旨之一。比起同时期其他企业刊物，如民生公司1932年创办的《新世界》月刊、天津东亚毛纺公司1947年创办的《东亚声》月刊等，《海王》的特色就在于一直刊登科技文章，包括原创性的科技论文，这是它作为企业刊物难得的地方。《海王》保存了大量的科技原始资料，包括试验记录、信件、调查报告、日记等。《海王》刊载的文章中科技文章占有很大比重，这充分体现了"永久"团体所倡导的"科学救国"思想，也向世人展示了其强大的科技力量。

"永久"团体是一个工业团体，这种属性决定了《海王》，所载文章的侧重点，也反映了这个团体的科学观。黄海社就明确地提出：

"黄海社自开办以来，即认定中国研究机关的使命，是如何把科学应用于我们人生上，并不是凑集少数人专为鉴赏科学的奥妙，或只是从事于'宣传的工作'，说科学如何要紧而不去实行研究。"[69]

黄海社自认其作用：

"好比一大桥，沟通理论和应用科学的中间者；又是推展新旧工业的使命者；尤其是一个谋中国科学教育出路的大门。沟通科学理论与应用，正所以纠正思学偏重之大病；整理旧的工业，正所以推广科学智识，以备新工业之吸入。中国现今所亟要重视的，乃是实地训练已有科学智识的人的场所，这亦是黄海社引以为己任的一件大事。"[69]

从《海王》所载文章同样可以看出，"永久"团体的技术精英们虽广为传播科学，从科学的各个层面倡导科学，但是他们最重视的是应用科学，即如何因时因地制宜地把科学应用到工业和社会实际。这种务实态度是当时中国社会中科学救国与实业救国相结合的理想和实践的反映。

参 考 文 献

[1] 常青. 海王万岁. 海王, 1943, 16 (1): 1.

[2] 陈调甫. 永利碱厂奋斗回忆录. 见: 中国人民政治协商会议全国委员会, 文史资料研究委员会编. 文史资料选辑. 第10辑. 北京: 中华书局, 1960.

[3] 张克忠. 中国之化学工程研究. 化学, 1945, (9): 23.

[4] 马祖圣. 论现代化学研究. 海王, 1948, 20 (22): 337-339.

[5] 张龙翔. 论最近生物化学几个新观念. 海王, 1948, 20 (16): 241-243.

[6] 袁翰青. 氢键学说及其在化学上的应用. 海王, 1948, 20 (17): 257, 258.

[7] 曹惠群. 五洋工业与化学. 海王, 1949, 21 (3-5): 35, 54-55, 72.

[8] 工厂安全常识. 让译. 海王, 1934, 6 (19-26): 296, 311, 325, 341, 357, 377, 392, 405.

[9] 工厂安全组织之实例. 让译. 海王, 1934, 6 (26): 405.

[10] 工厂安全规则. 让译. 海王, 1934, 6 (35): 547-549.

[11] 陈调甫. 块碱之制造. 海王, 1934, 7 (6-13): 120, 149, 165, 183, 210, 241, 259.

[12] 希园. 酱油制造的研究. 海王, 1939, 11 (26, 27): 151, 160; 12 (3, 4, 8): 18, 19, 27, 28, 58, 59.

[13] 玉. 泵的选择与安装. 海王, 1937, 9 (21-23): 347, 361-363, 378, 379.

[14] 玉. 螺旋输送器的选择法. 海王, 1937, 9 (16): 261-264.

[15] 玉. 锅炉给水处理新法. 海王, 1939, 12 (10-11): 75-78, 83.

[16] 方心芳. 酒精代替汽油的经济问题, 海王, 1939, 11 (13-24): 102, 110, 118, 119, 134, 135.

[17] 燕. 化学工厂设计. 海王, 1937, 9 (28-32): 459-461, 475-478, 493-496, 510, 511, 524, 525.

[18] 化工建筑材料. 朱光裁, 刘嘉树, 萧志明译. 海王, 1936-1940, 9 (9-16): 133-135, 151-157, 170-177, 194-201, 214-217, 230-232, 245-249, 264-266, 279-283.

[19] 何谓重化学工业. 海王, 1945, 17 (30): 233-237.

[20] 赫胥黎. 科学与科学家. 季明译. 海王，1947，19（31，32）：211-213，219-221.

[21] 穆尔顿，席弗尔. 科学的过去现在及将来. 季明译. 海王，1947，19（33）：236-238.

[22] 柏士特. 科学在战略上的重要性. 朱耀光译. 海王，1947，20（8）：113，114.

[23] 巴夫洛夫与科学精神. 导江译. 海王，1936，8（26）：435.

[24] 钟拔文. 科学第一. 海王，1946，18（35）：187，188.

[25] 维. 科学研究态度与才能. 海王，1940，12（20）：145，146.

[26] 马祖圣. 漫谈美国研究化学的机构. 海王，1947，20（10）：145-148.

[27] 陈聘丞. 求中国工业化之几个基本问题. 海王，1936，9（6）：83，84.

[28] 董时进. 请庚款管理机关选派技术人才赴欧美刍议. 海王，1936，9（9）：131，132.

[29] 章鸿钊. 对于工业专科一个提议. 海王，1937，9（14）：227，228.

[30] 胡先骕. 促进工业建设之三要素. 海王，1937，9（20）：327，328.

[31] 马寅初. 中国工业进步迟滞之原因及其救济方法. 海王，1937，9（24）：391-394.

[32] 何廉. 中国工业化之切要及其推进方法. 海王，1936，9（2）：19，20.

[33] 杨人. 工业发展与现实政治. 海王，1948，20（24）：371，372.

[34] 本. 世界基本化学工业消息. 海王，1933，6（1，2，5，6）：7，8，20，21，69，70，84.

[35] 侯德榜. 美国煤焦工业概况. 海王，1943，15（36）：192-194；16（1）：3-5.

[36] 侯德榜. 美国重化学工业概况. 海王，1943-1944，16（8，14，21-23）：57，58，105，106，163，169，170，177-179.

[37] 镜. 俄国之盐业与碱业. 海王，1934，6（13）：197-201.

[38] 镜. 钲之历史. 海王，1934，6（14）：211-213.

[39] 镜. 碱类输出地之参考. 海王，1934，6（18）：278.

[40] 蒋明谦. 从200个化学专家看今日美国化学的重心. 海王，1948，21（6）：81，82.

[41] 天津碱厂《厂史》编写组. 天津碱厂七十年. 天津：天津碱厂，1987.

[42] 陈竞生. 科研先行的黄海化学工业研究社. 见：天津市政协文史资料研究委员会. 天津文史资料选辑. 天津：天津人民出版社，1983：114-121.

[43] 瑾. 钾气制碱新法. 海王, 1934, 6 (28)：439.

[44] 张燕刚, 刘嘉树. 氨碱法之化工研究. 海王, 1943-1944, 16 (9-29)：65, 66, 75, 76, 83, 84, 100, 101, 106, 107, 115, 116, 125, 126, 139, 140, 146, 148, 155, 156, 193, 194, 202, 204, 227, 229.

[45] 郭锡彤. 介绍侯氏碱法. 海王, 1943, 16 (10)：74, 75.

[46] 张炳驹. 盐灶烟道余热之吸回研究. 海王, 1939, 11 (28)：165, 166.

[47] 赵如晏, 章怀西. 五通桥盐卤的精制试验. 海王, 1939, 11 (32)：198, 199.

[48] 鲁波, 刘嘉树. 改进犍乐花盐灶志. 海王, 1939, 12 (1)：4, 5.

[49] 陈作绳, 任洵, 许重五. 五通桥盐区医院治疗瘅病之经过. 海王, 1939, 12 (5)：36.

[50] 张选卿. 兰克氏麻痹. 海王, 1939, 12 (8)：61.

[51] 王毅. 五通桥的瘅病问题. 海王, 1940, 12 (35)：257-260.

[52] 蔡子定. 瘅病和氯化钡. 海王, 1941, 13 (19, 20)：105, 106.

[53] 鲁波. 瘅病和氯化钡之我见. 海王, 1941, 13 (29)：145, 146.

[54] 如何认识苏联人. 陈调甫译. 海王, 1946, 19 (3)：20-23.

[55] 苏联的国宝——介绍15个苏联军事科学家. 芷英译. 海王, 1948, 21 (6)：89.

[56] 美国人眼中的苏联空军. 学群译. 海王, 1947, 20 (3)：37, 38.

[57] 莫托维洛作夫. 可靠的抗旱法——栽植森林. 海王, 1949, 21 (16)：181.

[58] 古罗维奇. 在另一个社会制度下工业企业是如何组织和管理的. 海王, 1948, 20 (28)：435.

[59] 求真. 原子弹和原子能. 海王, 1945, 18 (6)：43-45.

[60] 原子弹的官方说明. 求真译. 海王, 1945, 18 (7)：50, 51.

[61] 以原子能为动力何时可以实现? 求真译. 海王, 1947, 19 (17, 18)：131-133.

[62] 原子能. 士培译. 海王, 1946, 18 (33)：171-175.

[63] 怡然. 原子能的工业利用. 海王, 1946, 18 (31)：153, 154.

[64] 原子能在科学上的成就. 海王, 1948, 20 (29)：452.

[65] Lilienthal D E. 论大众对原子能应有的认识. 海王, 1948, 20 (35)：548-551, 556.

[66] 什么是"原子堆"? 一苇译. 海王, 1948, 20 (35)：549.

[67] 金庆同. 原子能是怎样产生的? 海王, 1948, 21 (4)：51-53, 62.

[68] 卢于道. 原子科学家咎由自取? 海王, 1948, 21 (4)：52, 53.

[69] 黄海社的个性与地位. 海王, 1934, 6 (新年特刊)：6.

第五部

科学观与意识形态

Differences between South Korea and China in Acupuncture Research:

A Case Study of the Publications in ISI Databases*

1. Introduction

Traditional medicine (TM), also known as complementary and alternative medicine (CAM), including acupuncture, which is practiced outside science-based mainstream medicine have attracted more and more worldwide attention in recent years[1,2]. Acupuncture, which is one of the most important of Traditional Chinese Medicine (TCM), has a long history in both China and Korea. ①
Two countries are closely related in history and culture. According to the WHO, there are only four countries that can be considered to have attained an integrative system of TM: China, the Democratic People's Republic of Korea (North Korea), the Republic of Korea (South Korea, "Korea" in the following), and Vietnam[3]. However, there are less research on traditional medicine

---

　＊ 本文作者为黄艳红（Huang Yan-hang），原载 *Korea Journal*，2009 年第 49 卷第 1 期，第154～172 页。
　① Taiwan and North Korea are not counted in this study.

in North Korea and Vietnam.

In the late 1950s, acupuncture began to be used for relieving pain in surgery ("Acupuncture Anesthesia") in China[4]. In 1955, a Korean doctor, who was the first person to conceive of acupuncture anesthesia, published his idea and trial of using acupuncture for anesthesia and hypnosis[5]. Acupuncture anesthesia was first practiced at Kyung Hee University in Korea in 1972, and acupuncture was still used for relieving post-operative pain as recently as 1997. Because of the new and previously unheard-of use of acupuncture, it spread to many countries. In order to standardize acupuncture point locations, WHO Western Pacific Regional Office (WPRO) initiated a project to reach consensus on acupuncture point locations and convened eleven meetings to determine a set of guidelines[6]. In these meetings, China, Japan, and Korea were the three most influential and involved parties, and Korea, in particular, has become more and more active in affairs in TM.

Due to acupuncture anesthesia, research on acupuncture has developed in many countries (including China and Korea) since 1970s. In spite of similar culture and emotional responses to acupuncture, however, there are many differences among those countries in the attitudes and styles of acupuncture research as well as their results.

The aim of this study is to analyze the research on acupuncture and to quantify the characters and status of the research in both countries.

2. Methodology and Data

This study covers publications in the Institute for Scientific information (ISI) databases which include Science Citation Index (SCI), Social Science Citation Index (SSCI), and the Arts & Humanities Citation Index (A&HCI) journals from 1914 to 2007. There have been thousands of papers on acupuncture in Chinese published by Chinese researchers since 1970[7]. There has yet been no comparable study to determine the number of papers published by Koreans in the same field during the same period. However, it should be possible to compare research on acupuncture in China and Korea by studying the publications in international journals because researchers generally prefer to publish their best research work in influential international journals rather than in domestic journals. Publications in ISI databases are used to judge the scientific impact and positions of nations in research publication[8,9].

The object of the study is the work on acupuncture conducted by Chinese and by Korean researchers. The search options "Topic" = "acupuncture," "Language" = "English," "Country" = "People's R. China" or "South Korea."[①] The time span covered is from 1914 to 2007. The first paper on acupuncture in English by a Chinese researcher was not included in this database, but was published in 1973[10]. It is difficult to know when Korean researchers began to publish in English if the papers are not in the database.

The data for this study is taken from 559 papers by Chinese researchers and 255 by Korean ones. [②]There are three papers that are coauthored by Korean and Chinese researchers.

The task of the study is to portray the historical features of the research on acupuncture in the two countries by comparing the numbers of the papers; to evaluate the level of impact by the impact factors of the journals and frequency of citation; to analyze the performances of the researchers and institutions by the output of papers and level of cooperation; and to compare attitudes by document types and subject areas, the quality and validity of methodologies, and preference in conclusions.

---

① When "Country" = "China" not "People's R. China," the results reveal that all the eight papers are (more definitively located through checking the institutions and cities) from People's Republic of China, including Hong Kong, but not Taiwan. When "Country" = "Korea" not "South Korea," only one paper in the result which is also from Seoul, South Korea. These publications are also accounted.

② The last time entered in ISI is July 25, 2008.

3. Research Conclusions

1) Declining Chinese Output and Steady Korean Publication

There are 5,918 publications in English in the databases, of which 1,869 have authors from the most prolific producer, the United States, 528 from China as the second most prolific, and 243 from Korea, trailing behind with the fifth most. The number of Chinese-authored publications is more than twice that of Korean-authored ones.

The search results show that the first paper on acupuncture by a Chinese was published in ISI databases in 1974, which is earlier than the first Korean-authored paper that was entered in the databases in 1977.

There are sharp waves in the publication rates of Chinese papers but less defined waves in the number of Korean papers. There are several points at which these waves, crest, such as 13 and 20 Chinese-authored publications in year 1983 and 1995, and some valleys such as 4 and 5 in 1984 and 1996, while there has been a steady increase in Korean papers with a small peak of 48 papers in 2006 (Figure 1)

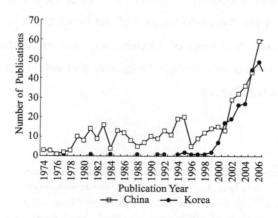

Figure 1   Variations in the Number of Chinese and Korean Papers in ISI

Figure 1 also shows that the number of Chinese publications has steadily increased since 1997, while Korean researchers have increased the number of publications on acupuncture since 2000. In 2001, the number of Korean papers has exceeded that of Chinese papers for the first time.

One important reason for the fluctuation and declining publication rate of Chinese papers is probably that the research projects are subject to external factors. There is evidence that the sanctioning of State Key Laboratories by the government and the designations of Collaborating Centers by WHO affect the number of Chinese papers on acupuncture. The Laboratory of Medical Neurobiology in Shanghai Medical University was sanctioned as a State Key Laboratory in 1992, and contributed six of twenty papers on acupuncture in 1995. It is evident that the greater resources available to a State Key Laboratory had a positive effect on the number of the papers produced. However, the effect was mitigated when the allocation of resources became routine. The numbers of Chinese-authored papers decreased after 1995.

From the 1980s, WHO designated Collaborating Centers for traditional medicine every five years, which also had a temporary impact on research on acupuncture in China. The Institute of Acupuncture Research at Shanghai Medical University (later an important part of the State Key Laboratory for Neurobiology) had been designated as a Collaborating Center since 1983[11]. In 1995, it was designated as a Collaborating Center for the last time, expiring in 1999. Once the support of WHO waned, research on acupuncture in China also ceased to flourish.

It was also in 1995 that, for the first and the only time, *Acta Pharmacologica Sinica* (*Zhongguo yaoli xuebao*) published three papers on acupuncture by the same three Chinese researchers. The journal has not published papers on acupuncture since 1999.

2) Impact Factors of Chinese and Korean Papers

Generally speaking, journals with high impact factors easily attract high-quality articles that will be cited many times. According to the impact factors of the journals and the frequency of citation from the publications, the publications on acupuncture from the two countries have different impact levels.

Some journals in which Chinese-authored papers are published have high impact factors① and some have low ones. The impact factors of the journals ② that have published Korean papers are rather low. From Figure 2 we can see that all the Korean-authored publications have been published in the journals of which impact factors are lower than 8. 0 while the Chinese-authored publication journals have a wider range of impact factors.

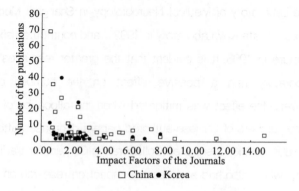

Figure 2　The Impact Factors of Published Journals

The 528 Chinese-authored publications on acupuncture were published in 168 different journals and 243 Korean-authored ones were published in 103 journals. There are only 29 journals③ that have published both Chinese-authored and Korean-authored papers.

The Korean authors prefer to publish their papers in a wide range of jour-

---

① Generally, the journal impact factor changes every year. Impact factors can be checked in ISI from 2000 onward. However, many papers on acupuncture were published before 2000, and the impact factor reflects the number of citations over the past two years. Considering that the impact factors for one journal did not change much every year, the data of the impact factors for the journals are all the newest ones in 2007.

② Only journals which have published two or more than two Chinese or Korean-authored papers on acupuncture are considered in this count.

③ Not including the three journals that published three papers co-authored by Chinese and Korean.

nals, such as journals of neuroscience, while the Chinese published their ones in a narrower range of specialized journals including pharmacology, Chinese medicine, and acupuncture as well as neuroscience. Forty of 423 Korean papers on acupuncture have been published in the *American Journal of Chinese Medicine*, and 69 of 528 Chinese papers published in *Acupuncture & Electro-Therapeutics Research*.

The research on acupuncture has widespread foundation in China, but had not attracted attention from international academics. Of the 1,839 American-authored publications, more than half were published after 1998. It was not until 1997 that the National Institute of Health (NIH) in the United States held a conference on acupuncture, reaching a consensus on the effects of acupuncture. In 1998, NCCAM was established in NIH, representing research on acupuncture that had been accepted by Western countries. The journals of biomedicine with high impact factors were generally reluctant to publish papers on acupuncture. Generally speaking, the impact factors of comprehensive journals of mainstream domains (such as biology, medicine, chemistry, etc.) are higher than those of non-mainstream special journals. Chinese medicine (including acupuncture) belongs to complementary and alternative medicine all over the world, the journals of which have lower impact factors because of their narrow scope of influence.

Frequency of citation can reflect the level of impact or attention-getting factor of a paper. Figure 3 compares the distribution of the frequency of citation from publications by Chinese and by Korean researchers, and shows that the frequency of citation from Chinese publications is disparate while that from Korean publications is more balanced.

Approximately 84 percent of Chinese-authored publications have been cited no more than ten times while so have been 48 percent of Korean-authored publications. There are 187 Chinese publications and 75 Korean ones that have never been cited. Otherwise, three Chinese-authored papers have been cited more than 100 times, but only one Korean's has been so frequently referred

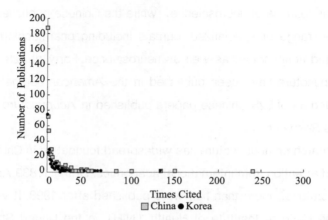

Figure 3 Cited Times of Chinese and Korean Publications on Acupuncture

to. The highest frequency of citation for Chinese-authored papers is 240. More than 98 percent of the publications authored from researchers from either of the two countries have been cited no more than 50 times.

There are two likely reasons why Korean publications are less often cited than Chinese papers. One is that there are fewer publications from Korean scientists, so they easily go unnoticed. The other is that the Korean-authored publications have been published more recently; consequently there has not been enough time for them to have been frequently cited. The Chinese paper which has been cited 240 times is a review published in 1982 by Professor Han Jisheng (co-authored with L. Terenisus), who is a well-known authority on acupuncture[①]. Also, the paper is the outcome of his cooperation with a researcher in the United States. Thus, the paper is prominent and has easily gained attention from other researchers. Moreover because the Chinese have published more papers, they have had more opportunities to cite other papers, leading to further citations of the same or similar material. Meanwhile, the Korean-authored

---

① Han Jisheng has published 43 papers all together, making him one of the most prolific researches on acupuncture listed in ISI. Additionally, he was one of the three Chinese speakers in the conference on acupuncture held by NIH in 1997, and an elected academician of CAS for researches on acupuncture.

paper with the highest frequency of citation (132 times) is also the outcome of cooperative research between three Koreans and four Americans.

In general, the few papers with a high frequency of citation published by the group of Chinese researchers on acupuncture stand out from the majority of the publications which have few or no citations.

3) More Chinese Authors but More Cooperation in Korea

Out of the 20 most prolific authors in acupuncture research, there are only five Chinese authors (including two from Taiwan) and two Koreans. There are only three institutes in China and two in Korea out of the most prolific 20 institutes. It is worth mentioning that Kyung Hee University has produced the most publications on acupuncture out of all the institutes involved in this research.

On average, Chinese researchers have published as many publications as Korean researchers have done. There are 1,332 authors (including foreign collaborators) for 528 Chinese publications, which average out to about 2.5 authors per publication. For Korean publications, there are 651 authors (including foreign collaborators) for an average of 2.7 authors per publication. [1] The most prolific Chinese researcher has published 43 papers while the most prolific Korean has published 33.

The Korean-authored publications have more consistent groups of authors than the Chinese-authored ones. Most of the authors have published only one paper on acupuncture. Some 69 percent of the Chinese authors and 65 percent Korean have published only one paper on acupuncture. On the other hand, 19 of the Korean authors (and three foreign collaborators) have published more than ten papers on acupuncture, While only nine of the chinese authors have similar output.

On average, both Korean and Chinese institutes have similar publica-

---

[1] This is different with the research on acupuncture analgesia, in which Chinese authors have more output on average. See [12] .

tions. There are 177 Korean institutes, and 386 Chinese institutes (including foreign cooperative institutes)① that have published papers on acupuncture. Each institute has 1. 4 publications on average.

In research on acupuncture, Korean institutes show more cooperative work. For Korean publications, 191, or nearly 80 percent, are the products of cooperation: 69 were cooperative efforts with foreign institutions, 80 among several domestic institutes, and 42 among different branches of a larger institute. However, only 192 (Less than 40 percent) of the Chinese publications show cooperation, of which 71 are the outcomes of cooperation among different institutes, 92 are products of cooperation with foreign institutes, and 29 are the results of cooperation among branches. That is to say, in Korea, there are more institutes working cooperatively than those in China per each paper published.

On the other hand, Korean-authored publications on acupuncture have more consistent participant institutes. The most productive Chinese institutes (including its predecessors) have published 98 publications on acupuncture, while there are 103 ones that Kyung Hee University alone has participated in.

One important reason for there being less cooperation in China is that the number of institutes has been reduced and that the approaches of various institutes are incompatible. In the 1970s, many institutes in China joined the research on acupuncture, but their numbers were reduced in the 1990s. [13] Today there are few institutes engaged in large-scale research besides the Neuroscience Research Institute (NRH) at Peking University, the Institute of Acupuncture Research (IAR) at Fudan University, and the Institute of Acupuncture

---

① Some Chinese institutes have different names but are actually the same one, so they should be counted as one. For example, the predecessors of Neuroscience Research Institution in Peking University are Beijing Medical University, Beijing Medical College, and Beijing First Medical College. Publications originating from any of these institutes should be considered to come from the same one.

and Moxibustion (IAM) at the China Academy of Traditional Chinese Medicine①. The Shanghai Brain Research Institute'one of the predecessors of the Institute of Neuroscience (ION), published the first paper on acupuncture in English in 1973, but has not published anything since the 1990s.

The incompatibility of approaches is another possible reason for the lack of cooperation among the three institutes. The NRH in Peking University and IAR in Fudan University perfer to explore the mechanisms of acupuncture through neuro-chemistry, while IAM in the China Academy of Traditional Chinese Medicine prefers neurophysiology and sometimes the theory of *jingluo* (meridians). The former two institutes that have a similar approach using neurochemistry have never published papers jointly, perhaps because they are located in different cities. Perhaps because of the amalgamation and state support for Sate Key Laboratories, many researchers have been concentrated in a few laboratories, and there is no need for other participants. Relationships among the institutes are more competitive than cooperative.

4) Both Nations Prefer to Research Mechanical Aspects, But Chinese Show Weaker Organized Skepticism

There are many publication types in ISI: articles, meeting abstracts, reviews, letters, editorial materials, notes, and biographical items. Figure 4 is about the proportion of document types according to the distinction in ISI. There are six types of Korean publications and seven types of Chinese ones. Of all the various forms, articles compose 82 percent of Chinese-authored publications. Of the Korean-authored publications, 87 percent are articles. There are

---

① In 2000, Shanghai University of Medicine was amalgamated with Fudan University, and the Institute of Acupuncture Research at Shanghai University of Medicine has been changed into the Institute of Acupuncture Research at Shanghai Medical College of Fudan University. There are a few researchers who had engaged in research on acupuncture independently from the institutions they belong to. They preferred traditional theories (e. g. that of *jingluo*), whose works are generally difficult to be accepted by major journals of medicine. See [13].

more metting abstracts (53 vs. 15), editorial materials (7 vs. 1), and notes (7 vs. 1) from Chinese publications than Korean ones (Figure 4).

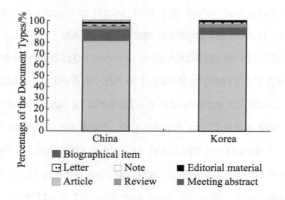

Figure 4   Proportion of Document Types of Publications

Most of the Chinese-authored and Korean-authored publications belong to the same subject areas. In particular, more than half of the Chinese and Korean publications belong to the same two subject areas: neurosciences and integrative & complementary medicine, which are different from the general publications on acupuncture. The two most common subject areas for publications on acupuncture are medicine, and general & Internal and clinical neurology.

Table 1 shows that both Chinese and Korean researchers prefer studying the mechanisms of acupuncture, including the neuro-physiological and neuro-chemical mechanisms of acupuncture. In China, research on the mechanisms of acupuncture developed as an important and fruitful category from 1970s on a wide scale. There are few clinics in China that participate in this research. One important reason is that the researchers in China pay more attention to the mechanisms of acupuncture than to clinical effects. In Korea, the research institutes have largely developed since the 1980s, including the Institute of East-West Medicine at Kyung Hee University that was established in 1988, the Graduate School of East-West Medicine Science in 1999, and the government sponsored Institute of Oriental Medicine in 1994. Within the Institute of Oriental Medicine, the laboratory for acupuncture belongs to the Ministry for Clinical Research, indicating the rather recent advent of government sponsorship. [14]

Table 1　Five Most Common Subject Areas

Subject area	China		Korea	
	Record count	Percent of 528	Record count	Percent of 243
Neurosciences	171	32.39%	80	32.92%
Integrative & complementary medicine	119	22.54%	65	26.75%
Clinical neurology	86	16.29%	25	10.29%
Medicine, general & internal	76	14.39%	47	19.34%
Multidisciplinary sciences	31	5.87%	—	—
Pharmacology & pharmacy	—	—	20	8.23%

In order to be taken seriously in today's scientific culture, it is necessary that traditional and alternative medicine subscribe to the prevailing emphasis on reason, scientific methods, and attitudes. One feature of the scientific attitude is "organized skepticism", which demands that the researcher "not conduct himself or herself in the uncritical and ritualistic fashion"[15] but judge things according to experience and reason. This attitude is institutional as well as methodological. The level of organized skepticism in the research on acupuncture by Chinese and Korean scientists can be judged by the publication types, quality of Randomized Controlled Trial (RCT), and the preference of the conclusions.

The *Guidelines for Clinical Research on Acupuncture* issued by WHO in 1995 refer to the application of RCT, especially with controls designed to compare with sham acupuncture[16]. It is critical for the research on acupuncture to have RCTs as a component for its being accepted into mainstream medicine. Not all the clinical trials adopted RCTs in China, and few clinical trials have had high-quality controls with sham-acupuncture or with other placebo acupuncture procedures. The evidence in the research with low-quality RCTs is limited or inconclusive. High-quality RCTs were adopted in more clinical research trials in Korea[17].

All of the Chinese publications generally regard the effects of acupuncture as positive while the conclusions from clinical research by Korean publications are conflicting. Generally, the research on the mechanisms of acupuncture suggests a presupposition that acupuncture is efficacious. The task of the researchers studying the mechanisms of acupuncture is to explain how acupuncture works. However, according to Lee and Ernst[17], the clinical effects of acupuncture in surgery are in dispute, whereas clinical studies by the Chinese come to positive conclusions on effects of acupuncture[18]. Even though the study actually suggested that acupuncture is probably ineffective, it did not state this directly[19]. However, some clinical trials described in Korean papers held a positive attitude to acupuncture, while some case study reports indicated the adverse effects of acupuncture. This'in some sense, shows the level of organized skepticism in the research on acupuncture, especially in the clinical trials.

Perhaps due to the history of practicing acupuncture and cultural preferences, Chinese studies take it for granted that the clinical effects of acupuncture are positive, with no need for discussion. It can be seen in the conclusions of the publications in ISI databases as well as of those (in Chinese) in China.

4. Conclusion

In general, Chinese publications predominate over the Korean publications in numbers, dates of publication, frequencies of citation, and impact factors of publication journals. However, the conclusion cannot be drawn that the research on acupuncture in China has excelled that in Korea. If the minimum numbers are considered, we see that the Chinese show some significant problems in the form of more uncited articles and lower cooperation. This data perhaps indicates that the research on acupuncture in China is languishing while that in Korea is flourishing.

Moreover, trends in the publications suggest that innovative research on acupuncture in China is not as steady and solid as that in Korea. The research in China is more dependent on outside resources and conditions, such as funds from foreign organizations like the NIH in the united States[20], while research in

Korea shows more independence. The availability of sustainable funds, whether foreign or domestic, always has temporary impact on research. In the long-term view, too much dependence on outside resources is disadvantageous for research on acupuncture in China.

The data suggests that there are fundamental differences between Chinese and Koreans in scientific methodology. The Koreans showed more attention to the modern scientific spirit and guidelines, even though they did not have evident superiority in the number and impact of the papers. In contrast, perhaps because they were restricted by cultural allegiances, the Chinese preferred conducting research without a critical attitude. The Chinese simply assumed that acupuncture was efficacious, even though its effectiveness was not clinically proven in the experiments described. Just as with Chinese-authored papers in international journals, the ratio of adoption of RCTs in domestic journals was low[21]. When some Chinese scholars discussed the methodology of acupuncture research, they still prefaced their studies by first affirming the positive effects of acupuncture[22]. It is obvious that this attitude, which contradicts the ethos of modern science, is rather popular among acupuncture research in China. This attitude may have a negative influence on the future research on acupuncture, which will extend to the entire practice of TM in China.

Due to long history of practice in acupuncture and similar knowledge of acupuncture (theory of *jingluo*, acupoints, etc.), researchers from the two countries prefer studying mechanism, especially the neural effects of acupuncture. Nevertheless, when Koreans conceived of new ideas or practices of acupuncture, they were apt to publish them, while Chinese would like to report to newspapers or the government at first.

Just as WHO noticed that "research into TM/CAM has been inadequate, resulting in paucity of data and inadequate development of methodology", we need high-quality research to expedite development of regulation and legislation of TM/CAM. Giventhics, research in China and South Korea should play more important role.

References

[1] Engel L W, Straus S E . Development of therapeutics: opportunities within complementary and alternative medicine. Nature Reviews Drug Discovery, 2002, 1:3.

[2] Goldrosen M H, Straus S E. Complementary and alternative medicine: assessing the evidence for immunological benefits. Nature Reviews Immunology, 2004, 4: 11.

[3] WHO. Traditional Medicine Strategy 2002-2005. Geneva: WHO, 2002.

[4] Cheng Z X. Acupuncture in TCM has endless uses. Jiefang Daily. 1958-09-05.

[5] Zhang R. A Brief History of Acupuncture Anesthesia. Shanghai: Shanghai Scientific and Technological Literature Publishing House, 1989.

[6] WHO/WPRO. WHO Standard Acupuncture Point Locations in the Western Pacific Region. Manila: WHO Regional Office for the Western Pacific, 2008.

[7] Huang Y H. A retrospect to and a reflection on the research on mechanisms of acupuncture anesthesia: an interview with professor Han Jisheng. The Chinese Journal for the History of Science and Technology, 2005, 26: 2.

[8] King D A. The scientific impact of nations. Nature, 2004, 430: 15.

[9] Larsen P O, Isabelle M, Markus V I. Scientific output and impact: relative positions of China, Europe, India, Japan and the USA. Paper presented at Fourth International Conference on Webometrics, Informetrics and Scientometrics & Ninth Collnet Meeting, Berlin, 2008.

[10] Chang H T. Integrative action of thalamus in process of acupuncture for analgesia. Scientia Sinica, 1973, 16: 1.

[11] Yi Z, Fan H Y. A brief introduction to WHO collaborating centers for traditional medicine. Chinese Journal of Information on Traditional Chinese Medicine, 1995, 2: 1.

[12] Huang Y H. A bibliometrical analyses to the papers on acupuncture analgesia by Chinese and Korean in SCI and medline data-bases. Acupuncture research, 2006a, 31: 5.

[13] Huang Y H. A social-historical analysis to the studies on mechanism of acupuncture analgesia in China. PhD diss. Peking University, 2006b.

[14] Anonymity. A brief introduction to institute of oriental medicine in Korea. Contemporary Korea, 1997, 3.

[15] Merton R K. The Sociology of Science: Theoretical and Empirical Investigations. Chicago and London: The University of Chicago Press, 1973.

［16］WHO/WPRO. Guidelines for Clinical Research on Acupuncture. WHO Regional Publications，1995.

［17］Lee H，Ernst E. Acupuncture analgesia during surgery：a systematic review. Pain，2005，114：3.

［18］Hu J. Acupuncture treatment of migraine in Germany. Journal of Traditional Chinese Medicine，1998，18：2.

［19］Lin J G，Lo M W，Wen Y R，et al. The effect of high and low frequency electroacupuncture in pain after lower abdominal surgery. Pain，2002，99：3.

［20］Mervis J. The right ties can save lives and move mountains. Science，1995，270.5239.

［21］Wu B，et al. Evidence-based medicine and evaluation on the quality of the clinical research reports on Zhongguo Zhenjiu. Chinese Acupuncture and Moxibustion，2000，20：8.

［22］Guo Y，Luo D，Li Q W. Studies on approaches in clinical research on acupuncture and moxibustion. Chinese Acupuncture and Moxibustion，2005，25：1.

Science as Ideology: The Rejection and Reception of Sociobiology in China[*]

1. Introduction

In the summer of 1975, Edward O. Wilson's great book, *Sociobiology: The New Synthesis*, was published. Wilson defined sociobiology as a new discipline devoted to "the systematic study of the biological basis of all social behavior." As is well-known, the reaction to sociobiology was in large part ideological and led to heated debates. Since different countries have different ideologies and cultures, it will be very interesting to consider the comparative question of how the theory was transmitted from one country into another country and which elements of the research program were accepted in which countries. Actually, several studies have been carried out on this issue in recent years[1]. However, the reception of sociobiology in China has not been fully explored. In this paper, we will present an account of how and why Chinese

---

* 本文作者为李建会、洪帆，原载 *Journal of the History of Biology*，2003 年第 36 卷，第 567～578 页。

scholars rejected and then accepted sociobiology. First, we will briefly sketch the social background of the reception of sociobiology in China. Then, we will analyze how and why Chinese scholars changed their ideas from rejecting socio-biology to accepting it, and how the theory fared in the larger context of Chinese culture. Finally, we will give some concluding remarks on the characteristics of the reception of sociobiology in China.

2. The Background of the Reception of Sociobiology in China

The spread of sociobiology in China is not simply an internal event in the development of science. From the day it was introduced to China, its destiny was closely bound up with the development and change of Chinese society. This situation is very similar to the spread of social Darwinism in China in the late nineteenth and early twentieth centuries. In 1894, the Sino-Japanese War broke out. At the beginning, no one thought that China would lose the war. But as a matter of fact, the "east dwarfs" defeated China . "The traumatic effect of these events, the sudden sense of urgency, the acute fear that China might now finally be 'cut up like a melon'by the great world powers were certainly felt by those literati who were as much concerned with' preserving the state'as with 'preserving the faith' . "[2] In this new climate, Chinese intellectuals began to seek ideas that they hoped would bring their country from poverty and weakness to a situation of wealth and power. As Schwartz and Pusey have discussed, most intellectuals accepted evolutionary theory-especially Social Darwinism-immediately[2~4]. "Natural selection" and "survival of the fittest" became the slogans they used in their quest to save the country from extinction. As Shi Hu said, "Few people who read these books could learn Huxley's contributions to the history of science and thought. What they could understand was the meaning of 'the winner survives, the loser is eliminated' in an international political sense. "[5] As a result, a mixed social evolutionism replaced

Darwin's theory, and this social Darwinism set the stage for how sociobiology would later be received.

After 1949, the new communist government shut off access to western countries and called on people to learn everything from the Soviet Union. Stalinist and Maoist-interpreted historical materialism superseded other social theories and became the one and only paradigm that guided research on human society. On university campuses, sociology and anthropology courses were canceled in 1952. Almost all western social theories were labeled as reactionary and bourgeois.

In the field of biology, Lysenkoism in the 1950s and the Cultural Revolution in the 1960s heavily influenced normal education and research. There were several geneticists who studied in Europe and America (two of them, Li Ruqi and Tan Jiazhen, received their Ph. D. s from Morgan's Laboratory) and then came back to China to do genetics research in universities or in research institutes. Before 1949, some were famous in international genetics. However, after 1949, the political and scientific research environments were very bad for them. Michurin and Lysenko's biology entered China like bamboo shoots after a spring rain. Lysenko's *The Current Status of Biology* and a number of other books about Michurin and Lysenko's theory were translated into Chinese. Many Soviet Lysenkoists were invited to give lectures in China. The Society of Michurin was founded in 1948[6]. When the Society organized its first meeting in 1950, more than three thousand people attended. According to Lysenko, Mendel and Morgan's genetics was bourgeois, idealist, metaphysical, and pseudo-scientific biology. Only Michurin's genetics was socialist, materialist, dialectical, and genuinely scientific. So the genetics of Mendel and Morgan was canceled in almost all universities. Geneticists who accepted the viewpoint of Mendel and Morgan were criticized and lost their laboratories. However, there were two differences separating the circumstances of geneticists in the Soviet Union and those in China. First, in the Soviet Union, many geneticists who rejected Lysenkoism were imprisoned or even killed by the government in the

1940s and 1950s; while in China, dissenting geneticists were only prohibited from openly publishing their ideas. Of course, during the Cultural Revolution, many were persecuted, but so were some Lysenkoists. Second, Soviet Lysenkoists exercised great power in their country, but the Chinese Lysenkoists never attained so great an influence.

In 1956, when Lysenko lost power in the Soviet Union, the Chinese government began rethinking its scientific policies. The Propaganda Office of the Central Committee of the Chinese Communist Party organized a meeting in Qingdao (known as the Qingdao Genetic Symposium) . Geneticists on both sides of the controversy were invited. Though Michurin and Lysenko's biology was still viewed as a legitimate school of genetics, Mendel and Morgan's genetics was legalized. Prior to this meeting, Chairman Mao proposed a policy for developing the arts and sciences. It was called the "Double Hundred Policy": "Let a hundred flowers bloom, let the hundred schools of thought contend. " Mao wanted genetics to be the first area for carrying out this policy. However, a few months later, in the "anti-rightists movement", the genetics of Mendel and Morgan was criticized again[7].

According to Karl Marx, the essence of a human being is the sum of his social relations. One understanding of this dogma is that altering the cultural environment could eliminate flaws in society. In 1966, Chairman Mao initiated the Cultural Revolution movement. His main purpose was to build a new proletarian culture to supersede the bourgeois culture. In this movement, thousands upon thousands of intellectuals were persecuted. Most scientific disciplines, including biology, were heavily influenced.

In the 1970s, though the effect of Lysenkoism was declining, some biologists still insisted on Michurin biology. *The Basic Principle of Michurin Genetics* edited by biologists in Sichun University was published in 1979.

When E. O. Wilson's book generated the heated debate that made him well known in the U. S. , China was still secluding itself from the West. This slowed down the pace at which sociobiology entered China. In 1976, Mao was dead and "the Gang of Four" (four high Communist leaders including Mao's wife) was overthrown. Two years later, Deng Xiaoping, became an important leader. He initiated the new policy of reform and opening to the rest of the world. This was the same year in which sociobiology was introduced into China.

3. From Criticizing to Accepting

The first article that introduced Wilson and sociobiology to China appeared in 1978. *Foreign Social Science* published an article extracted from *The New York Times* and entitled "Sociobiology's 'New Theory'", which briefly described the theories of Wilson and Robert Trivers in the context of the debate about sociobiology. Almost immediately after, a critical article entitled "Two Idealistic Tendencies in Foreign Biology" appeared in *Guangming Daily*, a newspaper for intellectuals, that regarded sociobiology as "a new variety of Social Darwinism"[8] . The year after, *Palaeozoology and Palaeoanthropology* of the Chinese Academy of Science, and the *Journal of Nature* published respectively two articles written by Rukang Wu. Wu argued: "Sociobiology has utilized this new explanation (of altruism) and applied this biological theory to human society. But any human social institution and its change is not driven by the changes of heredity. Sociobiology is virtually the modern successor of Spencer's reactionary Social Darwinism...Wilson is a biological determinist. Sociobiology aims to provide new theoretical ground for national domination, aggressive wars, racial and sexual discrimination, and has had serious social effects. "[9,10]

In order to strengthen his argument, Wu quoted Friedrich Engels: This makes impossible any immediate transference of the laws of life in animal societies to human ones. Production soon brings it about that the so-called struggle for existence no longer turns on pure means of existence, but on means for enjoyment and development. Here-where the means of development are socially produced-the categories taken from the animal kingdom are already totally inapplicable. [11]

Wu suggested that sociobiology "is a new attempt that uses scientific terms to legitimize the defects of Western capitalist society"[9,10]. These arguments, which copiously quoted from the classic Marxist sources, could easily have launched a movement of criticism that would have doomed sociobiology to the same fate that the Mendel-Morgan theory experienced. However, at the same time, China began a momentous process of social reform. Both reformist and conservative forces engaged intensely in every field of society. The manner in which sociobiology was treated in academic circles was complex, and associated with some very sensitive issues. ①How to treat theories from western countries? ②Whether or not there exist topics that are "forbidden" to science? ③Could one question the classic works of Marxism? Obviously, intellectuals could not yet provide answers to those questions. The right to formulate theory belonged only to people in authority. The conflict between the reformers and the conservatives resulted in the acceptance of reform ideas. As a result, sociobiology was allowed to develop.

In September 1979, the Division of the Chinese Academy of Sciences held a meeting on "the future of biology". The organizer of the meeting invited some well-known biologists, physical scientists, chemists and philosophers. Youmou Huang, Vice-president of Zhongshan University, contributed a report entitled "The Evaluation of Sociobiology". He argued that "it is apparently wrong to regard sociobiology as the repetition of Social Darwinism and as a bourgeois reactionary theory that advocates biological determinism". According to him, the starting point and methodology of sociobiology were very different from those of Social Darwinism. "Wilson's attitude to research is a strictly scientific attitude." "Whether from a viewpoint of history of science, or of dialectical materialism, sociobiology is a promising synthetic science. We should approach it with a positive attitude."[12] While he approved of Wilson and sociobiology, he criticized the criticisms of western leftist intellectuals. He asserted that we could not abandon a scientific theory only because it might be "abused". To extract a passage from a piece of writing and interpret it apart from its context was not "the correct strategy that the proletarian should adopt, and could not be taken up by numerous biologists". He said: "Natural sciences are continuous open systems. If one purposively sealed them off, he would have stemmed the development of science. In particular, biology has indivisible internal links to human beings and society. Therefore, the future of biology must have a link to the future of human beings, and sociobiology is just the new discipline that explores the biological basis of this link. Never can we throw it into the forbidden zone and discard it."[12]

"Since there were only one or two representatives of each sub-discipline attending this meeting, they had not discussed the tendency of every sub-discipline. What they were able to do was to exchange ideas about common issues"[13]. Although there were few respondents to Huang's report in the meeting, the conclusion was drawn that academic democracy should be enhanced and that sociobiology should not be placed in a forbidden zone. This meeting and Huang's report, to some extent, changed the destiny of sociobiology.

From that time, articles and essays on sociobiology increased gradually, and most of them were positive. Some academic and popular journals and newspapers such as *World Sciences*, *Translations of Philosophy*, *Encyclopedic Knowledge*, *Information of Nature*, *Guangming Daily* and *Bulletin of the Dialectics of Nature* published concerned articles and essays that introduced the theories of sociobiology and the debates about it. In 1980, *Theoretical Ecology*, edited by Robert M. May and Wilson as one of the authors, was published, and soon it was translated into Chinese. Although the translator carefully stated: "Some viewpoints of this book may be incorrect, but it is helpful for broadening our vision and enlarging our mind. Some paragraphs that do not suit the situation of our country have been abridged."[14] Dawkins' *The Selfish Gene* was published in Chinese the next year. In 1983, *Science and Philosophy* contributed a special issue translated by Kunfeng Li. It included the first chapter and most of the last chapter of *Sociobiology: The New Synthesis*, and a paper by Wilson on the relationships between biology and social sciences. The editor said, "sociobiology is one of the important developments that has appeared recently in the field of biological evolutionism, and it is a new development in synthetic evolutionism"[15].

4. Brief Upsurge

The expansion of the social influence of sociobiology was credited to the "culture rush" that swept across China in the middle of the 1980s. Intellectuals and publishers translated many western classic works and influential theories for the purpose of introducing western science and culture. Among these publications, the most famous one was the series "Walking towards the Future", which was targeted at young teachers and students. This series embodied many recent achievements of western academia, and was enormously influential for the young generation. Parts of *Sociobiology: The New Synthesis*, *On Human Nature*, *The Selfish Gene* and other writings of sociobiology were translated into Chinese and were edited together by Kunfeng Li with the title *The New Synthesis*. The first edition of this book had a print run of 62,400 copies. Because of the popularity of this series, sociobiology became widely known, as did other famous classic theories.

Why did a disputed, even immature theory acquire fame and recognition? The editors' words in the *Preface of The New Synthesis* illustrated their motivations: That we think highly of sociobiology is mainly out of the following considerations. First, the questions that sociobiology has asked are pure-hearted, pertinent and profound...Second, the perspectives and methods of sociobiology...are characteristic...Third, those who have read Wilson's works would be impressed by his new and vivacious style of thinking[7].

From this we can see that what the editors admired was Wilson's scientific attitude, his unconventional thinking, and his challenging ideas. It was at this point that the social value of sociobiology also had an impact. At that time, the emancipation movement in Chinese intellectual life was undergoing a vigorous development. Intellectuals hoped that they could draw support from the strong power of western science to break away from the restrictions of ideology. The scientific connotation and challenging spirit of sociobiology neatly met the needs of the age. The motivation for the editors publishing this book was not to develop sociobiology, but to prompt reforms in mind and society. As was suggested in the *Preface*:

The traditional ways of evaluation human mental achievements are right or wrong; yes or no; receiving or abandoning. However, the facts and experiences of the history of science or history of thought have told us that these ways are not effective, parsimonious or rational.

A nihilistic attitude to the new scientific development and new ideas is not advisable; neither is an attitude of dread. These self-deceiving attitudes not only display absurd fatuity and impenetrable stupidity, but also will be outdistanced by our mind in the progression of human thought. We thus will have no way to reach the height of human cognition and have no means to adapt to this great age of progress[7].

Whatever motivation these editors had, sociobiology actually aroused a burst of discussion. In the following years, the writings of sociobiologists frequently appeared in a variety of newspapers and journals such as *Social Sciences in China*, *Philosophy of Natural Sciences*; *Journal of Dialectics of Nature*; *Digests of Modern Foreign Philosophy and Social Sciences*; *Academia*; *Medicine and Philosophy*; *Information of Social Sciences*; *Trend of Philosophy*; *Social Sciences in Tianjin*; *Jilin Daily*, etc. In 1987, Wilson's *On Human Nature* was published in Chinese; and so was *La Sociobiologie* by Michel Veuille of France. Almost all of the dictionaries and reference books published in this period described sociobiology as a new discipline, although their descriptions were something different.

5. What was Accepted?

As discussed above, Deng Xiaoping's policy of a new openness led Chinese people to begin to investigate new ideas in western science and culture. The heated debates about Sociobiology in western countries just at that time were known in China. As we have seen, the first response to Wilson's work was criticism. This was because it was safe to introduce foreign thought in this way if it was different from Marxism. The nightmare of the Cultural Revolution still haunted many people. They still feared being persecuted for what they said. With the developing discussion of the thesis that "practice is the only criterion for testing truth" (opposite to "Mao or other authorities' words are criterion of truth"), people's minds were gradually liberated. Thus scholars in China began a completely new evaluation of sociobiology. At the beginning, people might be interested in sociobiology because it provided many new and unconventional ideas. But why did people enthusiastically introduce sociobiology in China for more than a decade? What are deeper reasons for the Chinese people to accept sociobiology? Which ideas were accepted and which were rejected? Were there mistakes made in the process of theory evaluation?

To answer these questions, we should know the Chinese ideological and scientific background. As we have seen in the preceding, China followed Marxist doctrine for a long time. Marx believed that human social relations determine the human essence. Chairman Mao also held that the human essence is shaped by the culture he inhabits. Mao thought that there are two main social cultures in China and in the world: proletarian culture and bourgeois culture. During the Cultural Revolution, Mao wanted to eliminate bourgeois culture. This is the point of the idea that "class struggle should be emphasized everyday, every month and every year. " However, overemphasizing the social side and neglecting the biological side of human nature causes many harmful consequences. Thousands of people were persecuted during that time because they were not born in a proletarian family or because they dissented from official views. In contrast with Marxism and Maoism, sociobiology justly emphasized the biological side of the human being. Scholars in China thought that sociobiology might correct the extreme ideas of Marxism or Maoism. It was for this reason that Chinese intellectuals welcomed sociobiology. This can be seen in the work of Boshu Zhang.

Zhang is a researcher in the Chinese Academy of Social Science. He contributed an article entitled "Marxism and Human Sociobiology: A Comparative Study from the Perspective of Modern Socialist Economic Reforms" *in Biology and Philosophy* in 1987. A few years later, invited by David Shaner of Furman University, Zhang developed his thesis in a book, *Marxism and Human Sociobiology: The Perspective of Economic Reforms in China*. In his book, Zhang analyzed the virtues and insufficiency of Marx's account of human nature. He discussed the importance and necessity of probing human nature entirely, taking into account the failure of the socialist camp in global politics and the achievements of economical reforms in China. He suggested that "sociobiology's entire effort is aimed at achieving a greater understanding of human behavior. Marx's work was also centered on the question of 'man, his essence, and his development'. This overlap in areas of research makes it possible to compare different research methods and synthesize them under suitable conditions. " He wrote: "The fundamental defect in Marx's historical-materialist logic is its neglect of human nature, mankind's natural history... In contrast, sociobiology is useful in its capacity to help us understand our biological inheritance and its influence upon our future. "[15]

Boshu Zhang attempted to combine the positive aspects of Marxism and human sociobiology into a unified theoretical framework. Then, by discussing some practical issues concerning the reforms in China, he offered a "new synthesis".

Of course there were also scientific reasons for accepting sociobiology. In 1978, the government called on people "to march on the height of science". At that time, the quick way for young people to advance their careers was to learn from the west. This was true for almost all sciences. With respect to biology, as we have seen, there had been almost no real achievements in China from the 1950s to the 1970s. So biology was a disaster area in the series political movements. Biologists accepted sociobiology because many of them believed that Wilson's theory was a new and positive development of Darwin's evolutionary theory. They held that Wilson's theory was not purely speculative. Sociobiology, they thought, was built on many solid empirical results. As Qingqi Zhang said in a paper, sociobiology "has broken a new path to understand human nature". [16~19] Boshu Zhang commented that it is "the cogent, self-consistent methodological principle embodied in his works" that has won him high praise[19]. But compared with other biological disciplines, there were few biologists doing evolutionary research. Most Chinese biologists focused their interests on experimental biology, especially genetics and molecular biology. The studies of biological evolutionism in China were rather weak both in theory and practice. Hardly any universities adopted evolutionary theory as a required course. Peishan Li described its status in China as "stressing translation, neglecting research, and lacking in teachers and successors."[21] At the same time, studies in the humanities and the social sciences were heavily governed by orthodox ideology. The relationship between the natural sciences and the social sciences was a delicate one. The psychological intimidation created by continual "political movements" had the result that natural scientists were disinclined to involve themselves in discussions about the social sciences. Because of the overspecialization of higher education, most social scientists did not have a background of natural science. This made it hard to avoid uninformed pronouncements concerning the bearing of evolutionary biology on human behavior. For a long time, Wilson's Chinese colleagues were mainly social scientists who were not conducting empirical research and thus were merely commentators on sociobiology.

Being influenced by the traditional cultural value of the "golden mean",

Chinese scholars did not accept all the ideas put forward by sociobiologists. For example, many of them were unable to agree with the genetic determinism of sociobiology. Most of them held a reserved attitude towards biological determinism and towards the analogy between human society and animal society. Some researchers argued that there was a large gap between the theories of sociobiology and theories that applied to human beings. The available scientific evidence was not sufficient to support sociobiology's grand agenda. As Nan Li said, some theories of sociobiology "are rather weak in scientific exposition, and there are a great many irrelevant contents"[22]. Of course, there were left wing scholars who occasionally criticized the theories of sociobiology. For instance, Changchao Zhu published an article in *Hongqi Zazhi* (*Journal of Red Flag*), the theoretic journal of the Central Committee of the Communist Party of China. He said in the article that sociobiology "disregards the applicable bounds of biology, and subjectively extends biological truths to human society. Thus the truths in one domain become falsehoods in the other". He argued that "[sociobiology] completely ignores the essential distinction between human and animal" and "refutes the sociality of human being and aggrandizes the function of biology". He continued that "sociobiology is fabricating grounds for the selfish philosophy…and artfully exculpating capitalism from many social problems. "[23] However, this article elicited few responses other than the criticism that "it is far beyond the bounds of usual scientific discussion. "[24]

6. Conclusion

Sociobiology had an electrifying effect, both ideologically and scientifically, in China during the 1980s, though it did not produce heated debates resembling those that took place in America. In China, Wilson has met a fate that resembles the one that Darwin encountered. People advocated Wilson's theory mainly because they wanted to use his theory as a tool for changing Chinese ideology and society. So the reception of sociobiology in China is quite different from its reception in other countries. Many western scholars think that political ideology, especially Marxism, is a source for resisting the reception of sociobiology; however, socialist China gave it a friendlier welcome than the theory encountered in other countries. There were fewer criticisms of sociobiology in China than in America, but this did not mean that it was fully accepted by Chinese scholars. By the end of the 1980s, Chinese intellectuals' passionate support of sociobiology had gradually faded. At present there are no universities or colleges that offer courses in sociobiology, nor are there any special research groups. In biology textbooks, sociobiological ideas are seldom mentioned. In China, sociobiology as a discipline still has the status of a blueprint.

However, at the beginning of this new century, passions towards sociobiology have been aroused again. Wilson's *On Human Nature*, *Dawkins' The Selfish Gene* and *Veuille's Sociobiology* were republished. Wilson's autobiography *Naturalist* and his new book *Consilience* were translated into Chinese and published in 2000 and 2002. Susan Blackmore's *The Meme Machine* was also translated into Chinese and was published in 2001. (Though Blackmore is an anti-sociobiologist, her book might cause people to concern Wilson's sociobiology). Whether or not this new attention to sociobiology means that the subject will develop further in China is yet uncertain.

References

[1] Sakuru O. Similarities and varieties: a brief sketch on the reception of Darwinism and sociobiology in Japan. Biology and Philosophy, 1998, 13: 341-357.

[2] Schwartz B. In Search of Wealth and Power: Yen Fu and the West. Cambridge: Harvard University Press, 1964.

[3] Pusey J R. China and Charles Darwin. Cambridge: Harvard University Press, 1983.

[4] Pusey J R. Lu Xun and Evolution. Albany: State University of New York Press, 1998.

[5] Hu S. Hu Shi Autobiography. Hefei: Huangshan Book Shop, 1986.

[6] Xiao S. Genetics and the "Double Hundred Policy". Century China, 2001.

[7] Li P S. Hundred Schools of Thought Contending: the Only Way for Developing Science. Beijing: Commerce Press, 1985.

[8] Wu R K. Two idealistic tendencies in foreign biology. Guangming Daily, 1978.

[9] Wu R K. On Wilson's sociobiology: the new synthesis. Palaeozoology and Palaeo-anthropology, 1979a 17: 89-90.

[10] Wu R K. The new reprint of social Darwinism. Journal of Nature, 1979b, 2 (5): 324-327.

[11] Engles F. Dialectics of Nature. New York: International Publisher Co, 1940.

[12] Huang Y M. The evaluation of sociobiology. The Files of the Chinese Sciences Academy, 1979, 9: 40-50.

[13] Xue P G. Summary of the meeting. The Files of the Chinese Sciences Academy, 1979, 10-36-1979: 87-92.

[14] Li K F. Leaderette. Science and Philosophy, 1983, 3: 1.

[15] Zhang B S. Marxism and Human Sociobiology: the Perspective of Economic Reforms in China. Albany: State University of New York Press, 1994.

[16] Zhang Q Q. The review of theory of sociobiology. Academia, 1992, 32 (1): 35-40.

[17] Zhang Y. Biological Evolution. Beijing: Peking University Press, 1998.

[18] Zhou S H. Sociobiology. Foreign Social Sciences, 1988, 1: 70-75, 64.

[19] Zhu B. Some problems of biology. Journal of Dialectics of Nature, 1979, 1 (4): 48-49.

[20] Zhang B S. From 'Gene Determinism' to 'Gene-Culture Coevolution'. Social Sciences in China, 1988, 9 (4): 127-135.

[21] Li P S. Social Darwinism and C. R. Darwin's evolutionary theory in China. Journal of Dialectics of Nature, 1991, 73 (3): 29-32, 58.

[22] Li N. Tutorial of Evolutionism. Beijing: Higher Education Press, 1990.

[23] Zhu C C. Reviews on sociobiology and its selfish nature theory of human Being. Journal of Red Flag, 1986, 194 (4): 35-40.

[24] Zhang B S. The review of human sociobiology. Trend of Philosophy, 1987, 1: 30-33.

从委托代理模式看中央集权下的中国科学建制化（1949～1966 年）*

一、多主体动态分析工具的缺失

对新中国成立初期（1949～1966 年）[①] 的科学建制化研究一直是国内外中国当代科学史研究的重要主题，建制化的过程与形态又是考察当代中国科学与社会诸多议题的基础和背景[1]。国内外学者在探讨这一议题时提出了很多进路，对研究该时期中国科学的建制化无疑是富有启发性的，却各自面临用于历史分析的困难。

在国外学者的研究中，萨特米尔（Richard Suttmier）认为当代中国独特的政治体制塑造了中国科学技术的方向[2]，这种政治分析进路线条过粗，在具体分析中对政治家的理想蓝图和科学技术在中国的实际发展路径进行的联系显得牵强。林德贝克（John Lindbeck）实际上早于萨特米尔采用政治分析进路研究中国的科学建制化[3]，而其关注的时间范围过于狭小，只描述和解

---

* 本文作者为郑丹，原载《自然辩证法通讯》，2010 年第 32 卷第 5 期，第 73～80 页。

① 龚育之教授认为新中国发展至今，"新中国成立初期"既可以断到中共八大，也可以断到文化大革命前，即 1949 年～1966 年可以定义为新中国成立初期。

释了某一特定的建制化形态。国内的很多研究最初关注于共产党意识形态对科学建制化的影响并做出其价值判断，这种意识形态分析进路显然过于简单，对政治的功能作用缺乏具体分析。近年来国内研究逐渐成熟，王志强探讨了中国共产党的科技政策思想在科学建制化过程中的作用[4]，但没有深入分析执政党决策被执行或抵制的机制。李真真提出新中国成立初期对科学的改造是通过科学的国家化建制，使科学成为国家机器的重要组成部分，从而使之服务于计划经济的需要[5]。这种进路用于分析在中国共产党对所有社会事务建立起绝对一元化领导并实行计划经济的时期固然有其合理性，但也存在问题：其一，混淆了执政党和政府的异同，近代以来，二者具有根本不同的功能分工和目标取向，即使在一党专政的中国亦如是；其二，过分强调政治一方的强势地位，低估科学和科学共同体的强健性。

无论是政治分析进路、实用主义进路，还是意识形态进路或国家化进路，都面临着共同困难——无法对多个行动主体参与的中国科学建制化进行动态分析。中国科学建制化的历史并非线性，在其建制化过程中始终交织着执政党、政府和科学共同体等诸多力量的角力，需要采用新的理论视角加以研究。

二、委托代理模式及其问题

已有研究进路面临各自困难，结合新中国成立初期特定的历史环境和社会条件，采用新的视角避免政治或经济主导论，是重构中国科学建制化进程的关键。中国科学的建制化是运作与科学技术相关的各种机构的历史过程，不同机构代表不同权力阶层或社会群体，运作方式随着政治、经济和意识形态等诸因素不断变化。针对如此复杂的科学建制化进程，美国学者戈斯顿（David Guston）的委托代理模式提供了有操作价值的分析框架。

戈斯顿承认其理论先驱是普赖斯（D. K. Price），普赖斯认为大科学时代从真理到权力之间存在一个宽广的跨度（spectrum），这一跨度覆盖四个层次（estate）：政治层、行政层、专业层和科学层，每一层都有其功能和目标[6]。戈斯顿发展了普赖斯的理论[7]，他总结美国第二次世界大战后科学政策的演化，提出了解释政治与科学关系的委托代理模式。戈斯顿认为委托代理是大科学时代政治与科学的基本关系。由于知识的专门化和学科化，政治家不具备从事科学研究的能力，便将探究自然界的任务委托给科学家，并与之达成社会契约，提供资金等研究条件；科学家则要提供求实而有效益的研究成果。由于政治和科学之间存在跨度，直接委托代理只是科学政策中最简单的图式。现实中则存在多重交叠的委托代理关系，即在政治权威和科学共同体之间存在某些中间层，中间层既是政治权威的代理者，又是科学共同体的委托者，它为政治与科学之间的空间带来结构性张力，减少二者由于精神价值和利益取向的异质而产生的摩擦。

普赖斯和戈斯顿对政治和科学发生环境的预设是在代议制国家，这会给对中国的经验研究带来困难，但通过对其理论进行本土改造可以加以克服。20世纪五六十年代的中国科学建制化可看做多个行动者主体在政治科学网络中互动的结果，参照普赖斯对科学阶层的划分，这些行动者主体至少包括：政治权威、行政专业层和科学共同体。这三个行动主体具有各自的功能和目标，在中国当时的政治科学环境下结成委托代理关系。由于中国共产党在革命中建立起来的巨大声望及其唯一执政党的地位，成为中国最高的政治权威。中共迅速建立起对全国各项事业的一元化统治，作为行政部门的政府成为执政党的代理者，而处于从权力到真理跨度另一侧的科学共同体又成为执政党和政府的代理者，它包括国立综合研究机构、国立行业研究机构和科学社团。

委托者和代理者现实投射的具体化，为吸收"权力到真理的跨度"和"委托代理"理论，进而分析新中国科学建制化提供了条件，但缺点也是明显的。有学者批评委托代理模式更多关注经济契约关系，忽略政治与科学边界的权力、价值问题[8]。委托代理模式在中国有其特殊性，这种特殊性不但表现在委托方和代理方之间的网络结构上，还表现在结构赖以运行的机制上，它是一种广义的社会契约。这一契约中，委托者为代理方提供哪些研究条件，代理方用何以回报委托方，代理者的权力如何被赋予、行使和转移，彼此矛盾的价值如何被接受、拒斥或修正，共同的利益如何被设计、制造和分享，都是委托代理模式原本缺失而在分析中国个案时无法绕过的。引入委托代理模式的目的是为探讨中国特定历史时期科学自主性与科学国家治理的关系提供恰当的阐释框架，阐释这种关系的演变则是发展"委托代理"理论的某种尝试。

三、契约初立及其运行缺陷（1949~1953年）

民国时期完成的初步科学建制化具有"小科学"的明显特征，这一时期科学在社会中的合法性不证自明，科学与政治缺乏制度性联系，研究机构和科学社团享有基于兴趣的研究自由。这种宽松的政治科学关系使得绝大多数科学家并不担心政权交替带给职业生涯的影响，选择在1949年后继续留守中国内地，为中国科学在大科学时代的再建制化留下了可观遗产。

中国共产党主政后，掌握对经济、社会以及科技领域的控制权力成为其全面统治中国的功能需要。共产党在科技领域的势力在革命时期一直较为薄弱，其领导层对国民党时期科技事业的评价向来不高。中国科学的再建制化对执政党来说是实现其对国家所有领域完全掌控，尤其是掌控薄弱领域的必要进程。

中国共产党的另一重要目标是追求统治合法性，主要表现为国家较以往更为富强，保证恶劣国际环境下的国家安全。近代以来中国的精英阶层早已认识到经济、国防实力的增长与科学技术息息相关，共产党也深谙此道。在亟须稳固政权的最初几年，共产党不仅需要掌握着"强国之钥"的科技界作为政治同盟，更需要依靠原本稀缺的专家培养新的人力资源，以及解决工农业百废待兴的技术问题。因此，中共领导层虽然对科技事业和专家评价不高，却无法做出疾风骤雨式的改造。

在此情况下，中国共产党与科技专家群体在新中国成立伊始即达成委托代理契约。作为重要"界别"的科学技术界参与制订了新中国的第一部宪法——《共同纲领》，其中有关科学技术的表述便是政治与科学契约的文本表述：政治权威承诺提供资源，"努力发展自然科学"以及"奖励科学的发现和发明"，这表明它承认包括基础研究在内的科学研究的意识形态合法性，而科学共同体的义务则是用求实、有效益的研究成果，"服务于工业农业和国防的建设"。以上述条规为标志，政治权威和科学共同体间形成了"委托代理"关系，二者具有各自明确的功能目标和行为规则（表1），同时又围绕委托代理契约关系行动。

表 1   "委托代理"关系中执政党与科学机构的功能目标与行为规则

关系角色	现实指代	功能目标	行为规则
委托者	执政党	追求权力和自身合法性	民主集中制与卡里斯玛统治①
代理者	科学机构	生产科学知识和技术成果	科学规范和外部要求

　　由于委托者的功能局限，执政党最初在"新科学"建制化中追求的是对科技事业的控制，在强调权力集中的同时也强调研究力量的集中，而未顾及这种集中化的建制方式是否有利于科学知识和技术成果的生产能否符合代理者的功能目标。执政党改造中国科学的第一步便是"构建"代理者，1949 年 6 月，中国共产党决定由中央宣传部部长陆定一负责筹建新的国立综合科研机构——中国科学院，它囊括了国民党时期最为优质的科研机构。执政党期望通过集中研究力量使科学院具备足够的实力引领全国科学技术乃至工农业的发展。在执政党的支持下，新的综合科学社团——全国科联（中华全国自然科学专门学会联合会）和全国科普（中华全国科学技术普及协会）建立起来，将各专业科学社团纳入管辖范围。二者名为民间社团，却受中共中央书记处领导，具有半官方性质，实际起聚拢科学家服务新政权的作用。通过一系列建制化措施，执政党一手构建了充当代理者的科学机构，为科学家提供了赖以生存的职业。

　　虽然科学机构从建立初始便受到掣肘，但在实际运行中，科学共同体仍保持相当的自主性。执政党决定由本身即为研究机构的中国科学院担负领导全国科技事业的政府职能，在执政党缺乏对科学院有效控制的最初几年，这个决定几乎意味着认可科学共同体内部的自治。但执政党依然试图控制科学共同体的研究方向，其领导层在各种场合呼吁"理论联系实际""科学服务政治"，这种口号式的训导缺乏可操作性。另外，执政党在其意识形态主管部门——中宣部成立专职部门科学卫生处（后改为科学处），根据执政党领导层的意识形态教条对科学家进行"思想改造"，监督科学院、全国科联、全国科普的动态，参与乃至主导这些机构初建时期很多政策的制定。科学卫生处还通过介绍苏联对自然科学的批判，试图影响科学家理论工具的选择[9]，但充满哲学气息的批判无法具体指导科学研究。执政党缺乏科技管理人才，即使科学卫生处也始终不超过 10 个人，其职责却覆盖所有机构和自

---

① 卡里斯玛统治是马克斯·韦伯定义的统治类型的一种，意为以领袖个人魅力为基础的统治。

然科学门类，由于这种局限，执政党对科学的治理无法触及内里。可见，执政党最初对管理科学技术并不在行，对科技发展远景也不清楚，将发展科技的任务委托给科学机构成为必然选择。

而科学机构对如何"服务于工业农业和国防的建设"同样茫然，更何况科学共同体本来就崇尚自由独立。作为应对之策，科学机构用流行的意识形态话语对其工作进行包装，中国科学院每年都要制订研究计划，以杜绝研究工作的"盲目性"。但科学院的年度计划事实上是各研究所计划的简单汇总，研究所计划又是各科学家预期工作的汇总。"为工农业和国防服务"在现实行动中成为帮助产业部门解决生产中具体的技术问题。虽然周恩来曾签署政令，要求相关政府部门配合乃至服从科学院在科技问题上的领导，但层级森严的政治体制使政令效果大打折扣。科学院院长郭沫若承认："（1952 年前）科学院主要进行了团结科学家和调整机构的工作。……科学院对于如何具体贯彻理论结合实际的方针，缺少认真的研究和进行必要的工作，过去对国家的经济计划了解很少，对产业部门联系做得也很不够。"[10] 在两项工作之外，科学研究仍遵照自身规范运行，并未出现执政党期望的转变。

在执政党与科学机构围绕社会契约的共同行动下，已有的科学资源被初步整合，形成了科学建制最初的网络结构，为简明起见，可标示为结构图（图 1）。图中所示的这种简单委托代理关系弊端十分明显，执政党和科学机构的运行机制实际是分离的，二者在功能目标和行为规则上的巨大差异使沟通并不顺畅，执政党很难将其政治意图转化为具体措施传送给科学机构，却以意识形态教条代替可操作化的科技政策，以哲学批判影响理论工具的选择，这不但会引起科学共同体的不满，更有损于科学研究的求实和效益原则。科学机构组织的形式上呼应号召的科研活动并没有实质转向。

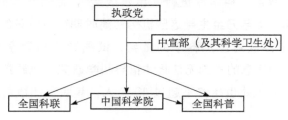

图 1　中国科学建制网络（1949～1953 年）

注：箭头双线表示委托代理关系，箭头单线表示具体管理关系，直线表示执政党机构分工负责

四、结构调整与多方妥协（1954～1956 年）

政治权威与科学共同体初步形成的线性关系无法满足执政党对科学机构应有功能的预期，调整在所难免。进入 20 世纪 50 年代中期，中国社会经历了剧烈的变化，新政权开始了把国民经济和社会发展完全纳入计划的尝试。1953 年，毛泽东指示"应该在全国掀起一个学习苏联的高潮"[11]，科学技术被要求更好地服务于国家建设，政治与科学的边界需重新界定。

在政治与科学的契约关系中，执政党对科学机构研究目标的要求是提供求实而有效益的成果，在此语境中"效益"是理论联系实际、科学服务政治的具体结果。1954 年之前契约达成的失效推动了科学院内部生产求实与效益机制的改革，主要措施是成立学术秘书处和学部，它们担当着连接科研活动和实际需要的枢纽。执政党和科学机构之间的委托代理关系也发生了微妙的变化。根据 1954 年 9 月颁布的政府组织法，科学院的政府职能被撤销，虽然科学院仍部分代行政府职能，但科学共同体从根本上失去了自我管理的政府认可，科学院被要求以高水平的研究作中国科学的"火车头"。为使科学机构的工作兼顾政治与科学利益，满足生产部门的大规模需要，委托代理关系新的实现形式被创造出来。

最初的科学建制在达成"效益"等目标上的不成功，引起政策制定者的警觉，委托方除提供科研所需的大量资金，更开始以科学规划的形式限定研究领域的对象空间。1955 年，中国科学院首任院长顾问、苏联科学家柯夫达在对中国各地科研机构为期三个月的调查后，一针见血地指出，如果中国科学的发展速度不能适应国家建设任务的要求，将招致严重的麻烦，因此，必须由国家计划委员会、中国科学院和有关各部密切合作，制订全国科学事业的规划[12]。这一提议随即得到中国科学院领导层以及行政部门领导层的认同，迅速进入执行程序。1956 年 2 月，国务院成立科学规划委员会，负责中国第一个中长期科技规划的制订。科学共同体的自主性受到进一步限制，承担研究项目的科学机构与政府部门达成以"任务"为纽带的契约，以"任务"为目标的工作被认为是达成"研究效益"目标的前提，科学共同体不得不做出妥协，放弃很多前沿的基础研究领域。规划颁行之后，科学规划委员会被保留下来监管各项任务的执行，成为政治与科学新的契约关系中名副其实的委托者。

国立行业研究机构的快速崛起也是委托代理关系新的实现形式之一。其建立动议出自周恩来 1956 年年初在知识分子问题上的讲话，根本原因在于早期科学机构的研究与产业部门的需要只能通过零散分散的方式联结，无法满足政府行业部门大规模的需求。为此，中国地质科学院、农业科学院、医学科学院、铁道科学研究院等国立行业研究机构相继成立，行业系统的研究实力显著增强。这种手段使得科学机构完全附属于政府行业部门，促使行业研究机构更关心政府委托者追求的效益，放弃单纯的科学兴趣，在各行业内部形成了委托代理关系。

经过调整，简单委托代理模式逐渐进化为多重委托代理模式，行动主体增多，各主体在进化模式下的关系呈现出更多层次（图 2）。在这个网络中，执政党委托作为行政部门的科学规划委员会行使管理全国科学事业的权力，科学规划委员会对综合机构、科学社团和行业机构实行归口管理，将执行计划的任务交给科学机构，自己则担当分配者和监督者。运行机制方面，科学规划委员会由行政精英和科学精英共同组成，行政管理层和科学机构的沟通较为通畅，政府能够代执政党充分表达对科学机构的要求并操作化，科学机构的意见也更容易被管理层理解采纳。成立科学规划委员会的建议就来自科学机构，科学机构试图透过注重实效的行政部门，缓冲与执政党在功能目标上的紧张，使科学共同体与行政部门的协商结果以科学政策的形式上升为国家意志，也维护了科学机构在制定政策方面一定程度的话语权。在这一时期，全国科联和全国科普仍接受中国科学院的具体指示，从三者关系中仍能看到科学自治的色彩。

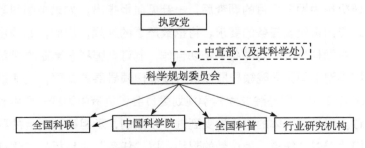

图 2　中国科学建制网络（1954～1956 年）

注：箭头双线表示委托代理关系，箭头单线表示具体管理关系，虚线表示执政党机构间接联系

而执政党并没有完全放弃对科学机构的直接监管，它针对政治不当干预科学的问题提出"百家争鸣"方针。中宣部在执政党的分工中原则上仍负责科学事业，通过组织青岛遗传学座谈会，肯定了科学家选择理论工具的自由，米丘林遗传学"整体论"的、"辩证"的和摩尔根遗传学"还原论"的、"机械"的研究进路都被赋予合法性。但在总体上，随着多重委托代理关系的形成，执政党减少了与科学机构的当面对话，转到幕后检视科学发展在意识形态上的正当性，这是执政党在前一阶段研究效益无法保障、国家建设受到影响的条件下做出的妥协，并不符合其追求权力的目标，无法长久维持。

五、政治高压与科学自主的博弈（1957～1966 年）

由于科学规划委员会这一中间人的出现，政治与科学之间形成了富有张力的边界结构，而妥协之下的结构必须面对政治运动和国家建设的震荡。科学共同体与行政层虽然达成了某种妥协，但科学共同体独立于国家治理之外的自主权的努力并没有停止。执政党在 1956 年提出"百家争鸣"就引发了科学共同体的强烈反应，科学家纷纷质疑对科学的政治干预，他们主张科学研究应该远离政治的影响，外行不能领导内行[13]。来自科学共同体的意见招致执政党激烈的反击，否定科学计划和执政党领导科学的观点被批判为资产阶级路线，很多科学家被定为"右派"，"政治挂帅""党对科学技术的绝对领导"被空前肯定强调。政治与科学多重契约关系的进一步强化、政治高压与科学自主的博弈便是在此背景下开始的。

执政党随即成立负责科学工作的强力部门。之前，无论在执政党与科学机构还是与行政部门的关系中，作为顶层委托者的执政党在现实中并没有明确的角色承担者。"反右运动"后的 1958 年，执政党成立专门担当委托者角色的组织机构——中央科学小组，它在大政方针上受中共中央政治局指示，具体由中央书记处负责，毛泽东强调，行政部门只需遵照执行中央科学小组的决策[14]。执政党试图通过该机构全面掌握制定科技政策的权力，其成员包括来自产业部门、高教系统、科技行政部门、研究机构和意识形态部门的具有相关经验的高层党员干部，由开国元勋聂荣臻任组长。执政党领导层对中央科学小组职能的定位超出了委托者应有的范围，这种定位被随后的历史进程证明并不现实。

作为执政党代理者的行政部门同样发生着深刻变革。1958 年年底，科学规划委员会和国家技术委员会合并改组为国家科学技术委员会（简称"国家科委"）。科学规划委员会中科学精英的政治态度在"反右运动"后受到怀疑，国家科委的领导层中保留了熟稔科技管理工作的行政官僚，而排除了职业科学家。从最初的科学院行使政府职能，到科学规划委员会中科学家参加领导层，直到科学家被排除在国家科委领导层之外，科学家在行政部门中逐渐淡出，科学共同体参与决定科学政策的权力受到削弱。国家科委建立起庞大的官僚机构，下设多个部门和专业顾问组，对研究选题、工作进度、成果认定到技术推广全程进行不同程度的干预。行政部门在与科学机构关系中的地位得到加强，科学自主性空间进一步被压缩。

以国家科委成立为标志，"执政党-行政部门-科学机构"之间"委托-代理/委托-代理"的关系定型。国家科委作为行政部门，其功能目标是运用行政经验并借助专业知识追求功利结果，行为规则是遵从法律并接受执政党监督。戈斯顿认为，机构同时扮演代理者和委托者两种角色，更可能与两端的委托者和代理者的观点接近。就中国而言，国家科委具有科技管理经验，并设有专家顾问机制，倾向尊重科学机构在专业问题上的选择，更为重要的是，国家科委熟知工农业和国防对科学技术的需要，通过制订科研计划及监督实施等方式将科学技术与实际需要的联系常规化和系统化，使科学机构免于"理论脱离实际"的批评。在以国家建设为指向的功利目标下，国家科委给予代理者以有限度的研究自由和权利，在一定程度上避免了执政党因不信任科学共同体对研究活动的干扰。此外，国家科委作为执政党在科技领域的代理者，需要对执政党负责并受其监督，它能够充分理解执政党意图，进而操作化为政策措施，中央科学小组通常会为这些政策授权。出于行政效率考虑，在聂荣臻推动下，国家科委完成了与中央科学小组事实上的合并，执政党所预想"党对科学技术的绝对领导"在现实中演化为行政部门对科学技术的全面管理。国家科委"代理/委托者"角色的确立和中间人作用的发挥，使执政党和科学机构的任务变得简单：执政党只需通过中央科学小组给予许可与批准，科学机构则只管执行研究计划。国家科委对功利结果的追求，对执政党统治合法性目标的实现，以及科学机构自然知识的发现创造，都产生正向推力。

科研机构并非只是行政部门的附属，作为最终代理执行者，其专业活动是达成契约目标的核心环节。委托者选择代理人的过程是一种"逆向选择"过程，因为委托者本身缺乏足够的专业知识，要找到具有共同目标的代理人面临困难与代价。这种信息不对称客观上为代理者提供了维护自身价值和利益的条件。科研机构正是利用行政部门的"逆向选择"困难，运用其专业知识保持对科技规划的影响力，并在执行研究计划的过程中保有相对独立性。中国科学院的"学术领导"，即体现在根据政府在建设中的各种需要做出现实可操作的"科学选择"上。在根据国家长期科技规划制订本机构年度科学计划以至具体的科研过程中，科研机构总是将较大的目标分解成若干可操作的目标，交由科技人员发挥创造性研究开发，这有利于确保研究遵循行政部门预设的"效益"目标以及作为科学内部规范的"求实"原则。专业活动是行政部门没有能力干涉的，代理者在各自分担的研究中享有受限的行动自由，这某种程度促成了科学共同体自主性的强健。

科学社团在这一关系中角色复杂。1958 年 6 月全国科联与全国科普合并为中国科学技术协会（简称"中国科协"），它既接受国务院系统的国家科委管辖，又作为"党群组织"直接接受执政党中央的领导。在多重委托代理的谱系中，中国科协既是中间方的代理者，又是顶层委托者的代理者，角色的错位使得其行为既要推动科学研究和交流，又要追随执政党发起的政治运动。尤其在曾昭抡、华罗庚、钱伟长三位前全国科联高层因"反社会主义的科学纲领"受到批判的大背景下，追随政治运动成为"科学家群众"向执政党表达忠诚的优先选择。为响应"大跃进"和毛泽东"技术革命"的号召，中国科协组织大批专家离开实验室，直接参与基层的群众技术革新和传授科学技术知识。而政治运动式的"群众科学"并没有达到发起者预期的效果，科学研究原有的进度受到影响，浮夸风对科学内部规范产生破坏。但由于中国科协的错位角色，对"群众科学"的坚持便意味对执政党统治理念的认同，这使得"群众科学"成为与"实验室科学"平行的科学发展路径，虽然这条路径远没有"实验室科学"产出的效益多。

对比 1957 年前后的政治环境和科技成就，多重委托代理模式的作用显而易见。反右运动之后，执政党将科学共同体视为政治上的敌对者，二者关系空前紧张。1957～1962 年正是 12 年科技规划实施的时间段，在研究人员的努力下大多数规划任务顺利完成，中国建立起了较为完整的尖端科技发展体系。这一时期科研机构数量和人力资源规模有可观增长，省级以上独立研究机构从 1956 年的 410 个增加到 1962 年的 892 个，专职科研人员从 1956 年的不到 2 万增加到 1962 年的 6.8 万[15]。在执政党和科学共同体激烈的对抗之下，科学自主性受到前所未有的压制，而中国科学技术却取得了新中国成立后最为显著的发展，究其根源主要是因为政治与科学多重委托代理关系在中国的定型与发展，科学机构找到了自己在中央集权体制中的位置，并适应了新的行为规则。

  1957～1966 年，多重委托代理关系下的科学建制网络稳定并确立下来（图 3）。中央科学小组处于结构的顶点。国家科委通过大规模"计划科学"的方式消解执政党对科学共同体政治身份和研究行为的指责，同时从科学机构手中收回制定科技政策的权力，由于行政部门完全垄断科学研究必需的社会资源，中国科学院、行业研究机构和中国科协只能接受政策执行者和研究代理者的角色。中国科学院对科学社团长期以来的领导关系被解除，自治权进一步被剥夺。中国科协兼有双重角色。科学共同体内部各机构之间的联系仅限于执行科研项目中的分工合作，以及在研究过程遵守科学规范，科学共同体无形的联系如对学术自由的共同追求与价值认同则受到压抑。反右运动后"又红又专"受到强调，科学共同体不但被要求提供研究成果，还被要求认同执政党宣扬的价值观和工作方式。这一时期的中宣部失去了执政党内科技事业主管机构的地位，其作用受到弱化，工作重心转向社会科学。

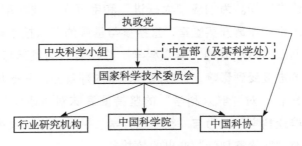

图 3 中国科学建制网络（1957～1966 年）

注：箭头双线表示委托代理关系，直线表示执政党机构直接负责，虚线表示执政党机构间接联系

六、中央集权与委托代理

　　经过改造的委托代理模式把新中国成立初期执政党、行政部门和科学机构区分为具有不同功能目标和行为规则的行动主体，在追求共同的研究求实与效益目标过程中，不但需关注三者之间经济利益的交换，更需关注政治权力与研究自由的让度，及政治意识形态与科学价值的调和。利用这一模式对中国五六十年代的科学建制化进行分析，可以看到执政党、行政部门和科学机构作为委托者、中间人和代理者都试图通过构建新的科学建制化体系实现对权力、利益和价值的诉求，但任何一方都无法摆脱他者的制约。

　　政治与科学之间的委托代理模式在中央集权政治体制的中国独具特色。最初，执政党不但要求科学机构为研究效益工作，而且要求科学共同体持有与之相同的价值观念，思想改造运动和科学批判运动即是这种要求的尝试，为此执政党专门成立中宣部科学处负责对科学领域的意识形态治理。然而，将自身的意识形态加于科学共同体之上只是执政党卡里斯玛领导者的理想图景，对科学进行意识形态干预很快就显现出其负面影响，甚至损害了委托代理关系的核心目标——研究的求实和效益。在此背景下，中宣部科学处作为科技管理机构的地位日趋弱化，政府行政部门作用日益凸显。行政部门认为科学家价值观念的变化是长期的过程，当务之急并不是转变科学共同体头脑中的观念，而是利用其专业知识为经济建设和国防建设创造实际的研究效益，这一点得到执政党和科学机构的认可，多重委托代理关系形成。

　　新中国成立初期的科学建制化是订立并履行包括利益、权力和价值在内的"社会契约"的过程。委托代理关系中的各行动主体在追求研究求实与效益的同时，需要满足各自功能目标及行为价值规则，在此基础上，执政党、行政部门和科学机构围绕利益、权力与价值在新中国成立初期充满变迁的历史情境下展开互动，促成了中国科学建制化的产生、演进和定型。即使在中央集权体制下，由于大科学时代委托者和代理者的二分和从真理到权力的跨度，作为政治权威的执政党始终无法按照其意识形态图景干预科学的发展路径，科学共同体保有一定的自主性，行政部门在政治层和专业层之中的张力空间内竭力维系政治科学博弈的平衡。虽然条块分割的权力格局使中国的情形远较西方国家复杂，但委托代理模式作为多主体动态分析工具之于中国科学，仍然很有价值。

参 考 文 献

［1］龚育之．回忆中宣部科学处．中国科技史杂志，2007，（3）：201-226．

［2］萨特米尔．科研与革命．袁南生，刘戟锋，代清海，等译．长沙：国防科技大学出版社，1989．

［3］Lindbeck J. Organization and development of science. *In*：Sidney H. Gould. Science in Communist China. Washington D C：AAAS, 1961；3-58.

［4］王志强．中国共产党科技政策思想研究（1949-1966）．北京大学博士学位论文，1998．

［5］李真真．20世纪五六十年代的中国：科学的改造与社会重建．自然辩证法通讯，2005，（2）：70-75．

［6］Price D K. The Scientific Estate. Cambridge：Harvard University Press，1965.

［7］Guston D. Between Politics and Science：Assuring Integrity and Productivity of Research. New York：Cambridge University Press，2000.

［8］徐治立．科技政治空间的张力．北京：中国社会科学出版社，2006：181．

［9］勾文增，胡化凯．1952年的科学通报：思想改造、学习苏联与科学批判．香港中文大学《二十一世纪》网络版，http：//www. cuhk. edu. hk/ics/21c/supplem/essay/0410092g. htm［2013-02-19］．

［10］郭沫若．关于目前科学院工作的基本情况和今后工作任务的报告．人民日报，1954－03－26．

［11］毛泽东．在全国政协一届四次会议闭幕会上的讲话．见：毛泽东文集（第6卷）．北京：人民出版社，1998：263-268．

［12］柯夫达．关于规划和组织中华人民共和国全国性的科学研究工作的一些办法．中国科学院年报，1955：55-63．

［13］曾昭抡，千家驹，华罗庚，等．对于有关我国科学体制问题的几点意见．光明日报，1957－06－09．

［14］毛泽东．对中央决定成立财经、政法、外事、科学、文教各小组的通知稿的批语和修改．见：建国以来毛泽东文稿（七）．北京：中央文献出版社，1997：268，269．

［15］武衡，杨浚．当代中国的科学技术事业．北京：当代中国出版社，1991：20，37．

第六部
科学的误用

一个台湾学者圈对中国传统生命文化的整合[*]

一、传统还是现代

在台湾学界，从事中国传统文化研究的群体不在少数，研究进路也各不相同。其中有一个圈子，其成员多数都有留学经历，他们在自己原有的领域已经有所建树，但均希望在自己的原有专业以外另辟蹊径，以对生命的关注作为切入点，整合宗教、巫术①和现代科学技术的某些概念和方法，对中国传统生命文化进行重新诠释和转化运用，使另类生命研究建制化，以此发掘和光大中国独有的传统文化资源。

这种对传统生命文化的新诠释一方面承袭和沿用诸如"气""经络"和"阴阳五行"之类的传统生命文化的概念和理论，另一方面试图采用现代科学的概念和理论来解释和修正传统理论，并力图利用现代技术制作的仪器来证明和扩展传统知识，如使用穴道电检仪②来证明经络系统的存在，并且对

---

* 本文作者为黄艳红，原题为《现代科学与巫术不能兼容：析一个台湾学者圈对中国传统生命文化的整合》，原载《香港社会科学学报》，2004年第28期，第117～139页。

① 本文所说的"巫术"是指与大众神秘信仰相联系的形形色色的活动，如占星术、占卜、风水、面相以及各种神秘预言等。基斯·汤玛斯研究了英国巫术衰落的历史，但是由于文化的差异，英国的这些大众神秘信仰与中国的传统信仰还是有很多区别。英国的情况，见文献 [1]。

② 这是根据德国医生伏尔（Rienhold Voll）1953年发展出来的穴道电检法而制作出来的一种仪器，全称为穴道电机能筛检测试仪（Electro－Dermal & Screening Device），简称穴道电检仪或穴检仪，就是利用微量的直流电，在穴位上诱道出被认为是代表体内器官系统所感应出的电机能的质和量，并依此作为筛检诊断之用[2,3]。

传统经络系统的位置、数量和传道途径给出新的说明。然而，他们主要还是从人文的角度来研究传统文化。于是，一些宗教对生命的看法被采纳，而且，巫术和民间信仰当中有关生老病死的各种仪式及其表达的意义也纳入了这类研究的视野。

尽管台湾的这个学者圈希望借助现代科学技术手段，但其建制化却局限于活动方式和思维方式均与现代科学相悖的封闭圈子里[4]。这是一种有趣的文化现象。这样的研究是要复兴已经被淘汰的文化元素，还是要使有价值的传统文化资源在现代化进程中再生呢？台湾的这类生命研究兴起的背景是什么？其构造的生命概念，采用的研究手段是什么？这样的研究到底能够走多远？带着这些问题，笔者在对有关学者进行访谈和研读相关文献的基础上，试图在本文中对上述问题给予初步的回答。

二、文化背景：学术与巫术的结合

20 世纪 70 年代，发生了两件有趣的事情：一件发生在科学发达的美国，一件发生在科学不发达的中国内地农村。1976 年，美国物理学教授卡普拉（F. Capra）的《物理学之"道"——近代物理学与东方神秘主义》（*The Tao of Physics：An Exploration of the Parallels between Modern Physics and Eastern Mysticism*）一书出版[5]。时隔三年，1979 年，中国《四川日报》报道了一位名叫唐雨的儿童能够用耳朵识字①。前者是在物理学深入发展的情况下，物理学家寻求新的突破点的一次学术努力，后者是在中国内地百废待兴，急需发展科学技术的时候，出现的一起巫术事件。这两件似不相干的事情在引发对中国传统神秘文化的研究热潮方面却有异曲同工之效。

尽管在卡普拉之前，就有物理学家如玻尔（Niels Bohr）对东方文化当中的一些思想表现出浓厚的兴趣②，但是卡普拉在这本书中第一次系统而详细

---

① 1979 年 3 月 11 日，《四川日报》报道了大足县儿童唐雨耳朵识字事件，3 月 20 日四川医学院派调查组到大足县调查，结果认为"唐雨的耳朵并不能认字"，只是作假。但很多人"宁可信其有，不可信其无"，所以后来耳朵认字仍然泛滥[5,6]。

② 玻尔认为他关于互补性的概念与中国阴阳对立两极的概念相类似，他被封爵后的盾形纹章上就有中国的太极图图案[5]。

地论述了现代物理学概念与东方神秘主义思想（即印度教、佛教和道教的宗教哲学）的关联。他认为，量子场论中场既具有连续性又具有不连续的结构，与中国思想中的"气"的概念极其相似[5]，而且场的这两方面不断转化，与佛教强调"空"与"形"之间的动态统一相类似[5]。此后，也有不少中国学者对中国古代的某些神秘思想产生了研究兴趣。而在四川儿童"耳朵识字"事件发生之后不久，中国内地逐渐掀起一场声势颇为浩大的"人体特异功能"研究[7]。

其实，如何看待和保留传统文化的思想价值，一直是中国现代化进程当中一个不可回避的问题，也是中国知识分子常议常新的一个问题。早期有"体用"之争和"道技"之分，后有中国文化出路的论战。至 20 世纪中期，较多的海外中国学者以极大的热情思考中国传统文化的转化问题。美国华裔学者林毓生就提出要追求中国传统的创造性转化（creative transformation）："是把一些中国文化传统中的符号与价值系统加以改造，使经过改造的符号与价值系统变成有利于变迁的种子，同时在变迁过程中，继续保持文化的认同。"[9] 此后，"创造转化"便在与台湾学界联系较多的华裔人文学者中流行开来。傅伟勋不仅将以儒道佛三家为主的东方思想称为"生命的学问"，还强调佛教的现代化转换[10]。这是学理的脉络。

还有一个社会现实的脉络。这就是巫文化的盛行与对生命的关怀。

中国一直是巫术较为兴盛的国度①。乾隆年间发生的一起巫术事件曾经在民间和官方都引起轩然大波，甚至影响到政局[11]。就是在科学文化思潮大规模扩散的新文化运动中，中国的巫文化仍然很流行②。1949 年以后，中国内地在政府的直接干预下，对各种巫术和非正统宗教进行了打击，支持巫术的意识形态和社会舆论基本上已失去地位。台湾的情况正好相反，各种宗教和巫术思想拥有巨大的市场，无论是乡村还是城市，各种庙宇林立，香火甚旺。走进台湾的各种书店，常常会发现，有关面相和风水的书摆在最显著的位置；各种关于精神和心理的超自然解释的书籍往往是畅销书。各级政府首

---

① 许地山在 1940 年分析了中国典籍里面记载的关于扶箕的 132 个故事。参见许地山. 扶箕迷信的研究. 北京：商务印书馆，1999。

② 参见孔飞力（Philip A. Kuhn）. 叫魂——1768 年中国妖术大恐慌. 陈兼，刘昶译. 上海：上海三联书店，2002。

长和立法委员选举当中常常要请巫师参与谋划。电视剧中介绍各种各样的神秘现象，"鬼"更是其中不可缺少的角色。电视娱乐节目当中，星座大师常常是首席嘉宾，他们的占星术演说深入大众生活。

台湾经济在 20 世纪中叶获得巨大成功。于是，人们更加关注生活的品质和生命的意义。由于校园自杀案件时有发生，政府的教育主管部门开始注重推广生命教育，关怀人的身心健康，尤其是在校学生的心理健康。台湾的各个中小学，几乎都开展了各种各样的生命教育活动。以前带有政治色彩的社团——青年救国团也在开展有关生命教育和文化传播的活动，并举办了一系列演讲活动，很多在台湾从事传统生命文化另类研究的学者都在被邀请的演讲者名单之列[4]。

在这样的背景下，从 20 世纪 80 年代开始，台湾学界逐步形成了一个采用学术和巫术相结合的办法，以对生命的关注作为切入点，试图对传统生命文化进行重新诠释和转化利用的圈子①。这个圈子的成员教育背景各不相同，但共同之处在于他们一方面直接受到西方教育的强烈影响，另一方面又非常希望世界能够认同他们是中国文化的继承者；一方面在自己的原有专业已经有所建树，另一方面又希望突破自己的专业规范在新的领域进行非常规的探索。这个从事另类生命研究的学者圈的主要人物有：阳明大学医学院教授崔玖，台湾大学教授李嗣涔，东吴大学教授陈国镇，佛光人文社会学院教授宋光宇，中央研究院研究员王唯工，以及澎湖医院精神科医师王悟师。其中，崔玖在美国学习和工作多年，获宾夕法尼亚州大学医学院硕士学位，是夏威夷大学的永久教授，曾担任美国开发总署家庭计划医疗团队的技术主持人，参与世界卫生组织向亚洲和非洲推广节育观念和技术的活动。宋光宇早年留学美国，获宾州大学历史系博士学位，返台后曾经是中央研究院研究员，专业是历史学和考古人类学。李嗣涔是斯坦福大学电机工程博士。王唯工是美国约翰霍浦金斯大学生物物理博士。陈国镇虽然在新竹清华大学获得物理学

----

① 这种另类生命研究就起源于 1988 年一项关于气功的群体研究计划。由于当时国科会的主委陈履安本人练习气功，并主要通过海外的文献和新闻报道得知中国内地正在进行人体科学研究，为了使台湾在中国传统文化研究方面不落后于中国内地，便召集一批人员研究气功。这个研究群体一共有七八位学者，分别来自各个学校和研究机构的各个专业。其中就有后来成为另类生命研究的活跃分子，包括崔玖、李嗣涔、陈国镇和王唯工。

博士学位，也曾游学海外。这个圈子的领袖是崔玠，控制的社团主要是中华生命电磁科学学会①。这个圈子的成员在基本一致的生命概念和学术信念的基础上，分别通过医疗活动、学术研究和教育实践来推进他们对于人的生命的另类研究。

三、概念：生命现象与现代科学

台湾这个生命研究圈子的成员在许多概念的表述上都不尽相同。对于他们的研究领域和进路的概括，有的成员说是"人体潜能研究"，有的说是"生物能医学"，有的说是"生命学"，等等。他们在这些名称的用法上并没有严格的讲究，也不精确地追求某种统一。但是，他们在一些基本概念上却有共同的认识。以中国传统文化特别是佛教和民间信仰中的生命概念为基础，突破现代学科界限而又借用现代科学概念，建构人的生命概念，是他们工作的基点。

（一）生命的结构与功课

另类生命研究者综合了巫术和宗教主要是佛教的一些看法，又力图采用现代科学语言，从而制造出一种对生命的特殊理解。

一般来说，另类生命研究者把生命定义为身心灵三个层次的统一②。陈国镇根据其物理学知识，将生命划分为物质、能量、信息和心智四个层次。并且用现代社会人们所熟知的计算机来比喻生命。在他看来，人的生命可以与计算机相比：生命的物质层次即人体，相当于计算机的硬件设施；生命的能量层次即人的体力，相当于计算机所需要的电源；生命的信息层次即人的生理和心理讯息，相当于计算机的程序指令；生命的心智层次就是人的意识和潜意识，相当于计算机的用户。按照陈国镇的说法，人的生命的每一个层

---

① 这个学会创办于 1994 年，李嗣涔是现任理事长。与其说这是一个学术团体，毋宁说是一个爱好者协会，因为其会员大部分并不是研究者，而是一些信奉神秘现象的业余爱好者[14]。

② 李嗣涔认为练气功是修"身"，特异功能是"心"掌控的现象，而借由意识超越身体极限，能够达到"灵"的证悟[14]。

次对应着不同的功课：生命的物质和能量层次对应于自然科学；信息层次对应于数学、特异功能和巫术；心智层次对应于宗教[15]。这些层次之间，还可以转换（图1）。

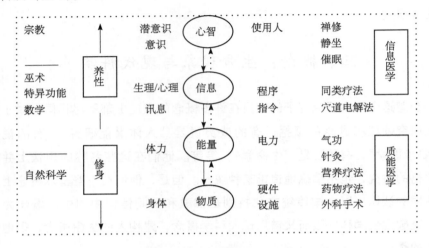

图1　生命的多重结构及其相对应的功课[16]

可以看出，在这个生命概念里，身体就是生命的物质层次和能量层次，心就是神经和信息系统这个层次，灵就是人的意识和潜意识层次。这样一来，科学、宗教、巫术上所说的生命，在这个新的生命概念里面就都有了位置。这个生命研究圈子就是在身心灵的意义上使用生命概念的。中华生命电磁科学学会和中华身心灵促健会1998年举办的研讨会的主题是"宗教、灵异、科学与社会"，2004年举办的学术研讨会的主题是"身、心、灵科学"。这些会议主题的名称，反映了他们对于生命概念的理解的共同的一面。

另类生命研究者们接受佛教的生命轮回的看法，相信生命的心智层次是不灭的，是生命的真正本质，认为生命是会借助身体一次一次地轮回，从而不断成长，每一段生命的学程，就是要学习不同的课程。陈国镇还认为，睡觉就是人的心灵离开身体，去整理每天获得的各种各样杂乱的信息，包括以前甚至前世所获得的信息，甚至穿越地球，接受宇宙中的信息波[15]。阳明大学医学院传统医药学研究所还曾经有硕士论文分析佛教关于睡姿的规范[16]。

由于对某一个生命的轮回周期不易使用现代科学技术来研究，所以另类生命研究者会关注一段生命的全过程。例如，佛光大学生命学所的课程内容中，就有让学生在实验地里通过设置一些装置，试图对黄瓜的生长进行物理干预[17]。这里毕业的第一个硕士生的学位论文就是关于葬俗礼仪的传统与演变，即关注生命的死的阶段，人们对生命的认识和对死的看法以及有关死的仪式的文化蕴涵[18]。

（二）人体潜能与"信息场"

由于相信生命中灵的不灭，所以他们也相信生命会具有各种各样的特异现象。为了解释这些特异现象，他们不仅仅求助于宗教神学的解释，也借用现代科学理论的一些概念和名称，甚至创造出一些概念，再糅合宗教的一些说法，试图给这种巫术现象以新的解释。

李嗣涔从 1991 年 4 月开始从事特异功能研究。他的研究主要是源于中国内地有关的研究，并且还与前中国地质大学人体科学研究所的教授沈今川和据称具有特异功能的功能人孙储琳进行过合作。在学习了北京大学陈守良教授的有关训练诱发特异功能的方法之后，李也在台湾举行了多次培训班，训练儿童手指识字。在中国内地的有关研究基本上终止之后，他的研究还在持续。不过，他用"人体潜能"来代替中国内地学者所说的"特异功能"或"人体科学"。从 1991 年开始，李嗣涔在台大电机系开设"人体潜能"专题讲座，对学生进行有关训练和测试，并希望在这些学生中寻找和诱发出功能人[19]。

另类生命研究者笃信能够手指识字的人具有中国民间神秘信仰声称的"开天眼"的功能，在识别字和图像的时候，脑部出现了"屏幕效应"[19]。他们用"第四维空间"和"宏观量子现象"来解释所谓"人体穿壁"和"隔墙取物"，并且创造了"念力"的概念来说明使花生起死回生的原因，说这是因为人对事物的感知是信息的传导，能够实现"心物合一"[20]。陈国镇提出"信息波"的概念，认为通过自我修炼，人的生命可以超越自己的身体，用直觉接受外来的信息波，来探索外在的世界。就是由于这些原因，才有所谓特异功能的人出现，他们由此可以了解一些在常态下无法感知的东西[21]。此外，他们还用"信息场"的概念来称呼宇宙[15]。1999 年，李嗣涔的研究遭到台湾科学界的严重质疑，于是一个主要由台湾物理学会组成的包括十几位教授的检验团体进行了一次对李嗣涔关于特异功能实验的检验。在检验当中首次使用了宗教词汇如"佛"、"观世音"和"耶稣"等，结果出现了一些其他的现象，这就给了李嗣涔等人更广阔的想象空间。例如，在手指辨认"佛"字时，受试者声称看见的不是字，而是各种有关的图像，包括佛像、佛教中的人物以及佛教中具有标记意义的现象，如亮光等。对此，李嗣涔等人的解释是，宇宙是一个"信息场"，一个巨大的网络系统，各种宗教都有各自的"网站"，键入它们的关键字，就可以接通"网页"，看到网站首页各种奇异的景象[22]。宋光宇根据李嗣涔的实验和一些考古资料，断言五六千年前巫师就登上了这个宇宙巨网站，并收发"I-mail"即所谓"信息邮件"[23]。

我们知道，所谓"第四维空间"的说法由于不可直接检验，早在一百多年前就已经退出了学术舞台。他们所说的宏观量子效应也好，念力和信息场也好，都是不可直接测量的。在我们看来，做出这样的解释，实际上起到的作用有两个：一是通过解释，把未经人们公认的"人体潜能"现象变成不言而喻只需解释的现象，并进而使之成为确定的事实；二是造出这些概念，实际上是把一种神秘变换成另一种神秘，这样没有经验内容的解释就难以提供任何新的认识。

（三）系统论、控制论、"碎形学"与中医学

在另类生命研究者看来，身体是生命的物质载体，如果身体承受太多的痛苦，心灵就很难感到满足，于是就要维持生命体的平衡，才能保持生命的动力。所以，就发展出医学，帮助人更好地完成一段生命的学程。医学的理念架构就是文化的集中体现[15]。从中医学出发，来探寻中国文化的根源，是他们推崇的一种方式。因为在他们看来，传统的中医学是保存中国古老文化最多的地方，也是中国文化的缩影[15]。

另类生命研究者深知中医学"气"的概念和经络系统、藏象学说和阴阳五行等理论与现代科学是两个不同的系统，但是他们还是试图采用各种现代

科学中流行的理论和语言来阐述这些概念和理论的内涵，以此来重新解释中医学的核心概念和基本理论架构。

许多物理学上的名词常常被他们用来说明"气"的内涵。最开始他们使用"生物能场"来称呼气功；后来陈国镇将"气"划分为三种类型：第一种是电流，第二种是电磁波，第三种就是信息波[15]。王唯工则认为，"气"就是物理学上所称的"共振"[24]。可见，他们采用何种概念和名称解释"气"，多是视自己研究的方便而定。

系统是他们解释中医学的生命观的常用概念。陈国镇认为，《黄帝内经》的天人整体观就是系统观，中医一直是用系统观来看待人体的生理、病理和药理[15]。这样的说法主要是从名称上将中医学的这种观念用现代概念——系统来说明，而与现代系统论的实质和方法相比，应该说还有一段距离[25]。

控制论和黑箱方法是他们用来说明中医理论和诊断方法的常用概念。崔玖认为，经络理论有着很多和控制论相似的概念；[26]在陈国镇看来，中医的四诊——望闻问切——就是采用黑箱法，即通过观察患者的各种症状以及诊脉的脉象状况等来判断人体的疾病状况，而尽量不对人体产生大的干扰[15]。诚然，中医诊断没有打开人的身体，主要根据观察表象来判断病情。然而，按照控制论，控制是根据给定条件和预定目的，使事物在可能性空间中进行选择，按照确定的方向发展。在一个控制系统中，有施控者和受控者，有控制和回馈，有对受控者（黑箱）的输入和输出[27]。在中医诊断中，医生和患者应该说还不构成一个控制系统，没有严格的控制和回馈，也谈不上严格的输入和输出①。

"碎形学"是他们用来测试和分析经络电性的概念工具。崔玖和陈国镇利用和改进穴道电检仪，通过测试人手足上的特定的点即穴位的电性，并根据在仪器上显示的电量数据的偏坠方式，来判断其经络系统的状况[28]。他们认为，身体具有碎形结构，即在身体的任何一个区块里可以看到整体的类比

①　陈国镇把外在致病因子看成是输入，症状看成是输出。显然，如果致病因子是输入，那麼施控者是谁？如果是医生，但是这并不是医生要输入的，医生在诊断之前甚至不知道患者（如果看成是受控者的话）被输入了什麼，而且，一般来说，外在致病因子也不是可控的。参见文献［16］。

模样。所以人的手指和脚趾的穴位包括了人体经络系统的全部信息，通过测试这些穴位就可以了解人体经络系统的状况[15]。且不说人体是否具有这种碎形结构，仅仅根据在手指和脚趾的一些皮肤点的生物电状况，要说明经络系统的存在和状况，应该还需要很多环节。

四、方法：体悟、实验与经典重释

另类生命研究者在研究方法上，会利用现代科学仪器，甚至还制作一些仪器，进行实验和临床试验，并进行统计分析。不过，他们更强调的是宗教和巫术中注重的修炼和体验。此外，文献和考古资料的分析以及对经典重新注释也是他们采用的研究方法。

（一）检测和分析

为了能使这种另类生命研究获得某种程度的"科学性"，另类生命研究者们力图通过各种仪器来进行检测和分析其研究内容。他们常常使用各种物理仪器来做一些实验，试图来验证中医学当中的一些核心理论。崔玖和陈国镇使用穴道电检仪力图以此来证明经络系统的存在和分布状况，目前主要运用在圆山诊所①——他们主要的临床试验场所——对疾病的诊断，以及佛光人文社会学院生命学所的教学实验当中。王唯工制作和使用脉诊仪来测量和记录了数亿种脉象，并且还结合计算机等其他工具来进行分析，在台大医院和荣民总医院等台湾的知名医院使用，与西医会诊，参与疾病的诊断[24]。李嗣涔用脑波仪来测试和记录练功者练功时脑电波的频率变化，用红外线频谱仪来测量气功师所发出的"气"的能量状态[30]，还根据气功师练功时脑α波的振幅变化，定义了两种"气功态"："入定态"和"共振态"[31]。此外，他还指导学生用核磁共振仪测量练气功者脑电波的各种变化，并以此作为学位论文的主要内容[13]。不过，尚不清楚这些测量导致了哪些新认识。

---

① 现在的圆山诊所被称为新圆山诊所，位于台北市忠孝东路四段 69 号，其前身为 1990 年成立的位于台北市圆山的"圆山诊所群"。参见文献［29］。

（二）统计和临床试验

声称具有特异功能的功能人在表演中常常失败。为了证明特异功能的存在，另类生命研究者在有些实验中采用了统计分析。在手指识字的实验当中，参加李嗣涔举办的训练班的小朋友共有约 200 人，其中，据称表现出有特异功能的有 36 人。训练时最开始使用的样本是 10～99 的两位数，去除 66 和 99 等形状类似的情况，猜中的概率为 1/84，但是李嗣涔声称实验的结果要远远大于这个数字[13]。在以高桥（一位受试者，据称具有特异功能）作为受试对象的实验设计当中，选择的字还配有颜色，然后与受试者透视的结果比较，并统计耗费的时间。一共进行了 100 次实验，有 91 次手带布套或仅用黑盒装有字的纸条，其中有 55 次完全正确，占 60%，失败 6 次，其余为部分正确，或者颜色正确而字形缺失，或者是字形正确而颜色不对。不仅如此，李嗣涔还用仪器测试和统计脑的血流速度及手掌血压脉冲与识字结果出现时间之间的关联[32]。据此，李嗣涔就有了判断特异功能存在程度的概率工具。

有些实验结果还会运用到临床试验当中。由国际医学科学研究基金会支持开办的圆山诊所群，包括圆山诊所、圆山国际中医诊所和圆山国际牙医诊所，就是试图结合中西医学进行另类医疗实践的一种尝试[29]。其中，圆山诊所就是依据穴道电检仪对病人的测量结果，来判断疾病。他们甚至还使用这个仪器来判断使用何种药物来治疗，并且将药物的信息"转录"到水当中，形成"能量水"，给病人服用①。这类似于中国内地前些年在某些地区出现的"信息茶"，让人想起中国民间巫术中的画符，也让人觉得这似乎与安慰剂相似。花精疗法是圆山诊所目前用于治疗疾病的重要方法。通过在临床上的运用和案例统计，崔玖找出了数十种花，认为它们和人的情绪之间存在对应关系，可以用来调节人的情绪。患者并不需要服用这些花，而是服用花精，甚至只需要看一看这些花就可以起到治病的作用②。他们将这种医学称为"生

---

① 参见圆山诊所的宣传片（录影带）。
② 花精疗法（flower essence therapy）是英国医生 Edward Bach 创立的，认为有些花与人的情绪之间存在对应关系，不同的花对应不同的情绪，因而可以用来治疗精神和情绪方面的疾病[29,33]。

物能医学"，后又改称"信息医学"[34]。

另类医学（alternative medicine，或译为"替代医学"）是西方社会对那些目前尚未被当做是普遍医学的一部分的各种医疗卫生保健体系、实践和产品的统称[35]。替代医学完全可以进入医学主流，但需要一定的程序。2002年，美国白宫补充和替代医学政策委员会就向总统、国会和卫生部递交了一份正式报告。该报告指明了列入补充替代医学中的主要医学体系和疗法。[36]从报告列入的主要医学体系和疗法来看，这种"生物能医学"或"信息医学"并没有被明确列入。如何采取与美国类似的办法，以人们能够接受的方式，把所谓"生物能医学"或"信息医学"纳入被承认的补充和替代医学范畴，是一个极为重要的问题。然而遗憾的是，我们在这个圈子的活动和研究中，找不到这种努力的迹象。

（三）修炼和体验

另类生命研究者所做的实验基本上不是为了弄清情况，而往往是试图不断重复地证明世界的神秘。他们的不少实验，只是为了获取没有新意的个人体验。佛光人文社会学院生命学所 2002 级硕士班学生就做了一项关于尖端放电对于黄瓜生长的影响的实验。实验方法是，在菜园中心树一根桧木，并在其顶端插入一根铁棒，用铜线接铁棒由顶端环绕桧木最后接至地上，然后插入泥土之中。所谓"尖端"就是在木桩的尖端，所谓"放电"是讲这个"尖端"接受宇宙放的电。实验结果是黄瓜长得比较大。但是，如何测量宇宙给这个"尖端"放的电？"尖端放电"的迹象是什么？实验没有对照组，如何判定黄瓜是否真的比没有干预的状况下长得大？对于这些问题，报告中都没有交代。报告的大部分篇幅是实验者个人对生活的感悟，感叹通过整理菜园，体会到宇宙的生生不息，以及"睡觉是小死一场，死是大睡一场"和"生是死的结束，死是另一个生命的开始"[17]。获得这些体验是否一定要通过这项实验？不同的参与者通过这个相同的实验是否必然产生这同一种感悟？实验报告都没有做任何交代。可见，在这里，实验变成了获得体验的工具；现代科学研究中强调的防止主观因素的介入，对事物的认识要经得起持否定态度的人的检验，都被个体的体悟所代替了。

当然，不进行实验，也可以获得这种体验。在另类生命研究者看来，专门的体验方式就是修炼，包括练功和禅修。练习气功成为从事这种另类研究的研究者的基本要求之一。在他们看来，练功不仅使自己对人体或研究对象有更深的认识，也是理解研究结果，甚至是建构理论的必然要求。李嗣涔认为，自己练习气功，才能够理解那些具备特异功能的人在练功之后所达到的神通现象，一个自己不练功的人就很难理解这些特异现象。他甚至认为，这也是大部分人不接受特异功能研究的重要原因[13]。陈国镇坦言，他在打坐的时候就看见了电子的形状[15]，所以，他认为，佛经是古人的生命实验报告，古人记载的各种灵异现象，以及中医学当中的很多理论方法，就是一部分人通过修炼而获得的认识[15]。于是，佛教中强调的禅修也是另类生命研究者的功课之一①。虽然人类学的"参与观察"的方法已经被用于对实验室的研究[37]，但是这种运用是为了记录研究对象的真实图景，却不会将自己的体悟作为研究结果。

（四）文献分析和经典重释

另类生命研究既然是传承中国特有的传统文化，那么，对文献尤其是考古数据进行新的分析从而重新阐释这些数据也就是理所当然的事了。宋光宇发现，1974年青海出土的彩绘陶器上的文饰图案中出现的各种符号当中，有很多是神圣图案和特殊标记，于是认为这些彩陶是身份地位特殊的人士所具有的，而这些特殊人士很可能就是巫，这些神圣图案就是巫师在通过练功达到了特异功能，在宇宙的大网络上看到了宗教"网页"的首页情景，并将其绘在陶器上而成的[38]。文物中出现巫和巫师，这不奇怪。但是，要把这样的巫阐释为修炼成了正果的特异功能人从"网页"上得到信息，恐怕还需要很多其他文献和论证环节。

宋光宇还通过对《论语》《大学》和《中庸》等经典的重新注释，得出了一些惊人的结论。例如，《论语·雍也》里面有一个著名的句子，"子曰：知者乐水，仁者乐山；知者动，仁者静；知者乐，仁者寿。"在宋光宇看来，

---

① 禅修是佛光人文社会学院的硕士班学生的必修课。笔者也参加了几次课，课程内容主要有站桩、打坐和听老师讲佛经等。

这句话的比较合理的解释应当从信息的接受来说。他认为，信息以波动的状态在宇宙中流动，一个接受信息能力敏锐的人可以清楚地感觉到波动的状态。有智慧的人就善于接受信息，乐于接受像水一样流动的信息波。而仁者善于处理人与环境的关系，因此他的知觉范围就像山一样既宽且广，又高又大。水动，所以知者动；山不动，所以仁者静。知者懂得多，所以知者乐；山天长地久，所以仁者寿。按照这样的注释，宋光宇就认为《论语》就是一部教人练气和锻炼心性的著作[39]。

五、另类生命研究的合法性困境

人类的生命现象既是一种自然现象，也是一种人文和社会现象。正因为如此，自然科学和人文社会科学都在各自的领域分别对之进行研究。但是，作为自然现象的生命与作为人文和社会现象的生命原本是一个整体，不可分割。从这个意义上看，台湾的这个生命研究圈子希望跨越自然科学和人文社会科学的界限，从身心灵的整合上探索生命现象，这在交叉科学的时代不能不说是一个美好的理想。不仅如此，努力借用现代科学技术工具——不论是概念工具还是技术手段——力图发掘传统文化和民间文化中的生命文化资源，对于探索传统文化的现代价值也不能说就一定不是一种值得开拓的路径。

但是，时间上开始得早得多、规模上大得多的中国内地类似的研究，如有关于"特异功能"的研究，尽管曾经轰动一时，但近些年却基本上衰落了①。由此我们可以想到，台湾这个学者圈子的这一研究进路会不会遭遇同样的命运呢？当然，台湾和中国内地有着不同的社会和学术环境。与中国内地不同的是，在台湾没有与这种另类生命研究相对立的研究，对之进行批评的声音几乎没有；这种研究基本上不是社会性和营利性的造势活

---

① 经过各界人士的讨论和批评，中国内地有关特异功能的研究遭到广泛质疑。尤其是在"法轮功"事件后，中国内地有些大学以前设立的"人体科学"研究中心或者研究所已经逐步撤销，柯云路创办的"中国生命科学研究院"也被取缔，主要的研究结果发表阵地《中国人体科学》杂志也已经停办。

动，主要局限在一个小圈子里进行交流，与官方意识形态也没有冲突和联系①；包括"台湾国立清华大学"科技与社会研究中心在内的台湾学界并没有广泛关注这个小圈子其人其书及其研究活动②。据笔者的观察，这些不同的情况也许是导致台湾的这种生命研究至今仍未衰落的重要因素，但它们却不一定就能保证这样的研究未来能够走向成功。要想取得真正有价值的研究成果，并得到主流学术界的接纳，这样的研究进路至少得走出如下三个方面的合法性困境。

首先是方法论的合法性困境。这个学者圈子宣称，他们的研究是自然科学和人文社会科学的跨学科研究，他们采用了自然科学和人文社会科学的方法。但是，不论是自然科学还是人文社会科学，都必须把研究主体与研究对象加以区分，都必须追求真正的知识而不是信仰。我们知道，知识不仅需要支持性的证据，也必须面对不利的证据。正如拉卡托斯（Imre Lakatos）所说，"科学行为的标志是甚至对自己最珍爱的理论也要持某种怀疑态度"[40]。"有组织的怀疑态度"也是默顿（Robert K. Merton）提出的科学的精神气质中的重要一条。那就是，"科学研究者既不会把事物划分为神圣的与世俗的，也不会把它们划分为需要不加批判地尊崇的和可以作客观分析的。"[41]恩格斯（Friedrich Engels）一百多年前在谈到著名化学家克鲁克斯（William Crooks）用很多物理仪器研究唯灵论的行为时，曾经分析过"他是否带来了主要的仪器，即一颗抱怀疑态度的有批判力的头脑，他是否使这颗头脑始终保持工作能力"[42]。"人体潜能"或者"人体特异功能"现象实际上很难得到确证，相反，一些机构的调查却显示，许多有关的检测结果都是不利于台湾这个另类生命研究圈子的观点的。像我们在本文前面提到的，唐雨耳朵识字的结果早已被否证。但是在这个台湾学者圈子的著述中完全见不到对于这类不利证据

①　尽管研究的部分资金来源——国际医学科学基金会在成立时得到过当时总统府资政陈立夫的支持，其董事长蒋彦士也是当时总统府的秘书长。但是，陈立夫本人一直是一个非常支持中医的人，成立此基金会就是陈本人的意思。而且这个基金会是要帮助整合中西医，发展出所谓的"第三种医学"，研究项目多是对传统中医药的现代化研究，所以这可以看做是他个人对发展中医的支持。而蒋彦士不仅是崔玖多年的老朋友，而且，和陈立夫一样，他也是非常注重养生、练习气功的人，所以他的支持也是个人成分居多。

②　中心负责人雷祥麟副教授在与笔者谈及此事时，就估计这类研究对公众的影响也许不是很大，他们的著作销量可能也不大，所以就没怎么注意这类研究。

的处理。这与中国内地的一些"特异功能"信奉者很有类似之处，虽然许多表演都被揭穿，但是他们仍然对自己信奉的学说笃信无疑。信仰不会因为虔诚而成为知识。另类生命研究者需要在方法论上论证自己的结果是知识而不是信仰。

进步的研究纲领要有新颖的预见，而不是在每次面对反例的时候才采取各种补救的办法，增添特设性假说。迄今为止，我们还没有见到另类生命研究者做出过任何公认的有效预见；相反，我们见到的是他们在遇到绕不开的反例时，只能被动地做出解释。对中国内地的张宝胜表演手指识字被何祚庥等揭穿其作弊行为的事件，李嗣涔解释说实验当中受试者的心理状态与实验成功与否有密切联系[23]，但是他对于这样的联系却没有做出任何可检验的具体的说明。此外，在科学上，结论和证据之间必须有密切的关系。即使另类生命研究者的实验结果可靠，但是对于这些结果的可能解释却可以是多样的。遗憾的是，我们在他们的工作中往往很难见到他们把对于事实的描述和对于事实的解释二者严格区分开来。李嗣涔对于有些耳朵识字的受试者遇到有些字眼（如"佛""耶稣"等）就无法辨识的解释是这些字眼代表"神圣"。但是，我们知道，对于不同的宗教来说，"神圣"的含意是互不相容的，并没有超越具体宗教的"神圣"可言。即使李嗣涔的实验结果可靠，要从他的实验结果到达他的神圣字眼不可辨认的结果之间，还有许多论证环节需要完成。排他解释的研究将是十分艰苦的工作。可以想见的是，对另类生命研究者主张的经验和理论之间的关系做出合法性辩护，将极其困难。

其次是历史文化意义上的合法性困境。我们在这个学者圈子的著述中，常常读到他们从其传承的生命文化传统的悠久来论证自己的研究的合法性①。其实，这样的辩护方式是现代早期文化，特别是 16 世纪和 17 世纪新科学先驱所采纳的合法性辩护方式，而到人们认为科学凭自身的资格就有价值时，就不需要这样的辩护了[43]。历史上曾经活跃一时广受关注的文化现象和文化

---

① 陈国镇在《中医学基本理论》里反复强调，我们的祖先有很多宝贵的认识，却被后人所丢弃。宋光宇认为，"气"是中华文化的根本，20 世纪的中国人却对其没有什么认识，甚至持否定态度[15,38]。

形态并非在今天都有存活的理由。巫术大概可以分为自然巫术和神授巫术两类。只有前者才是文艺复兴时期新科学中的一个因素，因为它是不借助神力而探寻自然的活动。与自然巫术相联系，帕拉塞尔苏斯（Paracelesus）把整个自然界这个大宇宙与人体这个小宇宙进行类比，把实验与个体的体悟结合起来探索对自然的认识，这样的做法在文艺复兴时期曾经产生了广泛的影响[44]。但是，它毕竟衰落了，最终只能让位于机械论自然观。另类生命研究在许多方面与历史上的帕拉塞尔苏斯派活动都极为相似。抽象地强调巫术在历史上的影响，不能论证另类生命研究的合法性，只能使人们想到帕拉塞尔苏斯学说的衰落。我们在强调巫术在历史曾经起过重要作用，尤其是要复活这种活动的时候，一定不能忘记巫术在历史上被批驳的理由和衰落的原因。巫术是科学不发达时期人们认识世界的一种形式。在科学发达的今天，它在增长知识方面的功能已经完结。从某种意义上说，人类从巫术走向科学的过程，就是把看似神秘的现象变为可理解的现象的过程，而不是相反。如果我们只是不断地感叹什么现象多么神秘，这对于增进我们的知识有什么意义呢？神秘等于不知道。

最后是社会建制意义上的合法性困境。一个研究领域要能够生存下去，除了该领域在智识上的独立价值和不断的知识增长之外，还需要有一支稳定的职业生产者队伍，有稳定的"销售市场"，有潜在的后备生产者队伍。说到底，另类生命研究者要考虑其产品的市场分割范围和其学生的就业管道，仅仅列举一些事例让观众发出神秘的感叹，仅仅把这个领域产品的生产者作为主要消费者，将会使这项事业难以为继。目前从事这种另类生命研究的学者多数是已经拥有一定的学术地位，并且衣食无忧，进行这种研究主要是兴趣所致，也是到了一定年龄，试图对生命和世界重新认识的结果[4]。这个圈子的研究结果的主要发表阵地是一个佛教组织即圆觉文教基金会办的一份非正式出版物《佛学与科学》，再就是发行面较小的《佛光人文社会学刊》。在后备队伍方面，目前只有佛光人文社会学院生命学研究所的硕士班学生，而这些学生毕业以后并没有与所学专业相应的就业空间。继 1988 年在台湾"国科会主委"陈履安的支持下启动了生物能场研究计划之后，1997 年李嗣涔参加了由国科会支持的文化、气与传统医学研究计划，并负责其中的一个子计划"神通现象的研究"[19]。此外，这个圈子几乎再没有人因此类研究获得国科会的资助。谁还会为他们"埋单"呢？

参 考 文 献

[1] 托玛斯．巫术的兴衰．芮传明译．上海：上海人民出版社．1992.

[2] Tsuei J J. The past, present, and future of the Electro-dermal Screening System (EDSS). Journal of Advancement in Medicine, 8 (4): 217-232.

[3] 国际医学科学研究基金会研究发展委员会．生物能医学．台北，2001.

[4] 黄艳红．生命学：另类的视角和概念——宋光宇教授访谈录．台湾林美山佛光人文社会学院云起楼，2004.

[5] 卡普拉．物理学之"道"：近代物理学与东方神秘主义．朱润生译．北京：北京出版社，1999：1，144-145，188-189，200.

[6] 曾昭贵．中国科学与伪科学斗争大事记（1979—1999）．见：何祚庥．伪科学再曝光．北京：中国社会科学出版社，1999：357-388.

[7] 陈祖甲．从"以鼻嗅文"到"用耳认字"．人民日报，1979-05-05.

[8] 况钟．中国伪科学现状．见：何祚庥．伪科学再曝光．北京：中国社会科学出版社：110.

[9] 崔之元．追求传统的创造性转化——写在林毓生《中国意识的危机》出版之际．见：林毓生．中国意识的危——"五四"时期激烈的反传统主义．穆善培译．贵阳：贵州人民出版社，1988：435；韦政通．中国思想传统的创造转化．台北：洪叶文化事业有限公司，2000：3.

[10] 傅伟勋．生命的学问．杭州：浙江人民出版社，1996：24，63.

[11] 孔飞力（Philip A Kuhn）．叫魂——1768 年中国妖术大恐慌．陈兼，刘昶译．上海：上海三联书店，2002.

[12] 胡适．《科学与人生观》序．见胡适．科学与人生观．上海：亚东图书馆，1923：7.

[13] 黄艳红．人体潜能研究：光大传统还是传承巫术——李嗣涔教授访谈录．台湾大学电机资讯学院电机馆 404 室，2004.

[14] 李嗣涔．人体身心灵科学．"身心灵科学"研讨会论文，台北，2004，http://sclee. ee. ntu. edu. tw/mind/mind. htm.

[15] 陈国镇．中医学基本理论（上、下）．台湾：佛光人文社会学院生命学研究所讲义，2003：3，20，27，89-90，110，113，126-127，146，153-155，201-201，461.

[16] 陈高扬．以心率变异度分析研究佛教对卧姿的规范．阳明大学硕士学位论文．

［17］张惠娟 . 实验菜园——尖端放电对作物的影响 . 香港社会科学学报 . 2004，（28）：117-139.

［18］林清泉 . 丧葬礼俗的传统与演变——以宜兰地区汉人为例 . 佛光人文社会学院硕士学位论文，2004.

［19］李嗣涔，郑美玲 . 难以置信——科学家探寻神秘信息场 . 台北：张老师文化事业股份有限公司，2004；112，122，185-187.

［20］李嗣涔 . 心物合一与宏观量子现象 . 中国人体科学，1999，（3）：124-128.

［21］陈国镇 . 身心超越的极限 . 佛光人文社会学院生命学研究所，2002：11-13.

［22］李嗣涔，张兰石 . 手指识字关键字与信息场之联系模式 . 佛学与科学，2001，2：60-77.

［23］宋光宇 . 五六千年前登上宇宙巨网站与 I-mail. 佛光人文社会学刊，2003，（4）：4-30.

［24］王唯工 . 气的乐章 . 台北：大块文化出版股份有限公司，2004；52，封底 .

［25］贝塔朗菲（von Bertalanffy L）. 一般系统论 . 林康义，魏宏森译 . 北京：清华大学出版社，1987.

［26］Tsuei J. Guest editorial：eastern and western paradigms and the challenges of Integration. Journal of Advancement in Medicine, 1999, （20）: 5-11.

［27］维纳 N.（Norbert Wiener）. 控制论或关于在动物和机器中控制和通讯的科学 . 郝季仁译 . 北京：科学出版社，1962.

［28］Tsuei J. The science of acupuncture-theory and practice：I. Introduction; Chen K-G The science of acupuncture-theory and practice：Ⅱ. Electrical Properties of Meridians," Engineering in Medicine and Biology Magazine, 1996, 15 （3）: 52-63.

［29］崔玖口述，林少雯，龚善美执笔 . 崔玖跨世纪 . 台北：心灵工坊文化事业股份有限公司，2002；190-201，212-217.

［30］李嗣涔 . 气功态及气功外气之红外線频谱 . 台湾大学工程学刊，1980，（49）：97-108.

［31］李嗣涔，张杨全 . 由脑 α 波所定义的两种气功态 . Journal of Chinese Medicine, 1991, 2 （1）: 30-46.

［32］李嗣涔 . 手指识字（第三眼）之机制与相关生理检测 . 中国人体科学，1998，（3）：105-113.

［33］宋光宇 . 水所传递之信息 . 佛光人文社会学刊，2002，（2）：283-304.

［34］Tsuei J J. Information medicine: theory, practice, and healthcare delivery,

Clinical Practice of Alternative Medicine，2001，2（2）：104-109.

［35］What is Complementary and Alternative Medicine?（CAM）. http：//nccam. nih. gov/health/whatiscam/.

［36］马骏．风雨兼程路拳拳赤子心——海外中医药学会负责人访谈录．中国中医药报，2003-11-20.

［37］赵万里．科学的社会建构：科学知识社会学的理论与实践．佛光人文社会学院，2002：232，233.

［38］宋光宇．从巫观及相关宗教概念探讨中国古代出土资料．台湾大学考古人类学刊，2003，（60）：36-62.

［39］宋光宇．从考古与文献探讨"气"的概念形成与发展过程．佛光人文社会学刊，2002，（3）：109-136.

［40］拉卡托斯．科学研究纲领方法论．兰征译．上海：上海译文出版社，1986：1.

［41］默顿．科学社会学（上册）．鲁旭东，林聚任译．北京：商务印书馆，2003：376.

［42］恩格斯，神灵世界中的自然研究．中共中央马克思恩格斯列宁斯大林著作编译局译．见：马克思恩格斯选集（第四卷）．北京：人民出版社，1995：296.

［43］Kraph H. An Introduction to the Historiography of Science. Cambridge / New York /Melborne：Cambridge University Press，1987：2，3.

［44］狄博斯．科学与历史：一个化学论者的评价．任定成，等译．台北：桂冠图书股份有限公司，1999：103-131.

宋光宇教授访谈录 *

对于生命的研究，是目前科学的前沿领域。一般意义上，这个领域的研究，属于自然科学范畴。世界上许多大学都设立了生命科学（life science）学院。然而，台湾有一个研究生命的学术机构——佛光人文社会学院生命学研究所，却隶属于该院的人文学院，对符合要求的毕业生（目前的毕业生只有硕士研究生）授予文学学位。本人在台湾访学期间，注意到该所的课程和研究又不全是人文的方式。例如，在该所的网页上，第一幅图就是学生试图对于小黄瓜生长过程进行物理干预的实验。而且，在该所的教学安排和实践中，还有物理学、中医学等方面的课程，有禅修之类的实践，还有人体潜能（相当于中国内地前些年流行的"人体科学"和"特异功能"研究）和另类医学方面的定期讲座。不仅如此，台湾其他大学，如台湾大学、阳明大学和东吴大学等，也有与佛光人文社会学院生命学接近或者交叉的领域。这些领域的学者原有的学术背景各异，但多数都曾在国外留学或游学，他们形成了一个共同体。该共同体采取一种与一般的生命科学工作者不一样的视角来从事这一另类研究，同时又努力使其另类研究体制化。

佛光人文社会学院生命学研究所的所长是宋光宇教授。他是台湾大学学

　　* 本文作者为黄艳红，原题为《另类的生命研究及其体制化努力：宋光宇教授访谈录》，原载《河池学院学报》，2005 年第 25 卷第 3 期，第 25～29 页。

士（考古人类学）、硕士（考古人类学），宾夕法尼亚大学博士（历史）。先后任台湾"中央研究院"历史语言研究所助理研究员、副研究员、研究员，佛光人文社会学院教务长。研究领域为人类学，中国明清及现代宗教，宗教社会学，300年来中国的社会与文化，台湾的社会与文化，中国宗教、气功、经典和中医研究。近年主要著作有《天道钩沉：一贯道调查报告》（台北，元佑，1983）、《中国民间信仰》（幼狮文化公司，1992）、《宗教与社会》（台北，东大书局，1995）、《天道传灯：一贯道与现代台湾社会》（台北，诚通出版社，1996）、《张培成传》（一贯真传之一，台北：三扬出版社，1998）、《台湾历史》（三民书局，1999）、《台湾史地》（三民书局，1999）、《一贯真传——基础传承》（台北，三扬出版社，1999）。近年编译的主要著作包括《人类学导论》（台北，桂冠，1978）、《蛮荒的访客——马凌诺斯基传》（台北，允晨，1982）、《文化形貌的导师——克鲁伯》（与黄维宪合译，台北，允晨，1982）、《龙华宝经》（校注，台北，元佑，1985）、《人心深处——从人类学的观点谈现代社会中的权力结构与符号》（台北，业强，1986）、《象征符号与权力结构》（台北，金风，1987）、《清代华南边疆民族图录》（台湾"中央研究院"历史语言研究所、台湾"中央图书馆"，1992）。近年主持的重要研究项目有《大陆考古工作概况》（海峡交流基金会研究计划，1992）、《大陆陕西省文教状况调查报告》（台湾行政主管部门大陆委员会研究计划，1993年）。

宋光宇教授等是如何进入他们所谓的"生命学"领域的？他们研究生命的视角是什么，其生命概念与我们的有什么不同？在台湾兴起的这一另类生命研究有哪些体制化努力？带着这些问题，我对宋光宇教授做了一次访谈。

受访者：宋光宇（以下简称"宋"）

访问者：黄艳红（以下简称"黄"）

访谈时间：2004年5月25日

访谈地点：台湾林美山佛光人文社会学院云起楼宋光宇研究室

一、从规范学术转向另类研究

黄：宋教授，我到贵所访问期间，了解到从事您所说的"生命学"研究和教学的学者中，不少人的学术背景是不同的，但是你们大多数都曾留学国外。

宋：是这样。我本人的教育背景是人类学和历史学，我在宾州大学历史系获得博士学位，返台后在"中央研究院"主要从事历史研究。李嗣涔是斯坦福大学电机工程博士，现在是台湾大学电机资讯学院的教授，曾经担任过台大教务长和电机系主任。崔玖在美国学习和工作多年，在宾州大学医学院获得硕士学位，后被聘为夏威夷大学的永久教授。她回台后在阳明大学医学院创办了传统医药学研究所。在台湾"中央研究院"的王唯工获得的是美国约翰霍浦金斯大学生物物理博士学位。陈国镇是东吴大学物理学系的教授，曾担任物理学院的院长，虽然他是在新竹清华大学获得的物理学博士学位，但他也有一段游学海外的经历。

黄：如此看来，这些学者都是在相当规范的学术领域已经取得一些成绩，而在原来的领域再做工作的话，也只是增加学术成果的数量而已，于是通过其他途径寻找新的研究领域和新的学术路径就成为很有吸引力的事情。另外，这些学者都已经获得了不低的学术地位，衣食无愁，从事另类研究，既是兴趣所致，也是自然而然的一件事。但是，这些人是怎样走到您所说的"生命学"研究和教学中来的呢？

宋：我就谈谈我自己吧。起因是我对自己研究课题和范围的怀疑。现代科学看的是一个很狭窄的范围，都要求是可观察的、可以度量的、可以作实验调查的范围，其他层面都不敢碰。例如，有一些宗教现象，似乎很玄乎，可是在我的田野调查里面，报道人又说得那么真切，它究竟代表什么，这是最困扰我的问题。也就是说，明明感觉有一堆的东西，可是以前作研究的时候，完全不敢碰。

还有，很多信奉宗教的人会说，宗教治好了他的病。例如，杨思标，他以前是台大医院的院长，检查得了肝癌，说只能活半年，于是他就辞掉台大医院院长职务，去帮慈济功德会设立慈济医学院，完全以奉献的心情去做，结果这让他多活了 6 年。现在有的医生说，当时我们可能检查错了吧？怎么可能呢？他是台大医院院长啊，谁敢乱做检查？这是十几年前的事情。这些现象无法解释，但这是事实，这些在我们的报告里面往往无法出现。

黄：是因为您觉得这些现象无法解释，从而产生了疑惑？或者说，是因为这些现象不能用科学来解释，就想尝试用其他的方式来解释它们？

宋：是。这种例子在我们的调查里面太多了。为什么人会潜心宗教？只有在最困难的时候才会真正明白生病是怎么回事，以前认为是玄玄乎乎，要不然就是视而不见，充耳不闻。我自己进了台湾"中央研究院"后开始生病，上呼吸道过敏，我吃了20多年抗生素。情况越来越严重，身体状况也越来越差。后来才下定决心丢掉这些药，改用别的办法，过敏现象才慢慢好转。我以前作研究的时候，就一直面临这样一些问题。就是说，以前的调查里出现的事情是那么清楚，却因为那是无法解释的，就忽略它。在所有的报告里面，那个地方是个黑洞。可是我有好奇心，就想要找办法来解释这些事情。

黄：您是因为有人治好了你的病，所以才接触到这些吗？您在哪里接受治疗？

宋：没有治好，只是断断续续的治。最先是崔玖教授的学生杨伟，一位中医师，给我治疗的。就是从他那里，我大概知道阳明医学院传统医药学研究所在做些什么。穴道电检仪之类的仪器，药片放在口袋里面，不用吃就可以治病，等等，听起来很玄乎。后来我找到崔玖，就请崔玖来台湾"中央研究院"历史语言研究所生命礼俗研究室演讲。然后我又从她那里知道了陈国镇。

1998年9月5日，陈国镇去台湾"中央研究院"民族所演讲。我听得非常入神，当时想，一个学物理的人怎么对宗教的事情知道得那么清楚？后来，知道他在东吴大学的通识课程中开了一门有关"保健与身心健康"课程，我就跑去听，听了两年。后来又知道他在外面开禅修课，我也去听，认真做笔记。渐渐地，我就知道，原来人文和科学没有那么大的差异，既然没有那么大的差异，我就应该可以赶上去，所以就开始练气功。我还写心得，当时的笔记还在。我用坏了两个录音机。常常誊稿子到半夜两三点。非常狂热，我家人都骂我是神经病。我慢慢才学会这些内容，从完全不会到慢慢赶上来。

黄：我通过文献得知，崔玖教授、陈国镇教授和李嗣涔教授最开始接触这类研究也是从练气功开始的。当然，他们后来研究的侧重点又各有不同。是不是你们进入这个领域都和气功有关？

宋：对。最开始有差不多十来个人都参与了 1988 年国科会的生物能场的研究计划。生物能场就是气功。当时崔玖和陈国镇在这个计划当中做了一些有关经络电性的研究，崔玖后来又开始做信息医学，又称生物能量医学。李嗣涔后来研究特异功能，就是练气功以后人体出现的特异现象。他现在是中华生命电磁科学学会的理事长，我们都是其中的会员。这些都是为了进行类似的研究，取的名称不同而已。

陈国镇是从物理学研究开始慢慢进入中医学的研究，并且整理出一套东西。他基本上用的是中国内地"文革"时期医学院用的一本教科书。有繁体字版，可惜那时不敢把作者名字写出来，怕惹祸。那本书写得很好，尤其是关于辨证论治的描述，非常好，以后的书里面就没有看到。陈国镇去练气功的原因是以前身体很坏，教两节课要躺 4 小时。他小时候得过肾病，用中医治好的。

1978 年的时候，新竹清华大学化学系请了一位密宗大师吴润江去演讲，听众主要是清华大学物理研究所硕士班的一些学生。就是这么一批学科学的人却皈依了吴润江，即华藏上师，就是一个叫圆觉宗的佛教组织的上师。1983 年陈国镇回国后就去了圆觉宗，现在改称圆觉文教基金会了。《佛学与科学》学报就是圆觉文教基金会办的。

黄：您前面提到的几位学者，崔教授是医生，陈老师是物理学教授，李嗣涔教授是电机工程系教授。那么，是不是可以说，你们以前的研究背景并不是与你们进入"生命学"这个研究领域有必然性的联系，而仅仅是一种偶然？

宋：很偶然的机会，再加上个人的一些爱好。这和以前做自己专业的时候感觉不一样。那个是职业，这个是兴趣。

但是，进入这个研究领域来作研究的时候，专业背景会起作用。我们都算是在以前的学术研究里面不是很乖的人，不是严守规范的人，以前国科会有个特别的项目叫生物能场，可以申请经费，现在这个项目取消了，我们就不太能拿到国科会的奖励和资助。其实这些研究也不是很需要钱，只要有时间就好。我在注释《论语》《大学》和《中庸》这些经典，完全不需要钱，只需要时间，不要有人吵我就谢天谢地了。我现在从台湾"中央研究院"那边退休了，应该相对来说比较有时间。可是，我现在又在学校教书，还常常会有各种各样的演讲，有些中小学校请我去作有关生命教育的演讲，还有在青年救国团的演讲，所以我现在还是比较没有时间。当然，我们相对来说是不需要考虑升迁的问题，如果让年轻人来做，可能就会有问题，因为他们还要面临生存的问题。

黄：看来，尽管生命学这个领域里现在的研究群体中的学者进入这个研究领域的时间和原因不尽相同，学术背景也各不相同，但都是对一些非科学领域的现象产生了浓厚的兴趣，从而开始从原本所从事的规范的学术研究领域转向了生命学这样一个另类的研究领域。

二、另类的视角和概念

黄：你们为什么采用生命学来称呼你们现在的研究？这种研究主要研究哪些内容？与生命科学和生命哲学等有关系吗？

宋：叫生命学这个名称也是偶然的，当初佛光人文社会学院成立的时候，向台湾教育主管部门申报了 10 个研究所，其中就有生命学研究所。台湾教育主管部门核准了 6 个研究所，生命所也在内。关于成立生命所的原始起草书是由在台湾的"中国医药大学"中医系的张主任写的，直到获准成立这个研究所后，我才和陈国镇教授一起过来，进行课程设置的筹划，开展一些研究工作。申请的时候我完全不知情。在此之前，龚鹏程教授还在南华管理学院做校长的时候，曾经找我商讨如何办一个研究中国传统文化的系所，不是打算办一个生命学所。但是，我们觉得，中国文化里面有一个东西几千年来一直没变，以它作为一个中轴，从它里面可以看到很多文化的东西。那就是中医，对生命的关注。

我们所做的生命学主要是一种人文角度的研究，与生命科学的研究不同。现在的生命科学在分子水平上进行研究，是在越分越细的情况下研究生命体的结构和变化。我们可以说正好相反，是从宏观上进行研究。我们做的生命学也不是生命哲学，更不是生死学和死亡学，我们更多的是对生命整个历程的关注。另外，我们要做实验，还有治疗实践，这些也是傅伟勋教授他们研究生命哲学的人所不考虑的。

我们认为，现行分科教育是错误的。天下的学问只为一件事情，就是为活这一辈子。学问可以分成生命的学问和生活的学问。活这一辈子，就是为了提升境界。人文，应该是生命的学问的核心。这是第一层。医学，也是让人维持住这一段生命历程，顺利地完成该做的功课。现在各种分科，却只是教人如何谋生，是生活的学问。第二层就是为了超越身体的极限，延展人体器官的功能，因此就有工程。这是物质层面的东西；先有物理、化学，再是各门自然科学。第三层才是人类社会，就有了经济学、社会学等。第四层就是人和自然界的关系，就有了植物学、动物学等。更外的一层，就是人跟天体之间的关系。可是，我们现在的学科关系是平摆的，而不是分层次的。

每个人都应该学习这些东西，外层的东西可以作为生命的展现。这些看法和研究方式已经不是个体行为，这是一类现象。很多科学家最后走向宗教。以前总是把科学和人文截然分开，这都是一些顾忌。历史上很多人都是全才，为什么现在没有？是我们自己把自己给禁锢了。

黄：那么，你们所说的生命这个概念和我们平常所说的生命是不是一个概念？

宋：不是一个概念。比如说，生命科学，仅仅是说身体，它说的是生命的物质层面。我们认为生命是具有多重结构的，包括物质、能量、信息和心智或心性四个层次。我们有一个关于生命的一个比喻，那就是，人体就相当于电脑。那么，物质的层次即人的身体，就相当于计算机的硬件设备。能量层次即人的体力相当于电脑所需要的电力。信息层次即人的生理和心理信息，相当于电脑的程序指令。那么心智层次，就是指挥人的意识和潜意识的那个主体，相当于电脑的使用者，是能够认知的本体。人的每一个层次还对应着不同的功课，如人的物质和能量层次就对应自然科学；信息层次就对应数学、特异功能和巫术；心智层次就对应于宗教。这个就可以把宗教和科学的东西通通都结合进去了。

黄：你们肯定了宗教、巫术中的神秘生命现象和处理手段。但是，世界上并没有抽象的宗教和巫术。不同的宗教学说之间是不可共量的，不同的巫术体系之间也会出现抵触的情况。你们肯定的是哪一种宗教和巫术呢？

宋：我们并不独信哪一个宗教，也不是哪个特定的巫术的传播者。我们不分派别地吸收不同宗教和巫术中的有关资源。

黄：你们主要是在你们的生命概念之下，发掘在主流学术看来是另类的那部分中国传统人文文化，来研究生命现象。但是，我也知道，你们同时也试图借用一些外国文化中的相应方法和手段。陈国镇教授研究经络的电性借用了德国医生伏耳（Rhienhold Voll）1953 年提出的理论和方法，包括穴道电检法、经络分布的审定和药物试验法。李嗣涔教授的特异功能研究常常和西方超心理学的研究相类似。还有，崔玖教授现在研究的花精疗法开始也是从国外学来的。这些是不是都是另类的研究方法和手段呢？

宋：是。我通过崔玖教授和陈国镇教授接触到花精疗法（flower essence therapy），很好奇。那是英国的医师 Bach 做出来的，我读了这方面很多的书。Bach 也是精神科的医生。他发现现在的医学治病，不治人。因为现在的医学观念是，病的不是整个人，而是人的一部分。后来，通过临床，他发现情绪可以影响人的病情。他就在田野间到处走，发现有些花与人的情绪相关，在死前他一共发现 38 种，其实只有 37 种，最后一种是复方。他还认为，在一个不断恶化的环境里面，人就会生病，换一个环境就好多了。

陈国镇最大的贡献就是把中医学和物理学结合起来。现在我们慢慢知道，研究中医学需要的东西除了电磁学是 19 世纪的以外，大部分理论基本上是第二次世界大战后才发展出来的，难怪前面的人都看不懂，认为中医没有科学。当然，现在大部分人还是不了解中医的科学基础何在。我们现在也只是初步地把它整理完毕，跟几千年相比，这几年算什么？有些东西还需要沉淀，需要修正，现在我们的认识也不一定全对，还是需要慢慢来。

三、并非另类的圈子和舞台

黄：您前面提到的杨思标的事情，除了您的解释之外，是不是还有其他可能？比如，如果他继续做台大医院院长，也会多活 6 年；如果他不去建慈济医院而是换了其他环境，也会多活 6 年……我知道中国内地有位学者龚育之，在 20 世纪 50 年代患了肾炎，当时的医生说按一般情况他还可能活几年。但是，他按医生的办法治病养身，没有刻意去改变自己的工作环境，直到现在还比较健康，做研究和指导研究生。对杨思标这样的例子，你们做了对比分析吗，做了统计处理吗，对于龚育之这样的反例又做何解释呢？

宋：强调对照、强调排除其他可能、强调统计、强调解释反例，这些都是现代科学上的做法。我们的研究也在部分程度上讲这些，如陈国镇的实验验证、李嗣涔的统计分析。但是，我们的研究是另类研究，不能完全按照现代科学的主流方法来看待和处理。

黄：那你们考虑过你们的研究如何才能被主流学术界接纳呢？

宋：目前还没有考虑。但是我们有一批人在这方面埋头做自己的研究，在这个圈子里有自己的交流渠道。在这些人里面，崔玖教授的辈分最高，她是国际上知名的妇科医生，已经快 80 岁了。她后来研究另类医疗，阳明医学院传统医药学研究所大部分都是做这个的。李嗣涔教授做的是中国内地的特异功能研究里面的一项，就是手指识字，做过很多实验。李嗣涔教授比较偏实验证明，现在又有所改变。还有王悟师，澎湖医院精神科主任。很多精神科的医生也会接触到这些问题。王悟师和陈国镇都是崔玖教授的助手。实验的部分主要是陈国镇做，催眠的那部分大概是王悟师在做。陈国镇教授做的比较偏研究方面，用量子力学来解释经络，这是他做了 20 多年的结果。有 5 册的《佛学与科学》论文集里面他有 5 篇文章，还很有系统。王悟师主要是从催眠的角度谈人的潜意识，与荣格心理学有关。

这 10 年来，就是有这么一群人在反省，一步一步走过来。写文章大概也是这些人。

黄：看来你们的圈子里已经有了社会分层，有了自己的学术评判机制。你们有一套组织方式吗？有专门培养后备人才的地方吗？

宋：我们研究这些现象主要是个人的热情，接触到这些东西的时候都是欣喜若狂。目前基本上只有佛光人文社会学院生命学所在培养作这方面研究的学生。因为，培养学生也是将来进入研究共同体的非常好的方式。现在看来，我们生命学所的学生当中，大概有一两个，将来会从事这个领域的研究。每年一两个，10 年下来就不得了。其实任何一个学科里面，训练的学生真正进入本领域研究的人在比例上也是很小的。可以说，现在佛光人文社会学院生命学所，是这个领域唯一的训练基地。

但是，我们不会为了培养学生，就设博士班。主要是考虑学生将来的就业问题。因为社会还不怎么认可我们现在所作的研究。其实学生学了之后可做的事情很多。国外有一套研究的队伍和体系，可是台湾现在应该还不行，这个不能当做主业。

黄：我发现阳明大学传统医学研究所的硕士论文还有类似这方面的研究。也有针灸和中药方面的。崔玖教授和陈国镇教授还曾经在那里指导硕士论文。

宋：是。应该说，我们并不孤独。

黄：现在，你们有什么样的交流机制？主要通过哪些途径交流你们的研究成果？你们怎么评价同一个研究团队的人现在正在作的研究？

宋：主要是学术研讨会，有定期的会议，还有演讲。我们有一个学会，就是中华生命电磁科学学会，会定期召开会议。这个学会是大约 10 年前崔玖教授他们刚开始作研究的时候成立的。1998 年中华生命电磁科学会和中华身心灵促健会在台北举办了"宗教、灵异、科学与社会"的研讨会之后，2004 年 4 月还举办了"身、心、灵科学"学术研讨会。主要是这个领域里面的人参加。我们每年都要去那里报告一些新的东西。以前的研究都是比较零碎的、不成系统的。我们现在逐渐形成一个小团体的研究力量。我们想要体制化。我们非常了解对方的研究。最近我们在青年救国团有一系列的演讲，所以也通过演讲来了解大家的研究进展。我们生命学所也常常邀请李嗣涔教授和崔玖教授来演讲。

还有，在圆觉文教中心，每个月的第二个礼拜天的公益演讲都是陈国镇教授来主持。

黄：除了《佛学与科学》，我还在《佛光人文社会学院学刊》上读到你们这方面的文章，你们还会在哪些地方发表这些论文？

宋：主要是在这两份学报上发表。我们的研究把关于生命、医学、宗教等的研究结合在一起。当然，《佛学与科学》还不太算是正式的学术刊物。崔玖教授和陈国镇教授关于经络研究的实验结果的论文 1996 年发表在美国的《生物医学工程》学报上。其他的外文刊物主要是在德国发行的几份英文刊物。我写的东西常常与人类学相关，曾经在台大出版的《考古人类学刊》上发表过。

黄：像用量子力学解释经络这样的事情，如果做成了那将是很了不起的。这样的工作得到了国际物理学界和中医学界的承认吗？我们知道 20 世纪 90 年代美国的索卡尔事件。索卡尔提出了一个把量子力学、相对论和诠释学结合起来的后现代科学的提纲，结果是一场恶作剧。你们的学术评判讲究倾听相邻领域专家的意见吗？在你们的圈子外，可能不理会的比较多。有没有站出来公开反对或者提出挑战的？比如，科学界有没有批评的声音？台湾 STS 领域的人知不知道你们在做的研究？有没有一些不同的看法？

宋：现在还没有听到批评的声音，背后有。但是，没有公开的、理性的挑战。《科学月刊》上就有文章针对李嗣涔的研究提出过批评，作者主要是台大物理系的。1999 年李嗣涔就让他们组织了一次实验。再后来就没有公开批评的声音了。其他的我还不知道。我只是一头钻在里面，作自己的研究。

黄：你们现在的学术倾向和发展目标怎么样？面临的最大的问题是什么？

宋：比如，人智学（anthroposophy），这是一个大事业，是我心向往之的。我也是近两年才接触到这个理论。我们是想做出一些结果来，改变我们现有的观点和思维方式，对现有的学科都会产生冲击。这样，我们就可以站在更广阔的视野里面来看待某些问题，如宗教、生命和中医等，就不再像以前，局限在一个狭隘的空间里面。我们现在最大的问题是学生没有悟性。

黄：也许学生来之前所期望的与在这里接受的教育内容不太一样。有没有学生来学了以后，会觉得学的东西跟他想要的不一样？

宋：头两年是不太好，现在应该不会了。只不过，他们现在刚入门，陈国镇教授走了 20 年，我走了 5 年，才有这种收获。他们现在只是刚刚入门，说不上有什么深刻的理解。再说，任何一个学科培养的学生都只有小部分的人会出色。目前还是有学生不错。我们今年毕业的一个学生是作丧葬礼俗的研究，论文做得很好。我以前也常常因为自己没搞明白，就不知道该怎么说。知道了之后，才会发现，很多事情就会变得很容易理解了。我们现在还有一个学生，就做西药的药性归经。如果把所有的物质都看成物质波的话，西药也有药性归经。当然，他只做神经科的药物，都是他比较了解的。

五四时期的灵学会 *

  五四运动前后，针对如何"保国保种"、挽救中华民族的命运，当时的中国思想界倡导的救国方案和理想多种多样。其中，科学救国、教育救国、实业救国是传播最广的思潮，近年来也得到许多正面评价，学界亦有丰富的研究。但是，这个时期出现的"灵学救国"思潮和活动，在人们的视野中往往被简单视为一种只需附带提及的社会形象，系统的学术研究尚不多见。倡导"灵学救国"思潮的，有多个民间组织和活动平台。其中，主要由一些有社会地位的知识分子，包括一些归国留学生支持，在上海成立并以上海为活动中心的灵学会，是其中较为活跃的团体。有些学者注意到这个时期的灵学思潮，曾经评介和述及灵学会的发展简史和活动[1~6]，但是，灵学会的组织建制是怎样的，灵学家们如何构造灵学理念，他们进行的灵学活动又有哪些，尚未有根据充分的原始文献做的研究。对这些问题的系统考察，将有助于我们更客观地认识五四思想启蒙的复杂性。本文依据作者在北京和上海搜集到的较充分的原始文献，通过文献解读和计量分析，试图对灵学会的组织、理念和活动做一系统描述。

---

  * 本文作者为李欣，原题为《五四时期的灵学会：组织、理念与活动》，原载《自然辩证法研究》，2008 年第 24 卷第 11 期，第 95~100 页。

一、组　　织

1917 年 10 月，陆费逵、俞复、丁福保和杨瑞麟等在上海望平街商会三楼成立灵学会，并建立活动平台——盛德坛。1918 年 1 月，灵学会出版会刊《灵学丛志》。灵学会并不是由专门的神职人员独自操纵的组织，而是由一些社会名流和社会层次较高的知识分子支撑、建立起来的一个民间团体，其骨干会员和会友见表 1。

表 1　灵学会骨干会员和会友身份

姓名	留学或访学国别	社会身份	会中角色
俞复	法国	上海文明书局经理	会长
陆费逵	日本	中华书局总经理、教育家	特别会员
丁福保	日本	佛学家、医学家	正会员
杨瑞麟	日本	中国精神研究会会员	乩手
杨廷栋	日本	中华民国临时政府参议员	会员
庄士敦	中国	溥仪的英文老师	会员
黎元洪	日本	中华民国临时大总统	会友
严复	英国	翻译家	会友

资料来源：文献［7］；灵会学．灵学丛志，第 1-2 卷各期（1918 年 1 月～1920 年 9 月）

灵学会会员分为几类。按照权利和义务的不同，会员分为会友、会员、正会员和特别会员四种。其中正会员和特别会员的级别较高。正会员在交纳会费 25 元后，有"参会、选举议决"之权。特别会员在缴纳会费 50 元之后，有被推选为会长与董事的权利[8]。灵学会的主要正会员是俞复、陆费逵、丁福保等，他们主要通过中华书局的业缘关系和无锡的地缘关系联系在一起[6]。

盛德坛是灵学会的主要活动场所。在成立之初，灵学家就标榜该坛是一个以"灵学为标识"的"学术"坛体。坛中除设立坛长、坛督、坛革等职之外，还设立坛正一职，专门负责"编纂学术"[9]，并且，灵学家们仿效科学分科建制的模式，在坛内设立理学纂员、佛学纂员、科学纂员等名目，分任研究周易、宗教、数学等不同"学科之职"[9]。每月十五，由坛长率领坛员进行叩拜神灵活动，"时有余暇，研求学术"[9]。灵学家们通过这种机构设置，给盛德坛及其巫术活动蒙上了一层科学的面纱，以获取民众的支持。

就其本质而言，盛德坛是一个具有准宗教性质的传统乩坛，有自己崇奉的神灵和相应的规范体系①。坛中供奉的主座神灵是儒家的孟子，东座和西座的神灵分别是"仙教代表"庄子和"佛家代表"墨子。庄墨二教代表以及其他神灵，须听从主坛孟子的谕示。灵学会会员在坛中定期进行多神崇拜活动。并且，灵学家们还利用传统道教中的几个神灵，分设四秉十六司，负责这个系统中的宣教示谕、赏罚黜陟和朝拜等工作[11]。

灵学会和《灵学丛志》两者都围绕盛德坛而展开各自的工作。它们看似是三种不同的组织，其实只有一套人员组织体系，分别负责不同机构的工作。俞复既是会长、坛长又是会刊主编；杨瑞麟既是坛正，又主持扶乩；陆费逵担任坛督兼会刊编辑，督办坛与会的日常事务。

灵学会成立后，在上海《时报》《申报》等报刊上连续刊登广告，记述盛德坛开张的盛况，宣传灵学会的宗旨。时任临时政府大总统的黎元洪亲自为灵学会写了"暗室灵灯"的题词，被刊登在《灵学丛志》的第一卷第二期中。另外，一些社会层次较高的知识分子、实业家和政府官员如廉泉、江文溥、吴镜渊、杨廷栋等也相继加入了灵学会，成为其中的会员。严复也曾致函灵学会会长俞复，表明自己对灵学会的支持。在信中，他盛赞灵学会的成立和组织活动，指出"神秘一事，是自有人类未行解决问题……先生以先觉之资，发起斯事，叙述祥慎，不妄增损，入手已自不差，令人景仰无异"[12]。他的信函分别被刊载在《灵学丛志》第一卷的第二期、第三期中，并在《时报》的广告中被反复引用，这对灵学会后来的理念传播和组织活动起到了推动作用。

二、理　　念

灵学会在成立之初，声称自身是以"启瀹性灵、研究学理"为宗旨的学术团体[8]。《灵学丛志》也"仿科学样式，分门别类"，刊载各种"灵学学

---

① 在宗教学中，准宗教是指一切企图以特定的手段行为来影响支配客观事物的现象，如原始社会时代的法术、巫术[10]。

说"[3]。然而，他们进行的"学理"研究，就是将西方灵学和中国传统封建迷信相结合，以研究"人鬼生死问题"为重点[1]。在其宣扬的混杂的鬼神学说中，既有中国传统的儒、道、佛及各种世俗鬼神迷信的观点，也有欧美的"上帝存在""灵魂不灭"等内容。

灵学家们在谈及灵魂有无的问题时，从未有过严格的科学实验说明，相反，他们却是先入为主地声称灵魂已经存在："生活之外，更有灵魂之乐"[12]，这是他们构建思想体系的基本前提。无论是真实署名作者，还是鬼神托名作者，其形形色色的学说是建立在幻想基础上，自相矛盾、难以自圆其说。然而，在关于"灵魂不灭"与"鬼神存在"的观点上，灵学家们是基本一致的。

在整个灵学思想体系中，灵学家们始终围绕着"灵魂""鬼神""人"这三个基本概念进行阐发。他们从"灵魂存在"直接延伸出灵魂、鬼神和人存在的问题。华襄治认为世间生存的万物，都有躯壳和精神之分。"精神者，灵魂之用也；鬼神者，灵魂之体也"[5]。灵魂是精神的主体，精神是灵魂的躯壳。只有当灵魂与躯壳相连时，生命才能存在；相反，两者如果分离，生命就要死亡。当人的躯壳死亡之后，灵魂依然存在不变者，称之为鬼神。余冰臣则认为人是万物之灵，是未死的鬼神。如果灵魂与肉体相结合，便是阳界的人；反之，如果灵魂离开肉体，人就变为阴界的鬼神[6]。鬼神既是人离开阳界后进入阴界的化身，又是灵魂存在的表现方式。虽然它不能离开灵魂而存在，但灵魂却可以离开鬼神而独立生存[7]。人与鬼神之间的区别只是"幽明之隔、阴阳之别而已"[8]。而且，由于人的不同存在形式都与灵魂有关，所以人与鬼神之间是可以相通的。"人神人鬼，理本一贯。知此可以知彼，明近可以明远，事生可以事死，鬼神之理实可解。"[9]

灵学家们的灵学理论，很多地方相互矛盾、漏洞百出。例如，丁福保声称人死之后所变成的鬼是有形有质的，但是，它"非人目之所能见，而禽兽等则能见之也"[20]，即人的肉眼所不能看到的鬼神，禽兽则能看见。人都不能见到的事物，又怎么晓得动物可以见到？不仅如此，在该刊的其他篇章中，其他鬼神托名作者却又提到，鬼并非有形有质，而是无声无色、无臭无味、无方无体的[21]。在鬼神的饮食方面，有的地方说鬼往往不食而饱，"思得何等之食物，即得何等之食物"[22]；有的地方却又说，鬼同生人一样也要有衣食住行。并且，鬼在饮食时必须"以气不以质，以精不以滓，以形不以体，以素不以味"[23]。

此外，灵学家们常常借用佛教中因果报应的观点，声称"人生之根本在灵魂，灵魂之归宿在身后"，认识到这一点便是"人生问题之解决"。生前那些注意修身养性、并能立功创业的人，死后可使灵魂永远存在，永登天堂，为神；相反，生前为非作歹、怙恶不悛的人，死后则会堕入地狱，受尽苦难的折磨，为鬼。每个人的灵魂根据其生前修养的不同，有等级高下的区别：可划分为圣神、仙佛、善鬼、恶鬼、道德灵鬼、学问灵鬼等[14]。并且，他们还利用宗教和民间中的神化人物，根据"灵魂修养的高低"，在盛德坛虚构了一个以儒教为核心，儒、释、道混杂，拥有圣贤、仙、佛和地祇等神灵的鬼神系统。这个系统通过乩手同现实世界联系。且不说该系统存在的真实性与合理性，灵学家们直接妄下论断——灵魂是存在的，这个命题既无法被证实，更无法被证伪。它违反了科学知识的客观性和逻辑性，由此推断出的一系列概念和荒谬理论也就更不足为信了。

三、活 动

灵学家们除了编辑出版《灵学丛志》以外，还在盛德坛中开展扶乩和"灵魂摄影"两种巫术活动，并试图将这些活动作为证明"灵魂存在"的有效科学方法。

（一）出版期刊

《灵学丛志》是灵学会的会刊，每月出刊一册，是灵学家们宣传"人鬼之理"和"仙佛之道"的重要喉舌。从 1918 年起，该刊由中华书局刊印出售，到 1920 年停止发行，共 2 卷 18 期。该杂志设置的主要栏目有乩画乩字、论说、艺术、杂纂、释疑、文苑、著作、记载等。其中，论说类的文章主要是刊载"鬼神存在"与"灵魂不死"等灵学理念内容；记载类的文章主要是记录灵学会的日常扶乩事务①。据笔者统计，就总篇幅而言，《灵学丛

---

① 其他栏目的内容说明均参见文献 [24]。

志》中所有文章的总篇幅共 2514 页，论说类的文章总篇幅为 996 页，占总数的 40％，在所有栏目中居于首位；就篇数而言，记载在所有栏目中占据首位，占总数的 50％。这说明该刊在内容上主要以宣传灵学理念和记录扶乩事务为主见图 1。

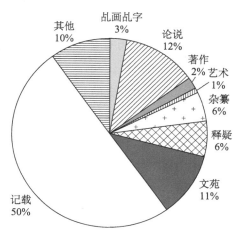

图 1　《灵学丛志》栏目篇数百分比

资料来源：灵学会．灵学丛志．第 1-2 卷各期（1918 年 1 月~1920 年 9 月）

（二）扶乩

扶乩作为中国传统的巫术，自唐朝时已有，盛行于晚清光绪年间。乩坛是乩手通过扶乩与鬼神交流，进行占卜等活动的场所。作为灵学会进行乩事活动的主要场所——盛德坛，其活动形式也秉承了这一历史特点。乩手是无锡人士杨光熙及其两个儿子——杨瑞麟和杨真如。每天下午 5 点，乩手“焚香叩祷书纸于乩盘前”，叩拜坛中神灵后进行扶乩[25]。乩事活动至晚上 9 点结束。灵学家们强调，扶乩时，到坛人员和参观者“均宜谨慎肃静。毋得稍存戏心狎念”[9]。前来请乩的人，撰写问题的纸条，必须用正楷字体，不能缭乱草率。并且，只有当他们自身从内心深处真正对神灵完全信奉与虔诚时，扶乩才能成功。

《灵学丛志》大量记载了灵学会进行扶乩时的热烈场面。在其活动初期，前来请乩求神的人络绎不绝。叩问的内容涉及家事、国事、求医问药等很多方面。例如，陆费逵就中华书局的经营问题曾多次前来请乩寻解[26]，其他灵学会会员曾叩问过国内政治形势的发展、第一次世界大战后世界局势的走向等问题[27]。

另外，扶乩这种活动，也是灵学家们认为能够证实灵魂存在的有效"科学方法"。俞复认为，科学之所以目前在全国上下被学习和被重视，是因为科学"事事征诸实象，定其公律，成为有系统之学"[28]，扶乩同样证明了灵魂的确存在，这也是科学事实，不可否认和诬蔑。杨瑞麟则从历史合法性的角度论证扶乩存在的合理性，试图用历史的长短作为其存在的科学证明，作为"灵魂存在"的科学验证手段[29]。"欲知鬼神之果有与否，吾前之时无法以验之，今于扶乩而证其实焉"[15]。华襄治也将观察和实验与扶乩手段混为一谈，认为"灵魂存在"是经过严密考察得出的结果，灵学是一门经过"科学手段"证明的学科。

尽管灵学家们将扶乩看做一种科学方法来宣传和论证，试图为本土的迷信活动披上一层科学的外衣。但是，作为一种巫术手段，扶乩决不能与科学方法中的观察和实验相提并论。它强调的只是虔诚和信仰，其过程和手段讲求"显灵"，秘而不宣。乩手是神仙显灵的传递者，必须绝对虔诚和敬畏，以诚感动神灵，否则扶乩就不会成功[30]。科学研究的结果要求可重复性和可检验性，可以为任何人所重复。但是，扶乩不能做到这一点。《灵学丛志》在第一卷第一期中就提到，盛德坛的乩事活动，都是由杨瑞麟兄弟共同主持进行。后来有一天他们外出办事，坛中的其他人员，甚至是包括声称对神灵最为虔诚的会员杨宇青和俞复，都无法代替他们进行扶乩。扶乩结果不尽如人意；要么"久不出字"；要么"扶之仅能成字"或"仍不能成文"[25]。

（三）灵魂摄影

灵魂摄影是灵学家们开展的另一活动。他们从西方引入的这种摄影活动，就是假借近代照相技术，给所谓的亡灵和神仙进行拍照，以证实灵魂的存在，进一步说明神灵存在的"科学性"。

灵魂摄影是源于西方灵学会为证实灵魂存在、欺骗世人的一种照相手段。恩格斯早在 100 多年前就已经说明这种手段的虚假性。它只是骗人的勾当，拍摄出的神灵照片，只是非常容易地给所谓的魂灵寻找一个"模特"而已[31]。中国的灵学家们非但没有用"抱怀疑态度的有批判力的头脑"去考察灵魂摄影的正确与否，而是在盲目引进、大肆宣扬它的神奇和科学的同时，将其在本国的迷信文化土壤中加以改造。他们声称用其不但能给亡灵摄取图片，而且还能为本国的神仙照出影像来，显得更加荒诞不经。

灵学会会员在介绍灵魂摄影时，专门提到该活动是由老练的摄影师通过观察和实验的方法，利用先进技术而操作完成的。神灵照片的摄取，进一步证明了"灵魂"确有其物而非幻觉，灵学是一门先进的学问[32]。他们还在第一卷第二期的《灵学丛志》上，刊登了一幅灵学会所摄取的已亡人士徐班侯的灵魂图片作为例证。并且声称"神灵学，欧美设有专科，即灵魂照相一节，亦非奇事"[33]。甚至，就连严复也对其赞赏不已。他认为灵魂摄影在欧美只用于给"生人照相"，在"欧美已为数见"，而中国的灵学家们将其学习、引入到国内来，并能为死后的亡灵摄影，是"最为惊人之事"，比西方的照相术更有所创新[34]。灵学家们声称他们还能摄取神仙的照片，这更是西方灵学会所没有的手段。他们在《灵学丛志》的第六期增刊上，刊登了所摄取的"鬼仙"常胜子的照片，并号称这是科学上的新发现，是"盛德坛之盛迹，灵学会之灵光"，"两界沟通之先导，科学革命之未来"[35]。

四、背景分析

在 20 世纪初救国图存的时代语境里，灵学会及其活动的出现，不能仅仅被视作一种简单的封建迷信现象，它其实是东西方文化交相激荡的一种怪诞反映，更是科学启蒙思潮在中国达到高潮时的一种文化投射。

近代中国一直处在外受西方列强侵略、内遭军阀混战、政权更迭频繁的动荡状况之中。如何改变这种政治局面，挽救危在旦夕的国家命运？中国思想界进行了多方的努力。其中最主要的标志是，以儒学为思想和文化提供参考框架的功能衰退，在 20 世纪初传统的旧秩序迅速坍塌，而西方科学及其价值观念，作为一种全新的、进步的意识形态，渗入思想界的各个领域，科学在国内受到前所未有的尊重[36]。整个社会处于对科学"几乎一致崇信"的状况，"科学"和"民主"成为当时流行的语言。

这种意识形态的转变，引起中国一些传统人士和灵学家的反对。尤其是第一次世界大战的结果，成为他们向科学挑战的根据。许多人认为这次战争是机械论战胜精神价值的后果，科学被认为应该对这种没有价值观念的机械世界观负责，并被谴责为造成了创伤和流血。科学不仅"在欧美用于机械和杀人"，而且它也是"仅酿成此次之大战争"的原因[16]。

灵学家们认为科学仅是一种用来维持生计、改善人们物质生活的手段而已。在现代教育体制中，由于人们过分强调科学教育的重要性，过度推崇物质科学，而不知有精神科学的存在，才导致了现今物质文明发达，而精神文明落后的局面。科学的盛行，造成了全国上下"机械心盛"的恶劣情况[37]。甚至，他们还将当时国内动荡的政治局面，都归罪于科学盛行的结果。所以，灵学家们认为科学不能救国，主张应该用灵学来弥补科学的不足。他们提出了"鬼神之说不张，国家命运遂促"的口号，主张走"灵学救国"的道路[28]。

在启蒙思潮高涨的新文化运动时期，中国知识分子对科学的理解早已经深入到制度和社会精神层面。灵学家之所以对他们所谓的"科学"如此否定，在很大程度上，与西方思想界当时的状况有关。20 世纪初，西方思想和舆论中出现了一股抨击科学文明的倾向，反科学思潮日益滋长。斯宾格勒所说的西方的没落、柏格森的自由意志论，都提出了科学文明的限度问题。"重估西方科学文明""科学破产"等思潮通过不同途径介绍和传播到中国，并为那些反科学的中国传统人士和灵学家们接纳，这在很大程度上助长了国内的反科学势力。

诡谲的是，他们在宣传灵学的过程中，又利用"科学"手段推销灵学，试图为灵学组织、理念及其活动打上"科学"的色彩，这正是近代中国以前的巫术活动所不具有的特点。

这同样与灵学在西方的发展有密切关系。在西方，灵学从最初的唯灵论，在近代时期演变为心灵研究的发展模式（1882～1927 年），西方灵学家们试图用科学手段研究神秘现象和确立"灵魂不死"的命题。灵学开始披上科学的外衣，成为一种精致的伪科学，并在社会中开始了建制化的发展[28]。灵学家们号称要用"毫无成见地，并以准确和不动感情的探究精神"去研究各种"心灵现象"，如"思维阅读""催眠术""闹鬼的房屋"等[39]。他们开始用科学语言和科学实验，通过搜集案例、进行受控实验等方法对各种"心灵现象"进行研究，并将"研究结果"发表在其会刊《心灵研究会会刊》等刊物上。但是在这些研究结果中，存于其中的作弊行为，一直受到学会以外的科学家的批判和揭露，也不被科学刊物所认可。西方这种研究"心灵现象"的热潮，由留学日本或欧美的中国人传入国内，国内人士将其作为新式的精神科学来学习和效仿。

中国的灵学家们通过对灵学会的科学化包装，使传统的扶乩活动在社会中不再赤裸裸地进行。他们不仅通过组会、建坛、出刊的形式，试图将自身打扮成一个"研究学理"的学术团体。而且，他们在宣传灵学的过程中，将灵学的产生发展与科学相比。他们认为灵学之所以是一种系统的科学知识缘于任何灵异现象的研究都是经过科学手段和精密实验而得来，最后才将研究结果发表出来。他们声称灵学也是科学，其中"尽有真理，足与我人以研究"[28]。此外，灵学家还通过对扶乩和灵魂摄影的科学化包装，牵强说明灵学存在的合理性，这同样为灵学会及其活动本身披上了一层科学的面纱。

灵学思潮的兴起只是特定历史时段的一种文化现象。灵学会由一些社会地位较高的知识分子、官员和学者参与、支持和建立；它们开展的灵学研究不仅采取"学会"的组织方式，也透过新兴传播媒体，如报纸广告期刊发行，使之成为一项可以花钱来学习的"知识"[6]。但是，由于灵学会的内在精神上仍然依循扶乩的传统，试图将中西迷信思想和巫术活动相糅合，用神秘的方法来解答神秘的问题，这在本质上是一种反科学、伪科学的理念和行动。由于这种内在的限制，它受到了五四启蒙人士的猛烈批判[6]，无论灵学家们如何大张"鬼神之说"，他们也无法解决救国的问题，灵学会也最终难以为继。1928年，当国民党在形式上政治统一中国，同时开始推广带有意识形态控制意图的科学化运动之时，扶乩、祝由、圆光等传统的封建迷信活动也在全国范围内遭到取缔和打压，灵学会最后不了了之，自动解体。

参 考 文 献

[1] 吴光. 灵学·灵学会·《灵学丛志》简介. 中国哲学, 1983, (10).

[2] 吴光.《灵学丛志》评价. 见：辛亥革命时期期刊介绍：(第四集), 1985.

[3] 吴光．论《新青年》反对鬼神迷信的斗争．近代史研究，1981，（2）.

[4] 郑国．民国前期迷信问题研究：1912-1928．山东师范大学硕士学位论文，2003.

[5] 李延龄．论五四时期无神论与灵学鬼神斗争的时代意义．长白学刊，2000，（4）.

[6] 黄克武．民国初年上海的灵学研究：以"上海灵学会"为例见：中央研究院近代史研究所集刊，2007：55.

[7] 陈玉堂．中国近现代人物名号大辞典．杭州：浙江古籍出版社，1993.

[8] 灵学会．灵学会简章．灵学丛志，1918，（1）.

[9] 灵学会．盛德坛坛规．灵学丛志，1918，（1）.

[10] 何云．中国迷信文化批判．世界宗教研究，1999，（1）：146

[11] 灵学会．盛德坛成立记上．灵学丛志，1918，（1）：12-14.

[12] 严复．严几道先生书．灵学丛志，1918，（2）.

[13] 灵学会．记载．灵学丛志，1918，（2）：24.

[14] 陆费逵．灵学丛志缘起．灵学丛志，1918，（1）：1，2.

[15] 华襄治．《灵学丛志》发刊辞．灵学丛志，1918，（1）.

[16] 余冰臣．余冰臣先生书．灵学丛志，1918，（3）.

[17] 灵学会．鬼与灵魂之区别论．灵学丛志，1918，（1）：5.

[18] 灵学会．碧眼鬼仙鬼理篇．灵学丛志，1918，（2）：6.

[19] 灵学会．吕祖师鬼神论上．灵学丛志，1918，（2）：2.

[20] 丁福保．我理想中之鬼说．灵学丛志，1918，（1）：1.

[21] 灵学会．北极祖师鬼神论下．灵学丛志，1918，（3）：3.

[22] 灵学会．鬼仙王惠意想之力说．灵学丛志，1918，（6）：7.

[23] 灵学会．黑水大神鬼理篇——鬼之饮食．灵学丛志，1918，（2）：12.

[24] 灵学会．盛德坛坛规．灵学丛志，1918，（1）.

[25] 灵学会．记载．灵学丛志，1918，（1）.

[26] 灵学会．生仙中华书局判词．灵学丛志，1918，（1）：5.

[27] 灵学会．济祖师欧战判词．灵学丛志，1918，（1）：1-3.

[28] 俞复．答吴稚晖书．灵学丛志，1918，（1）.

[29] 杨瑞麟．扶乩学说．灵学丛志，1918，（1）：1-10.

[30] 灵学会．正阳帝君扶乩略说．灵学丛志，1918，（2）：20.

[31] 恩格斯．神灵世界中的自然科学．见：马克思恩格斯选集（第4卷）．北京：人民出版社，1955：293.

[32] 灵学会．有鬼论之证明．灵学丛志，1918，（5）：10.

［33］灵学会．附徐班侯先生灵魂摄影．灵学丛志，1918，（2）：7.

［34］严复．严几道先生致侯疑始书．灵学丛志，1918，（3）：1.

［35］俞复．盛德坛试照仙灵记．灵学丛志，1918，（6）：2.

［36］郭颖颐．中国现代思想中的唯科学主义：1900—1950．南京：江苏人民出版社，1998：9-10.

［37］陆费逵．灵魂与教育．灵学丛志，1918，（1）：8.

［38］潘涛．灵学：一种精致的伪科学．北京大学博士学位论文，1998：1-2.

［39］吉尼斯．心灵学——现代西方超心理学．沈阳：辽宁人民出版社，1988：16.

中国灵学活动中的催眠术 *

灵学 (psychics) 以承认诸如遥视 (千里眼)、心灵感应或预知未来之类的 "超自然现象" 或 "超心理现象" 的存在为前提，认为这些现象不受物理规律的制约，超出了通常的感官感知范围，是由灵魂和精神决定的，只有借助于与幽灵和鬼神沟通才能获得认识[1]。"灵学" 也有 "灵异研究" (psychical research)、"超心理学" (parapsychology)、"心灵论" (mentalism) 和 "唯灵论" (spiritualism) 等不同名称。从 1882 年起，英国、美国、荷兰、法国、意大利、俄国和日本等国先后建立了灵学社团，杜克大学的超心理学实验室在 20 世纪 30 年代至 20 世纪 60 年代曾一度引起人们的兴趣，后来乌特勒支大学甚至还建立了灵学系[2]。

19 世纪末 20 世纪初灵学传入中国。中国的灵学既包含了欧美的 "上帝存在" "灵魂不灭" 等观念，也借用了儒、道、佛的相关概念和各种世俗鬼神观念[3]。其主要手段为传心术、催眠术、千里眼、灵魂摄影和扶乩等[4]。

有些关注西方灵学的中国学者[5,6]曾经注意到恩格斯[7]提到的灵学与催眠术之间的关系。有的中国学者就催眠术与重塑国民精神做了分析[8]，另有一些中国学者认识到催眠术在中国灵学活动中所起的作用[9~13]。但是，为什么灵学与催眠术一起传入中国、灵学机构如何将催眠术建制化、灵学机构开

* 本文作者为李欣，原载《自然科学史研究》，2009 年第 28 卷第 1 期，第 12～23 页。

展的催眠术活动和相应的推广活动有哪些、灵学为何要利用催眠术、灵学机构利用催眠术有些什么社会影响？仍然需要系统的研究。本文试图通过文献的梳理，对这些问题进行探讨。

一、催眠术与灵学在中国的伴生

催眠本身是一种客观现象。它是以人的自然睡眠为基础的一种生理-心理现象，也是一种特殊的意识状态。在这种状态中，被施术者的暗示性明显提高，容易顺从施术者通过言语和动作发出的暗示指令。催眠术作为一种有效的心理治疗手段，被广泛应用于医学临床治疗中，对于矫正不良的行为习惯、实施手术麻醉和治疗心理疾病等方面有实际的独立应用价值[14]。

19世纪下半叶，灵学家们在倡导灵学时，发现催眠术的效能可以为自己所用，尤其是催眠的暗示和诱导能够控制自我意识和他人意识，能为灵学服务。在催眠过程中，受术者不但可以产生幻听、幻味、幻触甚至麻醉等感觉，而且个人的意志和行为也可为施术者掌握和操纵，甚至可以引起记忆和人格方面的变化。同时，受术者在催眠师的控制下，往往会产生一种冥冥中若有神力的感觉，言行不由自主，甚至清醒后也感到有些不可思议。灵学家通过神化这一可能产生异常效果的催眠术，声称施术者先天具有某种特异功能，或者认为施术者的这种功能来自宇宙中的某种神秘的灵力，并将施术者神圣化，视为超人、异人、神人[10]。通过这样的联系，他们企图说明灵学存在的"合理性"，并极度热衷和推崇催眠术。这样，催眠术就成为灵学家宣扬"灵魂"和"上帝存在"的法宝。

19世纪后半叶，学习和研究欧美的"催眠术"与"灵学"，成为当时日本城市中一种流行的文化[9]。这也影响到留学日本的中国学生。1908年，留日的中国学生郑鹤眠、唐心雨、居中州、刘钰墀和余萍客等在日本横滨设立"中国心灵俱乐部"。该机构在建立之初就声称是"专为中华同志研究催眠术"而设立的。1911年，中国心灵俱乐部从横滨迁至东京，改称"东京留日中国心灵研究会"，其英文名称为"Chinese Hypnotism School"。这表明，该会是把心灵研究与催眠术等同对待的。该会设立了心灵研究、催眠研究、编辑出版部门，后来又增加了中国心灵学院，开展催眠术的面授和函授活动，并增添了中国心灵疗养院进行治病。1918年东京留日中国心灵研究会在上海建立分支机构"中国心灵研究会事务所"。1921年东京留日中国心灵研究会总会由东京迁至上海，改名为"中国心灵研究会"，其英文名称为"Chinese Institute of Mentalism"，又把催眠术与心灵论等同起来。1923年，中国心灵研究会成立了专门刊印灵学和催眠术书籍的"心灵科学书局"[15]。就这样，"灵学"与"催眠术"的译名及其具体内容，被中国留日学生陆续传入国内[16]。

催眠术和灵学的伴生现象，还反映在当时的许多广告中。翻阅当时的一些报纸如《申报》和《民国日报》，可以发现不同灵学机构刊载的有关催眠术的各种广告都占据了所在版面中醒目又重要的位置。这些广告刊载频率较高，有时甚至在一个版面上会刊载多个灵学机构的催眠术广告。这些广告大都宣扬科学只是一种物质技术力量、提高人类物质生活水平而已，并不能解决人生观、世界观等思想文化层面的问题，宣称催眠术和灵学才是一种可以"弥补物质科学功用不足"的"精神科学"。同时，这些广告还宣传"精神救国"论，刊载催眠术的教授与招生、出售治疗狐臭催眠药和实验器具等内容[17~21]。

二、灵学机构中的催眠术

催眠术引入中国后，许多地方建立了名目不一的宣传和教授催眠术的灵学机构（表1）。它们都号称"研究与教授催眠术"是自己的研究内容之一，并为此进行了一些组织设置。限于资料，本文以中国心灵研究会设立的中国心灵学院为例，对机构设置和教授内容进行说明。

中国心灵学院是中国心灵研究会的一个重要组成机构。它在成立之初，就声称自身是以"研究催眠学之学理及其应用""图学术阐明，普及发达"为宗旨[22]。在心灵学院中，根据教授对象、学习方法、学习时间的长短等不同类别，灵学家们设立实习部、函授部、速成部，并面向国内外，广泛招募"研习催眠术"的学员[22]。中国精神研究会、北平灵学书院等其他灵学机构在招募学员时也采取了类似的方法[23,24]。

表 1 民国时期教授催眠术的主要灵学机构

地域	类型	机构名称	地域	类型	机构名称
上海	学会	中国心灵研究会	上海	学院	中国精神专修馆
		神州催眠学会			中华精神学养成所
		东方催眠术讲习会			灵理休养院
		东亚精神学会		社团	神州学会
		神州灵学会			上海催眠协会
		中华神灵哲学会	天津	学会	天津精神科学会
		上海催眠协会	南通		南通精神学会
		大精神医学研究会	北京	学院	灵学书院
	学校	中国催眠学校	杭州	学会	中国精神研究社
		寰球催眠大学	苏州	社团	苏州幻术研究社
	学院	东亚精神学院	汉口	学院	灵修道院

资料来源：余萍客，《催眠术函授讲义》. 中国心灵研究会，1931 年，第 49 页；《新青年》，1920 年，第 8 卷，第 4 期，第 121 页；《大公报》，1917-04-01；《申报》，1917-07-02，1918-03-01，1918-08-26，1918-08-27，1918-08-28，1918-08-30，1919-03-01，1919-03-05，1919-03-12，1919-04-04，1919-05-08，1919-06-01，1920-03-05，1920-03-12，1920-05-13，1920-05-28，1920-06-01，1920-11-17

学员入院学习催眠术的要求简单：年龄在 15 岁以上 60 岁以下，略通文理的男女，只要品行端正，认定在某部研究并提出入学愿书，入学时一次性缴清入学学费后，便可入院学习。学员修完学业后，进行毕业试验。成绩合格者将被授予毕业证书；成绩优秀者，则会被授予"催眠学士"或"心灵医学士"等荣誉称号[22]。毕业后经过允许，学员还可以开设催眠治疗诊所谋生[25]。不仅如此，灵学家们还做出保证："若入本会，仅三个月，催眠学上诸问题均皆清晰，能以催眠术演各种奇妙现象，解决心理学一切问题……解脱一切难疾恶癖"[25]，借以吸引社会大众入院学习催眠术。

学员学习催眠术时，使用《催眠术函授讲义》一书作为教材。它由中国心灵研究会会长余萍客编写。在该书首页，作者就强调学习催眠术的关键：要排除一切疑心与杂念，绝对信奉它的功效；在熟读讲义、多次进行催眠"实验"后，催眠施术就可见成效。

此外，在催眠原理介绍中，作者声称未采用历史上任一学派之言，而是采用自身的"心灵说"来解释催眠现象[26]。在施术方法上，除了继承催眠学史上的精神镇静法、凝视静止催眠法、暗示抚下催眠法等方法之外，他还糅合了中国传统巫术和宗教中的一些方法，如进行祈祷默念时的催眠咒，高唱催眠歌等[15]。在催眠后达成的效果中，作者声称利用催眠不仅可使人体呈现成梯成桥、柔软如棉或人格变换等现象，还能发挥透视、卧游千里、会见亡友、千里眼等一些"超越物理法则"的神妙功效[15]。在介绍催眠师的施术资格时，除了强调催眠师的品格端正、施术娴熟与否之外，作者对催眠师的教育背景未作其他限定[15]。这些内容与当时正规的催眠术教材[27,28]都大相径庭。

除了中国心灵研究会设立的心灵疗养院之外，中国精神研究会设立的鲍芳洲催眠术疗养院、东方催眠术讲习所设立的精神治疗部等[29]，都是灵学机构建立的催眠术医疗机构。

三、催眠术活动

催眠术传入中国后，冲击着国内社会不同阶层的人的头脑。"一时国人认为发现了物质科学之外的新大陆——一种能够弥补物质科学不足的新兴的精神科学。"[8]

中国灵学家们及其学员声称他们做了大量的催眠术实验，并将这些内容在机构会刊上陆续刊载（表2、表3），作为一种证实灵学存在的"成功铁证"。

表2　中国心灵学院函授部毕业学员宣称的催眠术实验概况[30]

实验者	实验实施地	实验报告	内容
李逸汉	加拿大	《初次试验即令受术者发现错觉之报告》	催眠术能成千里眼、纸张变大石
黄景森	槟榔屿	《使被术者肢体变软变硬之实验报告》	电镜催眠
岑洸汉	墨西哥	《为西女作卧游因发现千里眼状态之实验报告》	千里眼现象
刘世勖	爪哇	《治愈腹头痛、内伤、吐血等症及使反抗催眠者陷入催眠状态之实验报告》	用暗示治疗幼童疾病、对反抗催眠者成功施术
林玖如	繁昌	《自己催眠疗病之实验报告》	抚下法治头痛
林爵三	琼州	《会见祖先及戒除赌癖治愈精神病之实验报告》	催眠状态下与过世祖母"会面"、戒除烟癖
李琴贤	西贡	《用电镜催眠治愈腰痛、喘急等症之实验报告》	烛香变铁条、身体成强直状态
林瑞生	菲律宾	《使西人发现错觉及强直状态之实验》	食洋烛为雪糖、将石柱当做舞女抱之跳舞
葛缵丰	嘉兴	《屡次试验成绩斐然之报告》	白纸作钞票、糖水为无味之茶、钢笔刺臂不觉疼

表3　中国心灵学院宣称的催眠术实地实验及其效果[31]

受术者	年龄	职业	性别	所在地	受术次数	采用方法	受术者状况	立会人姓名	效果
李鸣汉	16	小学生	男	广州南关	1	凝视静止法		家人	—
刘国英	18	小学生	男	广州西关	2	呼吸抚下		温波君	治疗牙痛
李伯贤	23	商业	男	美华公司	2	凝视静止法	昏睡状态	温波君	治愈烟酒癖
李自强	13	书塾生	男	鹤山	1	同上法		李鸣汉	治愈头痛
郑雪梅	18	小学生	女	广州南关	2	同上法		温波君	治愈头痛
黄坚邦	18	小学生	男	同上	1	同上法	透视物体	家人	—
黄殿邦	18	中学生	男	同上	2	抚下	高唱戏曲	家人	—
郑雪梅	18	小学生	女	同上	3	凝视静止法	人格变换	家人等	

　　灵学家们在记录催眠实验时，对实验人员名称、所属学习部门、学员编号、学员所在地域、施术方法、实验名称和实验内容等都做了较为清楚的说明。进行催眠实验的学员来自国内外不同地方。他们利用催眠术分别开展了"错觉产生""使受术者肢体变软""千里眼功能产生""人格变换"等实验活动。保证实验结果"确切无误"的方法，不是靠双盲实验，也不是靠排他实验，而是靠亲人或朋友作为"立会人"即目击者，"坐在一旁"且"其他人不许进门"等方式。

　　灵学家们在实施催眠过程中，反复强调受术者只有在虔诚信仰、消除杂念和精神统一之时，催眠施术才能成功，受术者才能实现"遥视""与亡灵交流""食烛为糖""治愈牙痛、头痛、胃病与肢体麻痹"等功效[31]。

　　由于史料所限，虽然无法分析他们用催眠术治病的具体过程，但从其刊载的一些治疗广告中可以得知，他们宣称的催眠术可治愈的疾病种类非常繁多，似乎达到了"无所不能"的地步。如下广告便是其中的一例：

　　　中国精神科学会直接教授催眠术，并用斯术治疗后列各种病癖：（脑病）脑贫血，脑充血，头痛，头重，眩晕耳鸣；（神经病）神经痛，神经衰弱，各种麻痹，各种疝气，不眠症，疑心症，舞踏病，忧郁症，失恋病，半身不遂，吃逆，各汗症，脚气，癫痫，各种痉挛；（精神病）妄想症，忧郁狂，狐祟，鬼祟，一切邪祟；（胃肠病）消化不良，胃痉挛，胃扩展，便秘，呕吐；（呼吸气病）呼吸困难，喘息；（眼病）眼睛疲劳，色盲，夜盲病；（泌尿生殖器病）子宫病，下白带，月经闭止，月经过多，月经困难，月经不顺，月经痛，妊娠呕吐，常习性流产，分娩苦痛，早漏，阳痿，遗精；（全身病）各种贫血，各种慢性中毒；（恶癖）吃音，遗尿，睡语，小胆，饮酒，抽烟，倦怠，忧心，不喜交际。总会设在天津日界荣街新津里二号，支会设在保定王字街玄坛庙胡同。[32]

一些治疗章程与感谢声明中提到，催眠术还可治疗口吃、肺痨、花柳、梅毒、少年鸦片毒瘾、成人烟瘾、半身不遂、脚气，甚至癌症等疾病，"完全可以弥补药石的不足"。[33]催眠术仿佛具有"妙手回春""起死回生"之功效。

四、催眠术的推广与竞争

刊印、出售有关催眠术的期刊、月报和书籍是灵学家们一个重要的推广活动。其中，中国心灵研究会于 1913 年发行会刊《心灵》，并声称它是"国内探讨研究哲理、灵理、催眠、变态心理学等及灌输世界新识之唯一机关"[34]。《心灵》一年出 4 册，分春、夏、秋、冬号。《心灵》月报从 1917 年开始出版，每月出一号，一年发行 12 号，到 1925 年大约共出版了 104 期[35]。《心灵运动》作为中国心灵研究会刊售的另一份月报，1921 年出版第一号，至 1931 年，共出版了 24 号，据称它的销数曾经由"一万份增至十万份"[36]。

此外，中国心灵研究会、中国精神研究会、灵学书院、大精神医学研究会等灵学机构也都翻译和出版了大量的催眠术书籍，如表 4 所示。据余萍客称，仅中国心灵研究会至 1931 年的统计，就有书刊讲义 3000 余种出版。[15]由此可知当时全国催眠术书籍出版活动非常兴盛。

为了推广催眠术在社会中的影响，灵学家们还经常在公共场所开展不同形式的催眠术表演，展现"催眠术各种技能"，并努力扩大和提高其形式的多样性和趣味性。

表 4 民国时期灵学机构出版的催眠术书刊[37,38]

作者	书名	出版者	出版年份	作者	书名	出版者	出版年份
曹美顿	《催眠术访问记》	灵学书院	1935	刘钰墀	《催眠实用学》		1916
罗伦	《罗伦氏催眠二十五课》	心灵科学书局	1934		《简易催眠全书》	中国精神研究会	
余萍客	《安眠术》	中国心灵研究会	1917	李声甫	《催眠术特授讲义》		
	《灵力发显术》		1933		《催眠学真诠》		
	《催眠秘书》				《精神统一法》		
	《催眠学术问答》		1934	唐心雨	《催眠疗病学》		1935
	《催眠百大法》		1931	涤虑	《印度催眠浅讲》		1925
	《催眠术讲义》		1924	鲍芳洲	《催眠学讲义录》	中国精神研究会	1921
	《电镜催眠法》		1921		《催眠新法》		1916
	《十日成功催眠秘书》		1929		《催眠术独习》		1921
	《催眠术大全》			马化影	《绝对催眠秘法秘制》		
	《袖珍基本催眠术通信讲座》		1935		《催眠术问答》	普利中西医学校	
	《催眠术函授讲义》		1931		《最高催眠学讲义录》	大精神医学研究会	1919
	《催眠术成功导向》				《大精神医学术》		
中国心灵研究会	《催眠术独习》				《摄心速感催眠法秘义》		
	《动物催眠》		1929		《东方催眠术》	东方催眠术讲习会	
	《伦敦理学院催眠术讲义译本》		1923	卢舟	《催眠术》		
	《催眠大展览》		1927		《质疑答解补录》		
	《催眠术》		1926		《灵气法》		
	《百灵舌》				《长生学术》	中华神灵哲学会	
古屋铁石	《古屋氏催眠术》		1930	丁福保	《近世催眠术》	北京精神学会	
古道	《库耶式自己暗示法》				《催眠学实验杂志》	中华精神学养成所	

资料来源：《大公报》，1918-09-13；《申报》，1917-11-07，1918-01-03，1919-04-06，1919-06-08，1920-03-05，1920-05-22

　　灵学家们的催眠术表演活动，经常在一些学校的学生学艺表演会、租界电影院、地方知名大剧院和公园庙会等公众场所举行。从当时的一些报纸对这些活动的描述中可以看出，它们具有较强的娱乐欣赏效果，对观众具有很强的吸引力。

寰球中国学生会，附属第二日校，今日午后，一时起，假平济
利路定海会馆开学艺表演会……节目中有历史科、化装科，表演之
"鸦片害"系演述林则徐焚土情形，来宾加入余兴者，有唐豪之滑
稽催眠术等。[39]

据称，当灵学家在台上展现"千里眼""错觉状态""增力术""析索法"
等催眠术的各种技能之时，台下观众经常一时"甚形拥挤"，"到会参观诸君
无不鼓掌，称之可观"[40]。

灵学家们还将催眠术与最新影片联袂合演，在电影院中开展"催眠术与
大魔术实验比较大会"活动。通过这种方式，他们试图说明催眠术并非"荒
诞不经"，而是从实验中证明得来并可对社会产生"莫大之利益"的一种
学问[41]。

灵学家们在进行催眠术表演之时，曾声称将表演后所得的收入全部捐献
于教育事业或慈善活动，这在一定程度上博取了百姓的好感。例如，中国精
神研究会的一位女会员，在上海大剧院表演各种催眠方法并呈现"千里眼现
象"时，声称"所得看资除开支外，概助南洋商业公学经费"，结果造成
"想往观者必甚拥挤"的局面[42]。

对照当时上海的收入、消费来看，一般商业经理的薪水约 30～50 元，
一般店员 20 元，低层的男工和女工每月分别约为 15 元和 5 元。在消费方
面，去医院或诊所看病每次要 1～2 元，医师出诊则要五六元[9]。这样来看，
无论是学习催眠术，还是购买催眠书籍，以及用催眠术治病，都是一笔价位
不菲的消费（表 5、表 6)[43]。

为在同行竞争中立于不败之地，众多的灵学机构之间，除了互相挤对、
彼此诋毁之外，也相继采取了赠送书籍、催眠治疗券等方法，或一些趣味性
的促销形式，来吸引大众，提高自身的竞争能力[45]。比如，中国心灵研究会
在为《心灵》杂志征稿之时，就曾采取悬赏、赠送催眠明信片、猜灯谜等方
式，努力增强活动的趣味性和吸引力[25]。同时，灵学家们在出售催眠书籍、
招募学员时，也经常附赠催眠治疗券、影集等一些物品，或通过减免部分学
费的方式，吸引读者和鼓励学员介绍他人入会[36]。中国心灵研究会就曾宣
称："六个月内介绍一人入函授研究者，赠送会员或学员《催眠实验摄影集》

一书或荣誉盾牌。"[36]

表5　中国心灵研究会附设心灵疗养院治疗价位表[44]

类别	就诊方式	价位/次（元）		
就治	来院	初次，10 元；第二次，8 元；第三次，6 元；以后每次 6 元		
延治	出诊	本埠：第一次，15 元；第二次，12 元；第三次，10 元（以后每次 10 元，离租界较远者另议）。外埠：每天 150 元（供给旅费）		
远隔治疗	预约	每期 15 元（三次）		

表6　中国心灵研究会发行部分器具说明手册价格一览表[37]

作者	书名	价位/元	作者	书名	价位/元
余萍客	《电镜催眠法》	5	中国心灵研究会	《伦敦理学院催眠讲义》	2
	《十日成功催眠书》	3		《催眠成功向导》	1
	《催眠百大法》	5		《动物催眠》	1
	《灵力发显术》	2		《催眠大展览》	1
	《千里眼》	2		《印度催眠讲义》	3
	《人电术》	1		《催眠诊查表》	1
	《催眠学问答》	1		《催眠治疗具》	1
古屋铁石	《古屋催眠法》	2	刘钰墀	《催眠实用学》	2
唐心雨	《催眠疗病学》	2		《催眠简易全书》	2.5
古道	《库耶氏自己暗示法》	1	李声甫	《催眠学真诠》	8

五、灵学借助的"科学方法"

灵学家声称催眠术是一门高尚的、同自然科学一样、可以进行理化实验的"精神科学"，它的"科学性"早已被"世界公认"[25]。在他们看来，人在被催眠的状态中，精神高度统一，潜伏于人心灵中的"灵力"会超越肉体的阻隔，使精神和肉体暂时分离，人的心灵就可发挥天眼通、千里耳、念写、遥视、隔地传心等奇妙的灵能作用。于是，催眠术就成了促使"灵力"发显的一种有效的"科学方法"，是研究灵学、发挥"灵力"的开端[46]。进一步地，利用催眠术提起人的心灵力、发挥精神作用，还可以进而弥补物质医药在治疗疑难杂症方面的不足。不仅如此，催眠术在改善教育、辅助侦探、陶冶个人心性、树立良好的社会风尚等方面，都具有重要的功能，它是一门"万能"的"精神科学"[23]。

灵学家们在强调催眠术"科学""万能"的功效之时，却又说因催眠状态是"出于哲理的过程"，无法将其中的奥妙简单地"如物理那样全盘说出"，只能以参悟的形式，坚定信仰，凭借个人信念去施行，才能"丢不了他的利益"[47]。这样，他们用个体的体悟代替了现代科学研究中的观察、实验和检验，只强调虔诚与信仰。

灵学家们还从历史合法性的角度来论证他们所说的催眠术的科学性，将其在本国的巫术文化中移植嫁接。他们声称作为一个精神文明发达的古老国家，在上古之时，中国就已有催眠现象的存在。但有关催眠术事迹的历史传说与故事没有文字的记载，存在于下层社会百姓的民俗活动中，以"口口相传而流传"。并且，传统民俗活动中的"扶乩""关亡问米""降青蛙神""请竹篮神""祝由科""圆光"等不少神秘事情，都是"基于催眠的原理而演绎成功"。这样，中国民间信仰中的巫术活动，本来受到科学文化人士的批判而名誉扫地，突然发现还可以得到以"科学"骄人的"西方文明"的认同，于是又开始兴盛起来[11]。

六、社 会 影 响

通过催眠术的借用和误用，科学文化素养不高的广大社会民众，把灵学这门"精神科学"当成了科学。据称，当时报名加入中国心灵学院学习催眠术的人不仅来自国内各地，甚至还有欧美和东南亚等一些地区[48]。在科学强势勃兴的"五四""新文化"运动前后，学习催眠术的人员数量在10年内也基本居于上升趋势，且发展速度较快[49]。

在灵学框架内倡导催眠术的人员上至政府高层官员，下及海外留学生、普通知识分子和一般民众，形成了一个阶层和界别较为广泛的催眠术的支撑群体。灵学家们利用一些政治权威、社会名流和知名知识分子的题字题词，扩大了催眠术活动的社会影响。中国心灵研究会曾多次在《心灵》杂志上刊载孙中山、黎元洪、康有为、梁启超、章太炎、熊希龄、唐继尧、王宠惠等的题字题词。时任江苏省教育厅厅长的蒋维乔还专门为该机构撰写了《心灵业书序文》，赞扬其"潜心绝学，婆心济世"的精神[50]。一些企业、团体、学校通过不同的捐赠方式，也给予灵学家们一些物质支持。上海商务印书馆、上海金星公司、广州岭南大学就曾向中国心灵研究会赠送过日历、月份牌和校刊等物品[51]。

一些知名出版机构、书局和书馆，如学海书局、中华书局、商务印书馆、中华图书馆、大东书局、美商美华图书公司等，也纷纷刊售大量的催眠术书籍。以催眠术、灵魂、精神、心灵等题材的书籍、期刊、讲义在坊间极为热销，见表7。同时，以催眠术为题材的小说，也成为当时文学领域中的一个热门现象。例如，"科学小说"《新法螺先生谭》、《秘密室》，言情小说《电术奇谈》，侦探小说《催眠术》，短篇小说《催眠术》、《文明贼》等[8]。这些活动都进一步扩大了催眠术的社会影响。

表7　各大书局在《申报》上刊登的部分催眠术书籍广告[38]

机构	作者	推销书籍	机构	作者	推销书籍
科学书局		《魔术实验法》	车震图书公司	汪达摩	《空前绝后催眠术全书》
中华书局	庞靖	《实用催眠术》			《催眠术大全》
商务印书馆	蔡元培 会稽山人	《催眠术讲义》 《催眠术讲义》	学海书局	岡田喜宪	《高等催眠讲义》
美商美华图书公司		《特别万能催眠术》			《最近催眠讲义》
					《廿四种精神奇术》
吾华编译社		《空前绝后之催眠学》	广文书局		《天下第一奇书》
东方杂志社		《催眠术与心灵现象》	民国编译书局	竹内楠三	《动物催眠术》
北京民生月刊社	宁尊三	《易明催眠法》	中华图书馆		《最新实验催眠术讲义》

资料来源：《申报》，1919-05-22，1919-05-24，1919-05-27，1919-06-02，1919-06-05，1919-06-06，1919-06-07，1919-06-08，1919-06-15，1919-06-16，1919-12-28，1919-12-29，1919-12-30，1920-09-21

灵学活动热潮大约在 1917～1920 年达到高峰阶段。当国民政府于 1928年在形式上统一中国后，下达并执行了几次反对和制止迷信活动的禁令[52~55]，借助催眠术的灵学活动热潮才逐渐走向衰落。

七、结　　语

中国灵学家打着"科学"和"救国"的旗号，采取"学会"或"学校"的组织形式，通过"函授"的方式，深入城乡和海外地区，进行催眠术教授、"理化实验"、治疗等活动[9]。同时，他们还利用公共场所和新兴的传播媒体，开展催眠术表演和宣传活动。灵学家们开展的催眠术活动，得到了不少民众的支持。

然而，催眠术的借用并不能使灵学成为真科学。首先，尽管灵学家们设置了较低的入学门槛，声称人人只要坚定信念，都可学会使用催眠术，然而，事实上，正确学习和实施催眠术看似简单，其实需要施术者必须具有敏锐的观察力、较强的语言沟通能力，以及扎实深厚的知识储备和一定的天分。这些内容在其讲义和招生简章中却都未曾提及。其次，他们所进行的"催眠术实验"，也无法与真正的科学实验相提并论。除了强调虔诚和信仰以外，他们既没交代具体的实验时间、实验设备、实验条件和实验器具，也没说明实验过程和手段是否完全公开。实验结果能否多次重复与检验，更无从知晓。最后，任何医疗技术在治疗疾病时都不是万能的，都具有自身的局限性。而催眠术及其功效却被灵学家夸大：治病种类似乎无所不包，甚至可以完全代替医药疗效。

另外，灵学家们将科学仅仅当做一种物质文明，把科学当做只是用来维持生计、改善人们物质生活的手段。尤其是第一次世界大战的结果，成为他们向科学挑战的根据。"最近物质的遗毒，一天甚比过一天，至欧洲大战的时候，已暴露殆尽"[56]，许多人认为这次战争是机械论战胜精神价值的后果，科学被认为应该对这种没有价值观念的机械世界观负责，并被谴责为造成了创伤和流血。科学不仅"在欧美用于机械和杀人"，而且它也是"酿成此次之大战争"的原因[57]。

"五四"运动前后，科学在国内受到前所未有的尊重，整个社会处于对科学"几乎一致崇信"的状况。在这种环境中，科学自身将遭到被符号化的可能。"人们总要把他们认定的那些文化意义看做是科学的属性，从而淹没了科学本来的属性"[58]，其结果是更多地借了科学外衣的个人、名词或机构都被盲目赋予权威的地位，从而在社会中争夺话语权。而中国灵学家们在推广催眠术活动之时，催眠术也变成了一种扭曲的科学工具。

灵学给人的感觉，是借助科学而又补充主流科学、理解心灵与肉体的一种样式或努力。这样的努力要借用科学又要反对科学，时而强调自己是科学，时而又宣称是要超越科学。这与半个世纪之后在台湾出现的试图整合科学与巫术、心灵与世界的"生命学"[59]有异曲同工之处。二者都试图把科学与巫术调和起来。这在当今世界显然已经不是一条可继续前行的路径。

参 考 文 献

［1］Mackenzie B D. Psychic phenomena. *In*：Bynum W F，Browne E J，Porter R. Dictionary of the History of Science. Princeton：Princeton University Press，1981：345.

［2］Parapsychological Phenomenon. Encyclopedia Britannica. 2008. Encyclopedia Britannica Online. http：//search. eb. com//eb//article-9058424［2008-11-02］.

［3］李欣．五四时期的灵学会：组织、理念与活动．自然辩证法研究，2008，24（11）：96.

［4］吴光．灵学・灵学会・《灵学丛志》简介．中国哲学，1983，（10）：432，433.

［5］申振钰．特异功能与超心理学．西安：陕西科学技术出版社，1990：16.

［6］潘涛．灵学：一种精致的伪科学．北京大学博士学位论文，1998：6.

［7］恩格斯．神灵世界中的自然研究．见：马克思恩格斯选集．第4卷．北京：人民出版社，1995：290-302.

［8］栾伟平．近代科学小说与灵魂——由《新法螺先生谭》说开去．中国现代文学丛刊，2006，（3）：46-68.

［9］黄克武．民国初年上海的灵学研究：以"上海灵学会"为例．中央研究院近代史研究所集刊，2007，（55）：99-136.

［10］涂建华．中国伪科学史．贵阳：贵州教育出版社，2003：124-137.

［11］钟国发．20世纪中国关于汉族民间宗教于民俗信仰的研究综述．当代宗教研究，2004，（2）：46.

［12］丁守和．辛亥革命时期期刊介绍．北京：人民出版社，1982：613，614.

［13］吴光．论《新青年》反对鬼神迷信的斗争．近代史研究，1981，（2）：190-203.

［14］余萍客．催眠术函授讲义．中国心灵研究会，1931：49.

［15］郭汉英．恩格斯与催眠术——基于实践的理性批判．科学文化评论，2004，1（6）：104.

［16］实藤惠秀．中国人留学日本史．北京：生活・读书・新知三联书店，1983：333.

［17］催眠术之效力．民国日报，1918-01-07.

［18］万能催眠术．申报，1920-12-25.

［19］独习成功——二十四种精神奇术．申报，1920-01-29.

［20］真正特别万能催眠术全书附赠万能催眠球．申报，1919-11-10.

［21］催眠科——五百年颂扬鲍芳洲．申报，1920-11-25.

　　［22］中国心灵研究会．中国心灵研究会附设心灵学院章程．心灵，1925，（30）：1.

　　［23］曹美顿．催眠术访问记．北京：灵学书院，1935：66，67.

　　［24］催眠术——通信教授．大公报，1917-04-01.

　　［25］中国心灵研究会．若入本会．催眠术专门研究，1916，（4）：54.

　　［26］丁成标．催眠与心理治疗．武汉：武汉大学出版社，2005：6-8.

　　［27］会稽山人．催眠术讲义．上海：商务印书馆，1915：158-159.

　　［28］赵元任．赵元任全集．北京：商务印书馆，2002：196.

　　［29］印度哲学催眠术完善教授．申报，1918-04-19.

　　［30］中国心灵研究会．成功铁证．心灵，1923，（26）1-13.

　　［31］李启基．屡试屡验着手成功之报告．心灵，1923，（26）：14.

　　［32］中国精神科学会直接教授催眠术．大公报，1918-12-12.

　　［33］大催眠学家章荫亭学士专门治疗医药难效之病癖．申报，1918-02-23.

　　［34］中国心灵研究会．心灵月刊、心灵杂志相关声明．心灵，1923，（26）.

　　［35］中国心灵研究会．心灵杂志继续出版广告．心灵，1922，（25）.

　　［36］中国心灵研究会．消息．心灵文化，1931，（心灵创立二十年纪念号）：4-8.

　　［37］中国心灵研究会．本会出版书器目录．心灵，1924，（29）：17.

　　［38］北京图书馆．民国时期总书目（1911—1949，哲学·心理学）．北京：书目文献出版社，1991：329-332.

　　［39］各学校消息汇志．民国日报，1922-06-18.

　　［40］爱俪园第三次筹振会初志．申报，1917-11-05.

　　［41］催眠术并大魔术实验比较大会．大公报，1918-03-28.

　　［42］光怪陆离之游艺会．申报，1918-01-04.

　　［43］中国心灵研究会．中国心灵研究会附设心灵学院简章．1923，（27）：1-6.

　　［44］中国心灵研究会．心灵疗养院治疗简章．心灵，1922，（25）：13-14.

　　［45］古道．跪在黄金偶像下的江湖催眠术者之种种色色．心灵文化，1931（心灵创立二十年纪念号）：68.

　　［46］新语．人的心灵神通力．心灵文化，1931（心灵创立二十年纪念号）：124.

　　［47］李声甫．自己催眠的状态．心灵文化，1931（心灵创立二十年纪念号）：89.

　　［48］中国心灵研究会．本会学员实验成绩之一斑　施术摄影及说明．心灵文化，1931，（心灵创立二十年纪念号）：1-14.

　　［49］中国心灵研究会．心灵学院历年学员人数比较（成立一年至二十年，1911～1931）．心灵文化，1931，（心灵创立二十年纪念号）：1-14.

［50］中国心灵研究会．题字题词，1925，（30）.

［51］中国心灵研究会．惠赠致谢．心灵.1923，（26）：45.

［52］祛除迷信．首都市政周刊，1928-04-24.

［53］华界市民破除迷信．申报，1928-06-07.

［54］拟具破除迷信办法．申报，1928-09-06.

［55］破除迷信．申报，1928-10-30.

［56］中国心灵研究会．千里眼．上海：心灵科学书局，1929：87.

［57］余冰臣．余冰臣先生书．灵学丛志，1918，（3）：8.

［58］托默．科学幻象——生活中的科学符号与文化意义．南昌：江西教育出版社，1999：216.

［59］黄艳红．现代科学与巫术不能兼容：析一个台湾学者圈对中国传统生命文化的整合．香港社会科学学报，2004，（28）：117-139.

主题索引

作者简介 *

陈　首，北京大学哲学博士，中国产经新闻报社产业经济研究中心秘书长、新产经杂志社副总编，在任定成教授指导下获博士学位，研究方向为中国近现代科学史、产业战略。

陈天嘉，北京大学理学博士，中国科学院大学人文学院讲师，研究方向为中国传统科学、生命文化资源、科学与社会。

方晓阳，中国科学技术大学理学博士，中国科学院大学人文学院教授、博士生导师，研究方向为造纸印刷史、生物医学史、科技考古。

韩庆元，中国人民武装警察部队河南总队医院放射科主任，方晓阳教授的合作者。

何　涓，北京大学理学硕士，中国科学院研究生院理学博士，中国科学院自然科学史研究所副研究员，在任定成教授指导下获硕士学位，在王杨宗研究员指导下获博士学位，研究方向为中国近代化学史、中国炼丹史。

洪　帆，北京大学哲学博士，中国人民公安大学人文社会科学教研部副

＊　以姓氏拼音为序。

教授，在任定成教授指导下获博士学位，主要研究方向为科学方法论、科学社会史、公安战略与政策。

胡　凤，安徽省社会科学院新闻与传播研究所助理研究员，方晓阳教授的合作者。

黄小茹，北京大学哲学博士，中国科学院科技政策与管理科学研究所副研究员，在任定成教授指导下获博士学位，研究方向为中国近现代科技史、科技伦理、科技政策。

黄艳红，北京大学哲学博士，中国社会科学院马克思主义研究院副研究员，在任定成教授指导下获博士学位，研究方向为中国传统科学、生命文化资源、科学无神论、科学与社会。

李　斌，中国科学院研究生院哲学博士，中国科学院大学人文学院讲师，研究方向为科学社会史。

李　磊，北京大学理学硕士，北京市科学技术协会科普部副部长，在任定成教授指导下获硕士学位，研究方向为中国近代科学史、科学普及政策。

李　欣，北京大学哲学博士，成都理工大学文法学院讲师，在任定成教授指导下获得博士学位，研究方向为边缘科学与超自然信仰、科学社会学、科学文化史。

李　政，北京大学哲学硕士，中航工业北京航空材料研究院企业文化专责，在任定成教授指导下获硕士学位。

李董男，中国科学技术大学理学博士，安徽中医学院中医临床学院医史文献教研室讲师，在胡化凯与方晓阳教授指导下获博士学位，研究方向为中医疾病史。

李建会，北京大学哲学博士，北京师范大学哲学系教授、博士生导师，在任定成教授指导下获博士学位，研究方向为科学方法论、生物学哲学、生命伦理学。

潘伟斌，河南省文物考古研究所研究馆员，方晓阳教授的合作者。

任安波，中国科学院大学人文学院博士生。

任定成，北京大学哲学博士，中国科学院大学人文学院教授、博士研究生导师、执行院长，北京大学博士生导师，研究方向为中国传统科学、生命文化资源、科学方法论、公众理解科学。

邵　琦，中国科学院研究生院理学硕士，在方晓阳教授指导下获硕士学位，研究方向为科技考古。

沈晓筱，中国科学技术大学理学博士，中共安徽省委党校讲师，在张居中与方晓阳教授指导下获博士学位，研究方向为中国科技史与文化遗产保护。

王　伟，中国科学技术大学理学博士，在石云里与方晓阳教授指导下获博士学位，研究方向为中国科技史。

王昌燧，中国科学院大学人文学院教授、博士生导师，研究方向为地域考古、陶瓷考古、生物考古。

席　文（Nathan Sivin），宾夕法尼亚大学科学史与科学社会学系荣休教授、美国文理科学院院士。

夏　季，中国科学技术大学理学博士，在王昌燧教授指导下获博士学位。

阎瑞雪，北京大学理学博士，首都经济贸易大学马克思主义学院讲师，在任定成教授指导下获博士学位，研究方向为中国传统科学、生命文化资源、科学方法论。

叶　青，中国科学技术大学理学硕士，北京大学哲学博士，中国科学院现代化研究中心副研究员，在方晓阳教授指导下获硕士学位，在龚育之和任定成教授指导下获博士学位，研究方向为中国传统科学、中国近现代科学史、现代化研究。

张居中，中国科学技术大学科技史与科技考古系教授、博士生导师，研究方向为新石器时代考古、科技考古，方晓阳教授合作者。

郑　丹，北京大学哲学博士，中共中央宣传部政策法规研究室干部，在龚育之和任定成教授指导下获博士学位，研究方向为科学与意识形态、科学社会学。

朱　晶，北京大学理学博士，华东师范大学哲学系副教授，在任定成教授指导下获博士学位，研究方向为中国传统科学、生命文化资源、科学方法论。